全国技工院校机械类专业通用教材（高级技能层级）

机构与零件
（第四版）

人力资源社会保障部教材办公室组织编写

中国劳动社会保障出版社

简介

本书主要内容包括：带传动与链传动，螺纹连接和螺旋传动，齿轮与蜗杆传动，轮系，平面连杆机构，凸轮机构，其他常见机构，键、销及过盈配合连接，轴与轴承，弹簧等。

本书由王希波担任主编，陈蓉担任副主编，乔淑梅、张宝华、李素兰、赵京伟、王荣圣、徐淑涛、王雪参加编写。

图书在版编目（CIP）数据

机构与零件 / 人力资源社会保障部教材办公室组织编写 . -- 4 版 . -- 北京：中国劳动社会保障出版社，2020

全国技工院校机械类专业通用教材 . 高级技能层级

ISBN 978-7-5167-4552-6

Ⅰ. ①机… Ⅱ. ①人… Ⅲ. ①机构学 – 技工学校 – 教材②机械元件 – 技工学校 – 教材 Ⅳ. ①TH112②TH13

中国版本图书馆 CIP 数据核字（2020）第 208158 号

中国劳动社会保障出版社出版发行

（北京市惠新东街 1 号　邮政编码：100029）

*

北京市艺辉印刷有限公司印刷装订　　新华书店经销

787 毫米 ×1092 毫米　16 开本　10.75 印张　248 千字

2020 年 12 月第 4 版　　2025 年 1 月第 3 次印刷

定价：27.00 元

营销中心电话：400-606-6496

出版社网址：http://www.class.com.cn

http://jg.class.com.cn

前　言

为了更好地适应全国技工院校机械类专业的教学要求，全面提升教学质量，人力资源社会保障部教材办公室组织有关学校的一线教师和行业、企业专家，在充分调研企业生产和学校教学情况、广泛听取教师对教材使用反馈意见的基础上，对全国高级技工学校机械类专业通用教材进行了修订。本次修订后出版的教材包括：《机械制图（第四版）》《机械基础（第二版）》《机构与零件（第四版）》《机械制造工艺学（第二版）》《机械制造工艺与装备（第三版）》《金属材料及热处理（第二版）》《极限配合与技术测量（第五版）》《电工学（第二版）》《工程力学（第二版）》《数控加工基础（第二版）》《液压传动与气动技术（第二版）》《液压技术（第四版）》《机床电气控制（第三版）》《金属切削原理与刀具（第五版）》《机床夹具（第五版）》《金属切削机床（第二版）》《高级车工工艺与技能训练（第三版）》《高级钳工工艺与技能训练（第三版）》《高级焊工工艺与技能训练（第三版）》等。

本次教材修订工作的重点主要体现在以下几个方面：

第一，更新教材内容，体现时代发展。

根据机械类专业毕业生所从事岗位的实际需要和教学实际情况的变化，合理确定学生应具备的能力与知识结构，对部分教材内容及其深度、难度做了适当调整；根据相关专业领域的最新发展，在教材中充实新知识、新技术、新设备、新材料等方面的内容，体现教材的先进性；采用最新国家技术标准，使教材更加科学和规范。

第二，提升表现形式，激发学习兴趣。

在教材内容的呈现形式上，较多地利用图片、实物照片和表格等形式将知识点生动地展示出来，尤其是在《机械基础（第二版）》《机床夹具（第五版）》等教材插图的制作中全面采用了立体造型技术，力求让学生更直观地理解和掌握所学内容。针对不同的知识点，设计了许多贴近实际的互动栏目，在激发学生学习兴趣和自主学习积极性的同时，使教材“易教易学，易懂易用”。

第三，开发配套资源，提供教学服务。

本套教材配有习题册和方便教师上课使用的多媒体电子课件，可以通过技工教育网（http://jg.class.com.cn）下载电子课件等教学资源。另外，在部分教材中使用了二维码技术，针对教材中的教学重点和难点制作了动画、视频、微课等多媒体资源，学生使用移动终端扫描二维码即可在线观看相应内容。

本次教材的修订工作得到了河北、辽宁、江苏、山东、河南、湖南、广东等省人力资源社会保障厅及有关学校的大力支持，在此我们表示诚挚的谢意。

人力资源社会保障部教材办公室

2020 年 8 月

目　录

绪　论

一、机械

机械是机器与机构的总称，是指利用力学原理组成的各种装置，在生产和生活中用以替代或减轻人的体力劳动，并辅助人的脑力劳动，是提高生产效率和产品质量的主要工具，更是用以完成人类无法从事或难以从事的各种复杂、艰难、危险等劳动的重要工具。机械在现代生活和生产中都起着非常重要的作用，机械的设计制造和应用水平是衡量一个国家技术水平和现代化程度的重要标志。

1. 机器与机构

机器是人们根据某种使用要求而设计制造的一种能执行机械运动的装置，它可以用来变换或传递能量、物料和信息。如电动机和发电机用来变换能量，起重机和运输机用来传递物料，车床、铣床和冲床等用来变换物料的状态，计算机、扫描仪和打印机等用来变换信息等。

如图 0–1 所示为台式钻床（简称台钻），由塔式带轮传动机构、主轴箱、进给手柄、钻夹头、可调工作台、底座、立柱、电动机等组成，它是机械加工中一种常用的生产机器，主要用于孔加工。

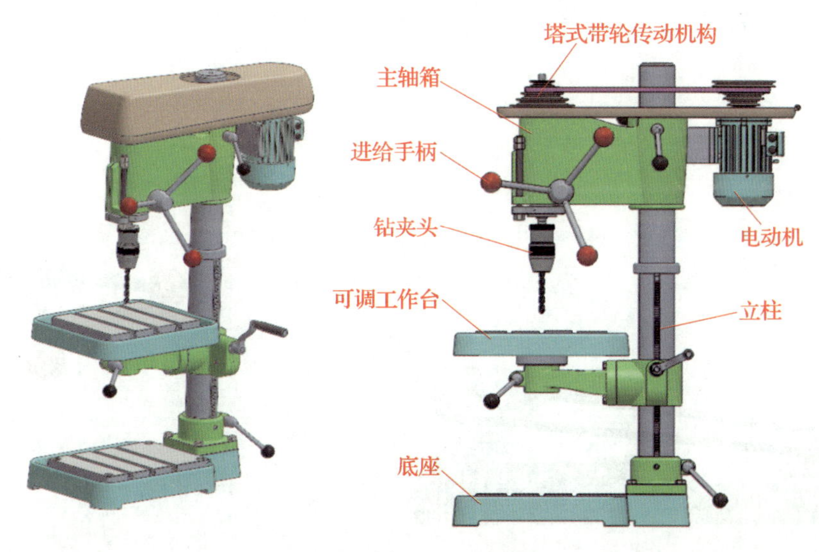

图 0–1　台式钻床

机器尽管多种多样、千差万别，但机器的组成大致相同，一般都由动力部分、传动部分、执行部分、控制部分等组成。在图 0–1 中，台钻的动力部分为电动机，其传动部分为

塔式带轮传动机构和主轴箱中的齿轮齿条进给机构，其执行部分为钻夹头，其控制部分为电源开关和进给手柄。钻夹头的旋转由电动机带动，钻夹头的升降通过旋转进给手柄完成。机器各组成部分的作用和应用举例见表 0–1。

表 0–1　机器各组成部分的作用和应用举例

组成部分	作用	应用举例
动力部分	把其他形式的能量转换为机械能，以驱动机器各运动部件运动	电动机、内燃机、蒸汽机和空气压缩机等
传动部分	将原动机的运动和动力传递给执行部分的中间环节	金属切削机床中的带传动、螺旋传动、齿轮传动和连杆机构等
执行部分	直接完成机器工作任务的部分，处于整个传动装置的终端，其结构形式取决于机器的用途	金属切削机床的主轴、滑板等
控制部分	显示和反映机器的运行位置和状态，控制机器正常运行和工作	机电一体化产品（如数控机床、机器人）中的控制装置等

为了改善机器的运行环境，延长机器的使用寿命，在许多机器中还需要设置一些辅助装置，如冷却装置、润滑装置、照明装置和显示装置等。

机构是具有确定相对运动的实物组合，是机器的重要组成部分。如图 0–2 所示为塔式带轮传动机构，它将电动机的动力和旋转运动传递给主轴，从而带动钻夹头旋转；在传递动力和运动时，还可以通过变换 V 带的位置使钻夹头产生五种不同的转速。

如图 0–3 所示为钻夹头升降机构，它利用齿轮齿条进给机构实现钻夹头的上下运动，即旋转进给手柄，齿轮旋转，齿条带动钻夹头上下运动。

图 0–2　塔式带轮传动机构

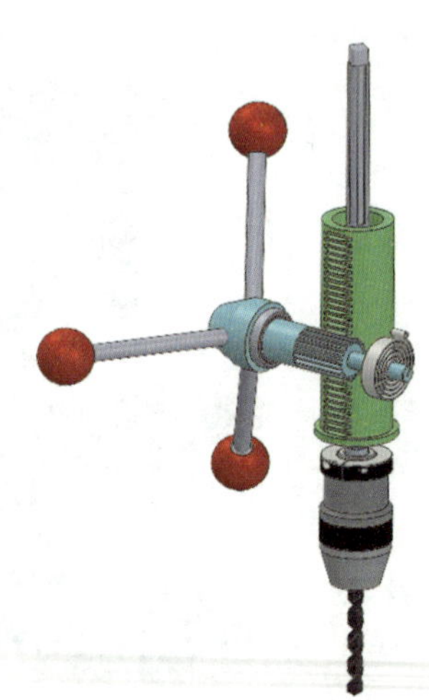

图 0–3　钻夹头升降机构

2. 零件、部件与构件

机器是由若干个零件装配而成的。零件是机器及各种设备中最小的制造单元，在图 0–1

中，塔式带轮、立柱等都是零件。

部件是机器的组成部分，是由若干个零件装配而成的。在机械装配过程中，往往将零件先装配成部件，然后再装配成机器。在图 0–1 中，电动机和主轴箱等就是部件。

从运动学的角度出发，机器包含着若干个运动单元，这些运动单元称为构件。构件可以是一个零件，也可以是几个零件的刚性组合。如图 0–4 所示为拆卸器，用于拆卸轴上的轴承、齿轮。在图 0–4 中，压紧螺杆、抓手是单个零件的构件，而把手、挡圈和沉头螺钉组成一个构件，横梁和销轴组成一个构件。

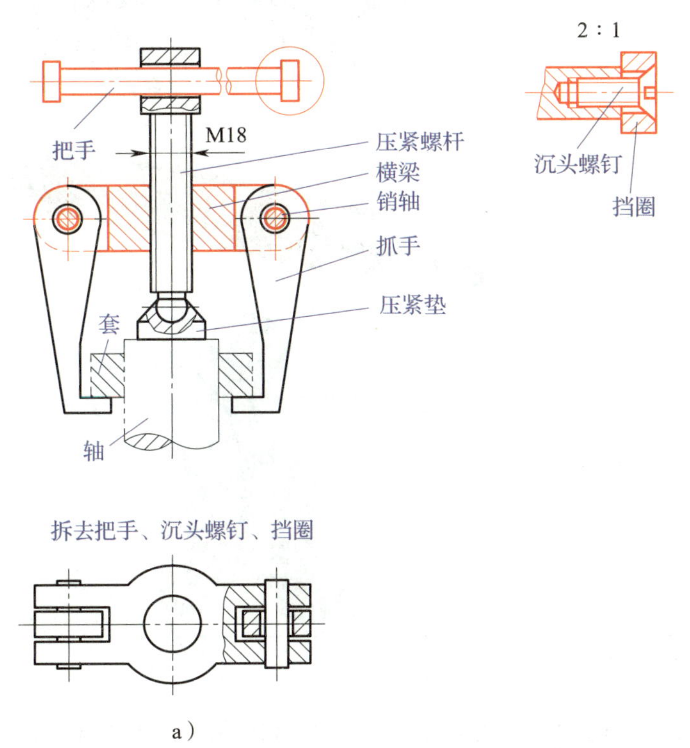

a）

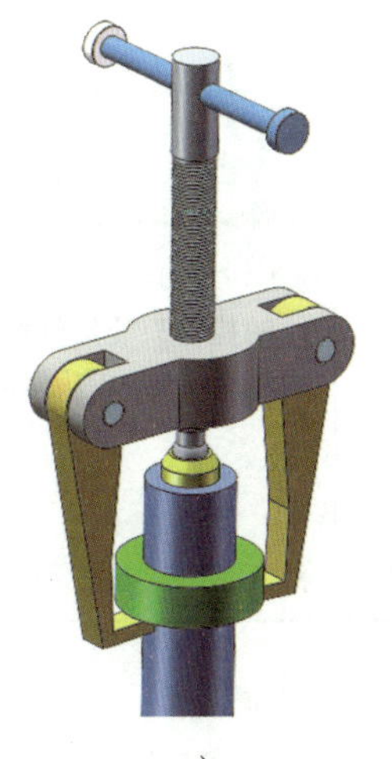

b）

图 0–4　拆卸器

a）视图　b）立体图

二、运动副

在机器中，必须将各构件以可以运动的方式连接起来，两构件接触而形成的可动连接称为运动副。在图 0–4 中，拆卸器上的抓手与销轴之间、横梁与压紧螺杆之间、压紧螺杆与把手之间的连接等都是运动副。根据两构件之间的接触情况不同，运动副可分为低副和高副两大类。

1. 低副

两构件之间为面接触的运动副称为低副。低副按两构件之间的相对运动特征可分为转动副、移动副和螺旋副，其类型和应用见表 0–2。低副的特点是：承受载荷时的单位面积压力较小，故较耐用，传力性能好；但低副是滑动摩擦，摩擦损失大，因而效率低；此外，低副不能传递较为复杂的运动。

表 0–2　　低副类型和应用

类型	说明	应用	
		名称	图示
转动副	两构件之间只允许做相对转动的运动副	木门合页	
移动副	两构件之间只允许做相对移动的运动副	液压缸	
螺旋副	两构件只能沿轴线做相对螺旋运动的运动副	千斤顶	

2. 高副

两构件之间为点接触或线接触的运动副称为高副。按接触形式不同，高副通常分为滚动轮接触、凸轮接触和齿轮接触，其类型和应用见表 0–3。高副的特点是：承受载荷时的单位面积压力较大，两构件接触处容易磨损，制造和维修困难，但高副能传递较为复杂的运动。

表 0–3　　高副类型和应用

类型	应用	
	图示	说明
 滚动轮接触		高铁车轮与导轨之间为滚动轮接触

续表

类型	应用	
	图示	说明
凸轮接触		左图所示为凸轮机构，当凸轮匀速转动时，其外轮廓面迫使阀杆按照预期的运动规律往复运动，适时地开启或关闭阀门
齿轮接触		左图所示为齿轮减速箱，由一对圆柱齿轮和一对锥齿轮组成；动力由安装小锥齿轮的轴输入，安装大圆柱齿轮的轴输出

三、机构运动简图

构件的实际形状往往非常复杂，在分析机构运动时，为了使问题简化，可以不考虑那些与运动无关的因素（如构件的外形和断面尺寸、组成构件的零件数量、运动副的具体构造等），仅用简单的线条和符号来代表构件和运动副，并按一定比例表示各运动副的相对位置。这种表示机构各构件间相对运动关系的简化图形称为机构运动简图。如图 0–5 所示为拆卸器的机构运动简图。

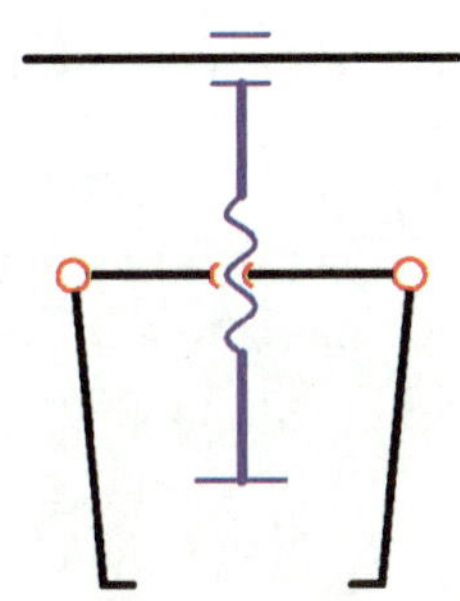
图 0–5　拆卸器的机构运动简图

在机构运动简图中，小圆圈表示转动副，线段表示构件，带剖面线（45°细实线）的线段表示机架（固定不动的构件）。国家标准规定：图形符号中表示轴、杆符号的图线用两倍粗实线表示，其他符号用粗实线绘制。在图 0–5 中，各杆件用两倍粗实线绘制。

国家标准《机械制图机构运动简图用图形符号》

（GB/T 4460—2013）规定了机构运动简图中使用的图形符号，其中常用的转动副、移动副和螺旋副的图形符号见表 0–4。

表 0–4　　常用的转动副、移动副和螺旋副的图形符号

名称		结构图	图形符号
转动副	固定铰链	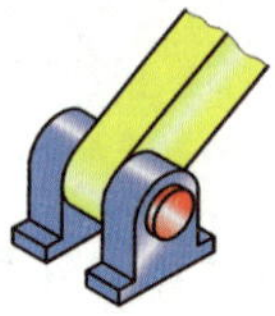	
	活动铰链	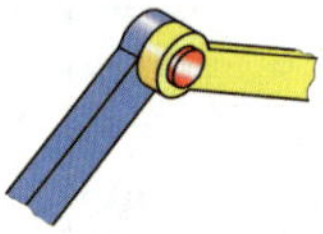	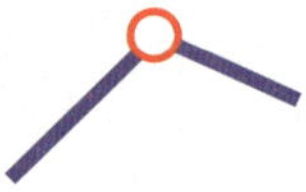
移动副		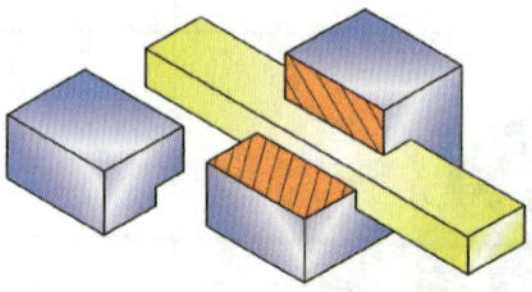	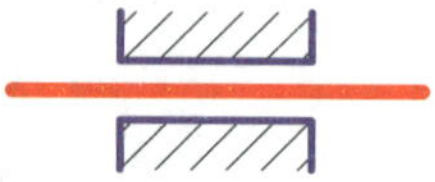
		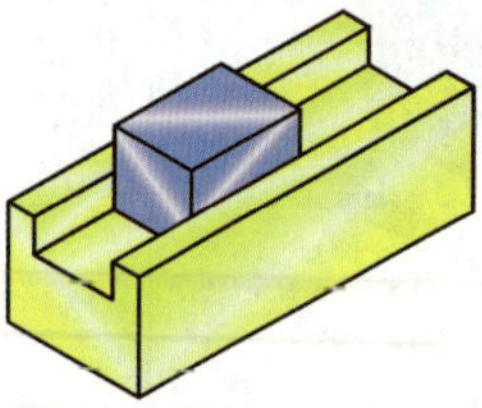	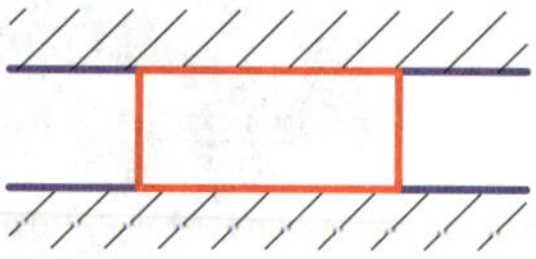
螺旋副		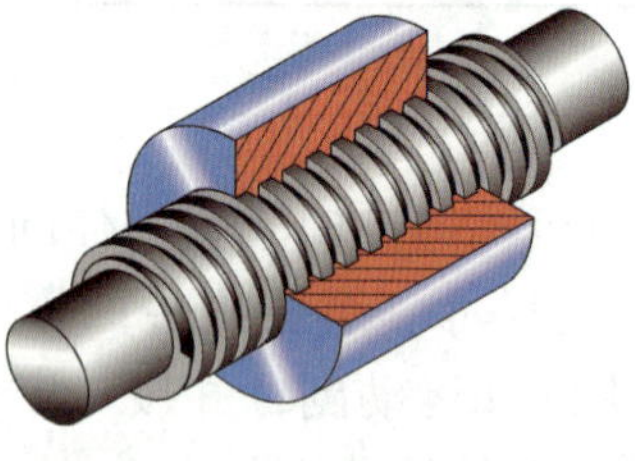	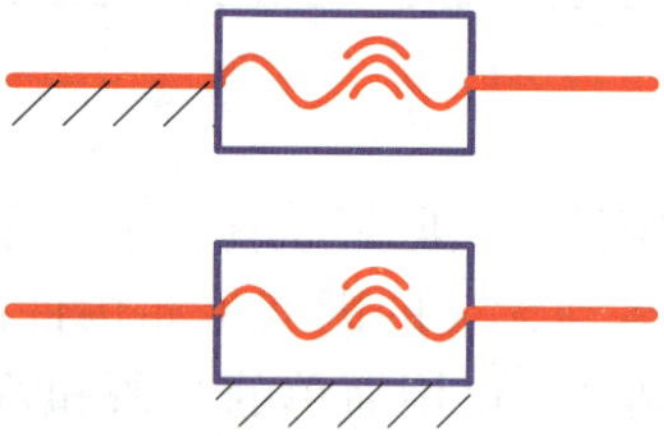

第一章　带传动与链传动

带传动是通过传动带把主动轴的运动和动力传递给从动轴的一种机械传动形式。链传动则是通过链条与链轮轮齿的相互啮合来传递运动和动力。在机械传动中，带传动与链传动的应用非常广泛。当主动轴与从动轴相距较远时，常采用这两种传动方式。

§1-1　带传动

带传动是利用张紧在带轮上的柔性带进行运动或动力传递的一种机械传动。带传动是机械传动中重要的传动形式之一，随着工业技术水平的不断提高，带传动正向着多样化、多领域发展，在机床、汽车、家用电器、办公设备中得到了越来越广泛的应用。如图 1–1 所示为带传动在台钻中的应用。

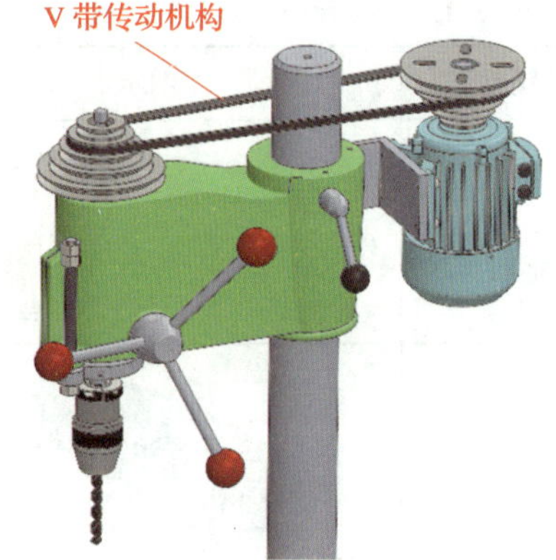

图 1–1　带传动在台钻中的应用

一、带传动概述

1. 带传动的组成（见图 1–2）

带传动一般由固定连接在主动轴上的带轮（主动轮）、从动轴上的带轮（从动轮）和紧套在两轮上的挠性带组成。

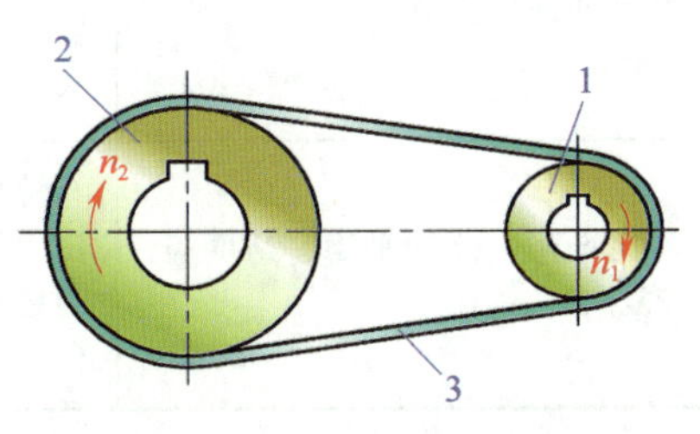

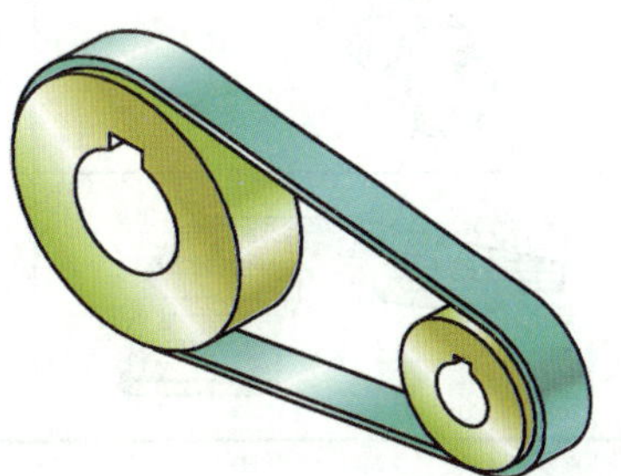

图 1–2　带传动的组成

1—带轮（主动轮）　2—带轮（从动轮）　3—挠性带

2. 带传动的工作原理

带传动是依靠带与带轮接触面间的摩擦力（或啮合力）来传递运动和动力的。静止时，两边带上的拉力相等。传动时，由于传递载荷的关系，两边带上的拉力会有一定的差值，拉力大的一边称为紧边，拉力小的一边称为松边。因此，进入主动轮一侧的带为紧边，另一侧的带则为松边。如图 1–2 所示，当主动轮 1 按图示方向回转时，上边是紧边，下边是松边。

3. 带传动的传动比

机构中瞬时输入角速度与输出角速度的比值称为机构的传动比。带传动的传动比就是主动轮转速 n_1 与从动轮转速 n_2 之比，常用 i_{12} 表示：

$$i_{12}=\frac{\omega_1}{\omega_2}=\frac{n_1}{n_2}$$

式中 ω_1——主动轮角速度，rad/s；

ω_2——从动轮角速度，rad/s；

n_1——主动轮转速，r/min；

n_2——从动轮转速，r/min。

4. 带传动的类型、特点与应用

根据工作原理不同，带传动分为摩擦型带传动和啮合型带传动，其特点与应用见表 1–1。

表 1–1 带传动的类型、特点与应用

类型		图示	特点		应用
摩擦型带传动	平带		结构简单，带轮制造方便，平带质量小且挠曲性好	传动过载时存在打滑现象，传动比不准确	常用于高速、中心距较大、平行轴的交叉传动与相错轴的半交叉传动
	V 带		承载能力大，使用寿命长		一般机械常用 V 带传动
	圆带		结构简单，制造方便，抗拉强度高，耐磨损，耐腐蚀，易安装，使用寿命长		常用于包装、印刷、纺织等行业的机器中
啮合型带传动	同步带		传动比准确，传动平稳、精度高，结构较复杂		常用于数控机床、扫描仪、打印机等传动精度要求较高的场合

二、V 带传动

如图 1–3 所示，V 带传动是由一条或数条 V 带和 V 带轮组成的摩擦传动，它靠 V 带的两侧面与轮槽侧面压紧产生的摩擦力进行动力传递。V 带传动主要有普通 V 带传动和窄 V 带传动两种形式，其中普通 V 带传动的应用最为广泛。

1. V 带

（1）V 带的结构

V 带是一种无接头的环形带，其横截面为等腰梯形，工作面是与轮槽相接触的两侧面，带与轮槽底面不接触。如图 1–4 所示，V 带由包布、顶胶、抗拉体和底胶四部分组成。V 带的抗拉体有帘布芯和绳芯两种结构。帘布芯结构的 V 带制造方便，抗拉强度高，价格低廉，应用广泛；绳芯结构的 V 带柔韧性好，适用于转速较高的场合。

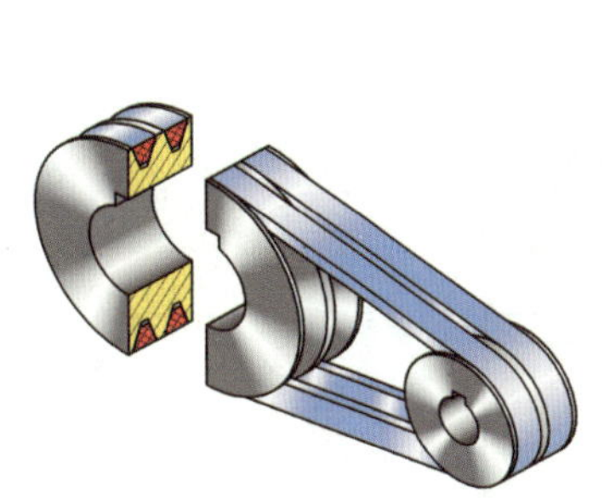

图 1–3　V 带传动

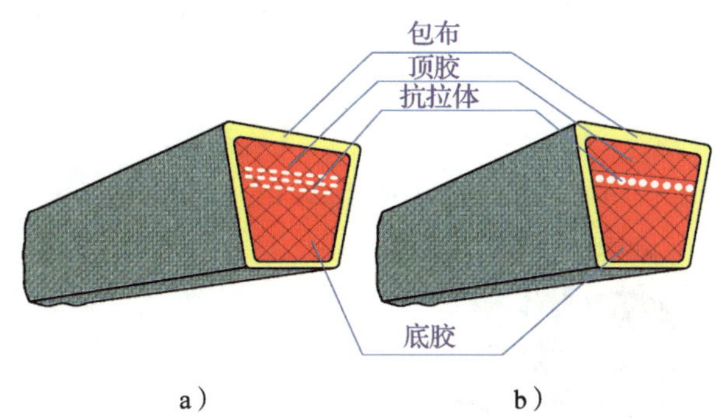

图 1–4　V 带的结构

a）帘布芯结构　b）绳芯结构

（2）普通 V 带的横截面尺寸

普通 V 带是横截面为梯形的环形带，如图 1–5 所示，其主要参数有顶宽 b、节宽 b_p、高度 h、楔角 α 等。

1）顶宽 b。顶宽 b 是指带横截面中梯形轮廓的最大宽度。

2）节宽 b_p。带绕带轮弯曲时，外部受拉伸长，内部受压缩短，其长度和宽度均保持不变的面层称为节面，节面的宽度称为节宽 b_p。

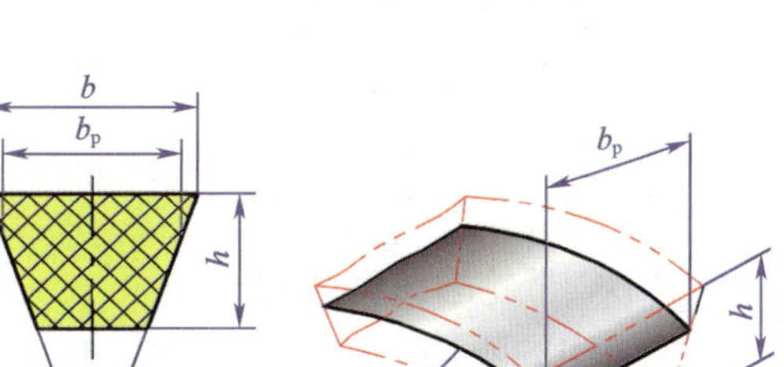

图 1–5　普通 V 带横截面

3）高度 h。高度 h 是指梯形轮廓的高度。

4）楔角 α。楔角 α 是指带的两侧面所夹的锐角，其值为 40°。

普通 V 带已经标准化，按横截面尺寸由小到大分为 Y、Z、A、B、C、D、E 七种型号。在相同条件下，横截面尺寸越大，其传递的功率越大。

（3）V 带的材料

V 带的包布层一般采用含氯丁二烯的棉、聚酯纤维织物等；顶胶和底胶可采用天然橡胶、丁苯橡胶、氯丁橡胶和丁腈橡胶等；抗拉体要求材料具有低拉伸、高强度的特性，多为聚酯线绳，也有采用芳纶与钢丝等材料的。

2. V 带轮

（1）V 带轮的结构

如图 1–6 所示，V 带轮的结构从功能上分为轮辐、轮毂、轮缘三个部分，轮槽制作在轮缘上。

（2）V 带轮的槽角 φ

普通 V 带的楔角 α 是 40°，但安装在 V 带轮上后，V 带弯曲会使楔角 α 变小。为了保证 V 带传动时 V 带和 V 带轮槽工作面接触良好，V 带轮的槽角 φ（见图 1–7）要比 40° 小一些，一般取 32°、34°、36°、38°。小 V 带轮上 V 带变形严重，对应的槽角要小一些；大 V 带轮的槽角则可大一些。

（3）V 带轮的基准直径 d_d

V 带轮的基准直径 d_d 是指带轮上与所配 V 带的节宽 b_p 相对应处的直径，如图 1–7 所示。

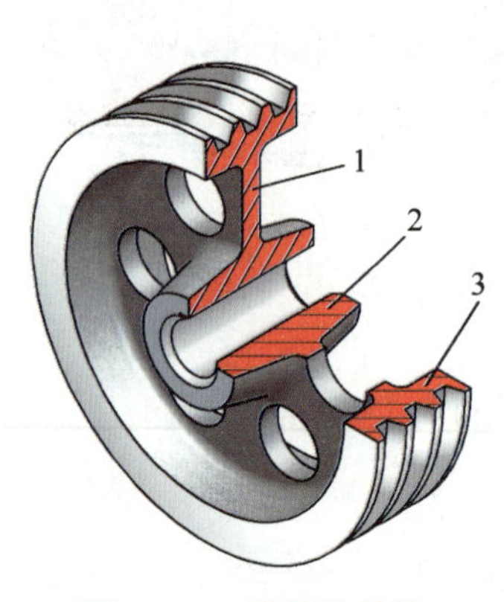

图 1–6　V 带轮的结构

1—轮辐　2—轮毂　3—轮缘

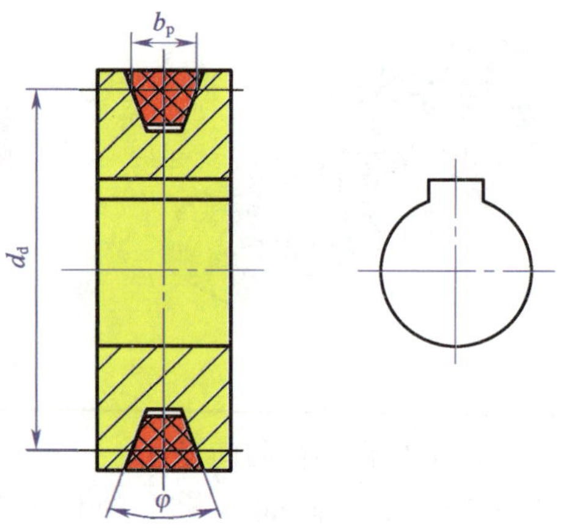

图 1–7　V 带轮的槽角和基准直径

（4）V 带轮的典型结构

按结构的不同，V 带轮分为实心式（见图 1–8）、腹板式（见图 1–9）、孔板式（见图 1–10）和轮辐式（见图 1–11）四种。一般而言，基准直径较小时可采用实心式 V 带轮；基准直径较大时可采用腹板式、孔板式 V 带轮；当带轮基准直径大于 300 mm 时，可采用轮辐式 V 带轮。

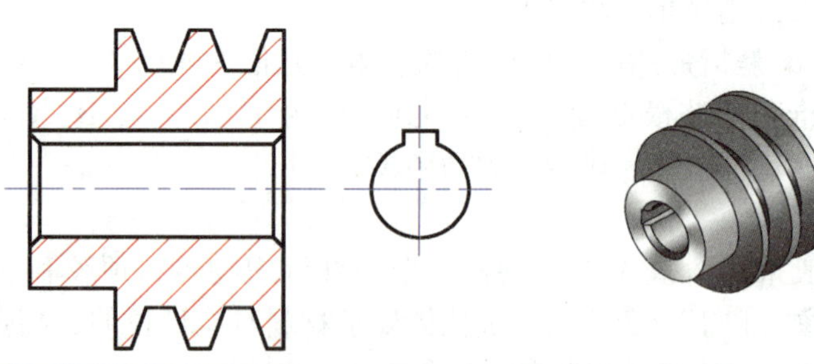

图 1–8　实心式 V 带轮

（5）V 带轮的材料

普通 V 带轮通常用灰铸铁制造，带速较高时可采用铸钢，功率较小的传动可采用铸造铝合金或工程塑料等。

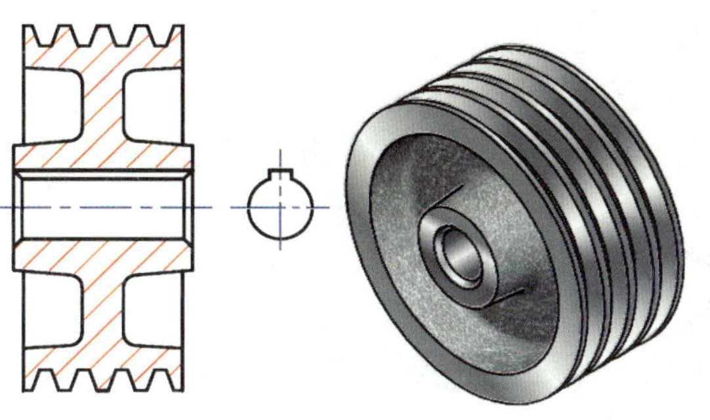

图 1-9　腹板式 V 带轮

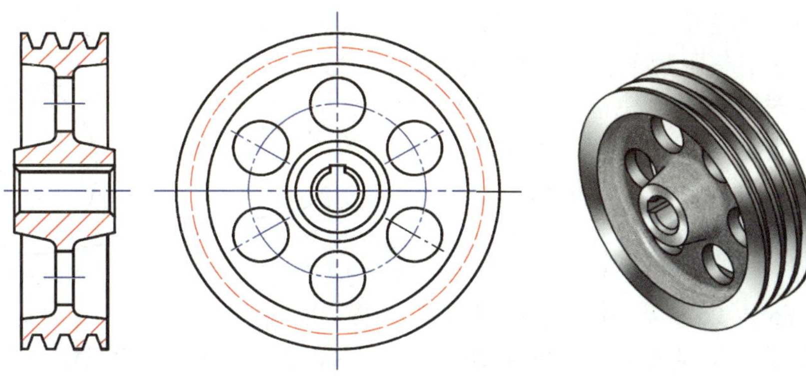

图 1-10　孔板式 V 带轮

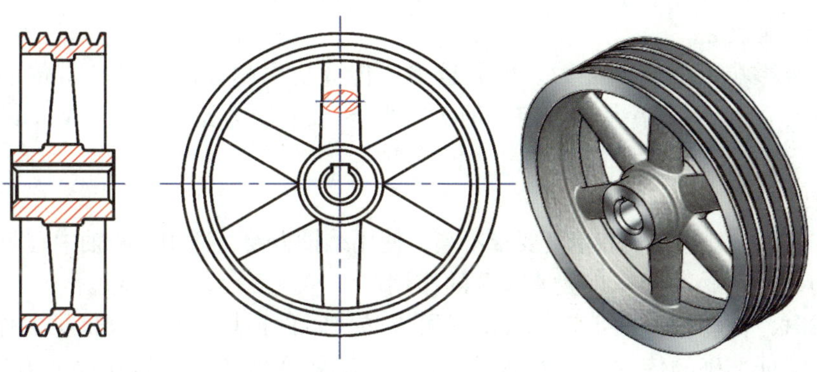

图 1-11　轮辐式 V 带轮

3. V 带传动的主要参数

（1）V 带传动的传动比 i

根据带传动的传动比计算公式，对于 V 带传动，如果不考虑 V 带与 V 带轮间打滑因素的影响，其传动比计算公式可用主动轮、从动轮的基准直径来表示：

$$i_{12}=\frac{n_1}{n_2}=\frac{d_{d2}}{d_{d1}}$$

式中　n_1——主动轮的转速，r/min；

n_2——从动轮的转速，r/min；

d_{d1}——主动轮的基准直径，mm；

d_{d2}——从动轮的基准直径，mm。

通常情况下，V 带传动的传动比 $i \leqslant 7$，常用 V 带的传动比范围是 2 ~ 7。

（2）小带轮的包角 α_1

包角是带与带轮接触弧所对应的圆心角，如图 1–12 所示。包角的大小反映了带与带轮轮缘表面间接触弧的长短。两带轮中心距越大，小带轮包角 α_1 越大，带与带轮接触弧也越长，带能传递的功率就越大；反之，带能传递的功率就越小。为了使 V 带传动可靠，一般要求小 V 带轮的包角 $\alpha_1 \geqslant 120°$。

（3）中心距 a

中心距是两带轮中心连线的长度（见图 1–12）。两带轮中心距越大，带的传动能力越强；但中心距过大，又会使整个传动尺寸不够紧凑，在高速传动时易使带产生振动，反而使带的传动能力下降。因此，两带轮中心距一般为 0.7 ~ 2 倍的（d_{d1}+d_{d2}）。

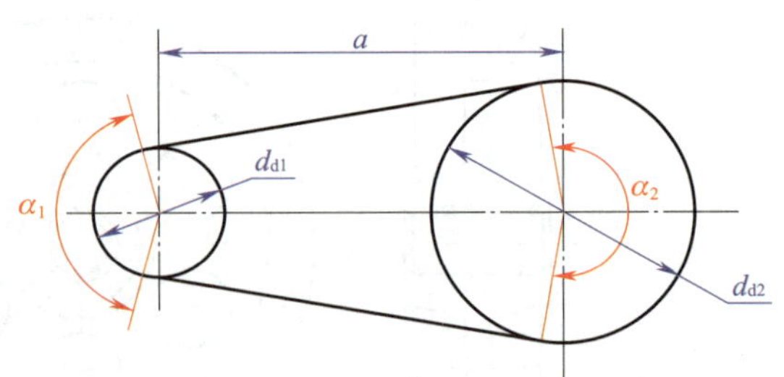

图 1–12　带轮的包角

α_1—小带轮包角　α_2—大带轮包角　a—中心距

d_{d1}—小带轮基准直径　d_{d2}—大带轮基准直径

（4）带速 v

带速一般取 5 ~ 25 m/s。带速过高或过低都不利于带的传动。带速太低，在传递功率一定时，所需圆周力增大，容易引起打滑；带速太高，离心力又会使带与带轮间的压紧程度减小，传动能力降低。

（5）V 带的根数 Z

V 带的根数影响带的传动能力。根数越多，传递功率越大，所以 V 带传动中所需 V 带的根数应按具体的传递功率大小而定。但为了使各 V 带受力比较均匀，V 带的根数不宜过多，通常应小于 7。

4. V 带传动的特点

（1）结构简单，制造、安装精度要求不高，使用维护方便，适用于两轴中心距较大的场合。

（2）传动平稳，噪声低，有缓冲吸振的作用。

（3）过载时，传动带会在带轮上打滑，可以防止零件损坏，起安全保护的作用。

（4）不能保证准确的传动比，外廓尺寸大，传动效率低（一般为 0.87 ~ 0.96）。

5. V 带传动的安装维护

（1）安装 V 带时，应缩小中心距后将带套入，再慢慢调整中心距使带达到合适的张紧程度。测试 V 带张紧程度的方法如图 1–13 所示，用拇指能将带按下 15 mm 左右，则张紧程度为合适。

（2）安装 V 带轮时，两带轮的轴线应相互平行，两带轮轮槽的对称平面应重合，其偏角误差应小于 20′。如图 1–14 所示为 V 带轮安装位置。

（3）V 带的型号与 V 带轮要一致。V 带安装后，V 带顶面与带轮外缘表面平齐（新安装时略高出一些），底面与轮槽底面间有一定的间隙，这样 V 带的两侧面和轮槽的工作面之间可充分接触。如图 1–15 所示为 V 带在轮槽中的安装位置。

图 1–13　测试 V 带张紧程度的方法

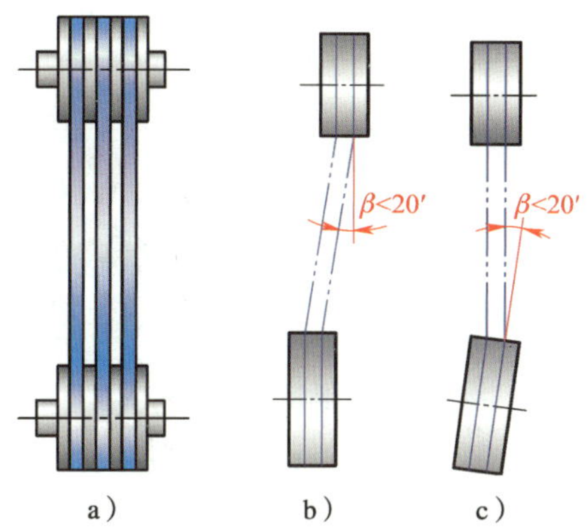

图 1–14　V 带轮安装位置
a）理想位置　b）、c）允许位置

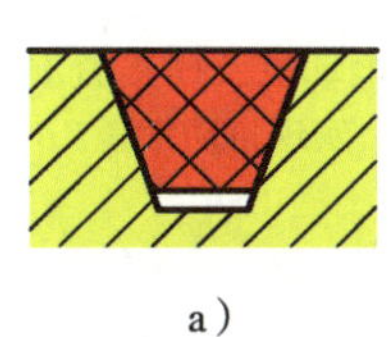

a）

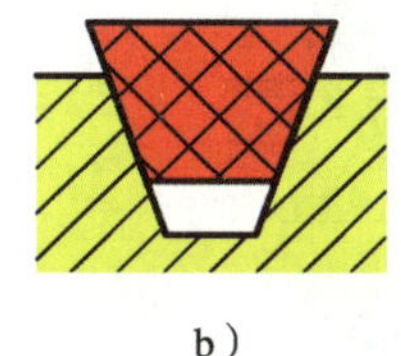

b）

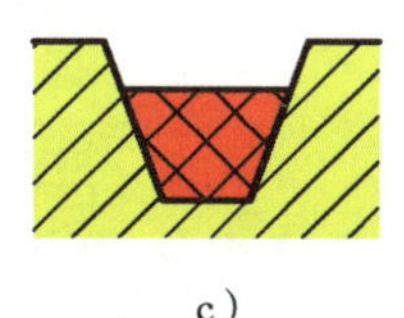

c）

图 1–15　V 带在轮槽中的安装位置
a）型号一致　b）、c）型号不一致

（4）V 带在使用过程中应定期检查并及时调整。若发现一组带中有疲劳撕裂（裂纹）等现象，应及时更换所有 V 带。不同类型、不同新旧的 V 带不能同组使用。

（5）为保证安全生产和带的清洁，应给带传动装置加装防护罩，这样可以避免带接触酸、碱、油等有腐蚀性的介质及因日光暴晒而过早老化。

（6）V 带的使用温度宜在 50 ℃以下。

（7）安装 V 带时切忌用工具硬撬。

6. V 带传动的张紧装置

在安装 V 带传动装置时，V 带是以一定的拉力紧套在带轮上的，但经过一段时间运转后，会因为塑性变形、磨损而松弛，影响正常工作。因此，需要定期检查与重新调整，以恢复和保持必需的张紧力，保证 V 带传动具有足够的传动能力。V 带传动常用的张紧方法见表 1–2。

表 1–2　V 带传动常用的张紧方法

张紧方法	图示	说明
调整中心距	电动机　V带　调节螺钉　滑道	转动调节螺钉，可使电动机沿垂直其转子轴方向移动，从而实现 V 带的张紧。该方法适用于两轴线水平或接近水平的传动

续表

张紧方法	图示	说明
调整中心距	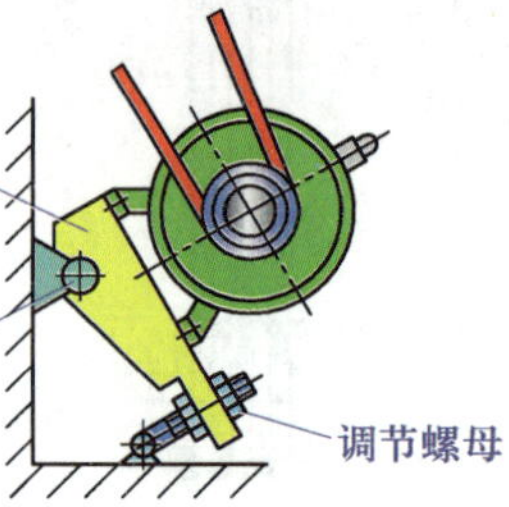 摆架 销轴 调节螺母	转动调节螺母，可使摆架绕销轴转动，从而改变V带的张紧程度。该方法适用于两轴线相对安装支架垂直或接近垂直的传动
	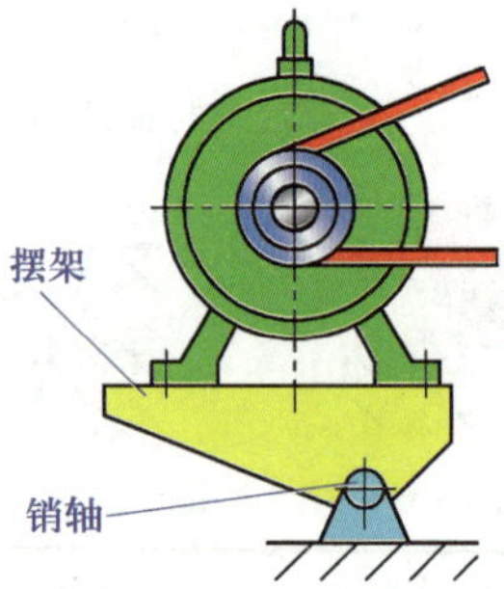 摆架 销轴	靠电动机及摆架的重力使电动机绕销轴摆动，实现自动张紧
利用张紧轮	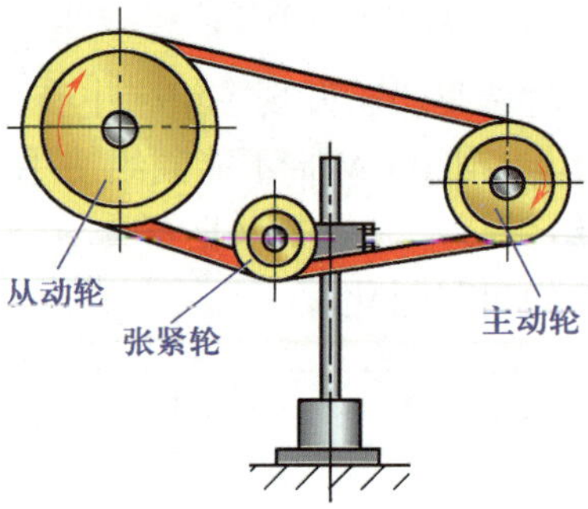 从动轮 张紧轮 主动轮	当两带轮的中心距不能调整（定中心距）时，可采用张紧轮将V带张紧。张紧轮应置于松边内侧且靠近大带轮处，以减小张紧轮对小带轮包角的影响

知识链接

窄V带传动

窄V带是在普通V带的基础上发展形成的，其结构形式与普通V带很相似，性能则更为优良。

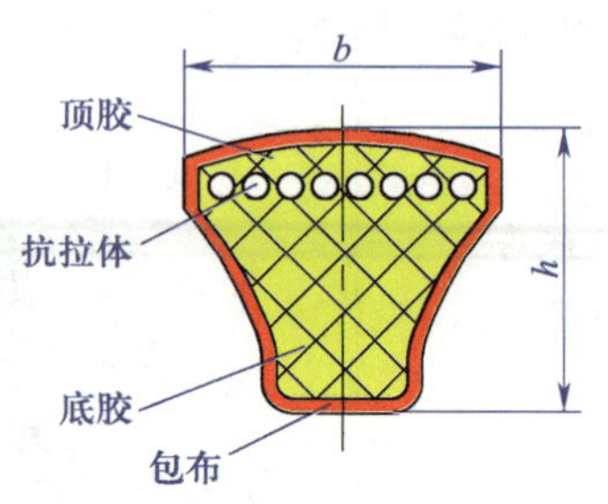

图 1–16　窄V带的横截面结构

窄V带的楔角 α 也是40°，但其截面高度相比普通V带要高。窄V带的横截面结构如图1–16所示，其顶面呈凸弧形，两侧面呈凹弧形。窄V带弯曲后侧面变直，与轮槽两侧面能更好地贴合，增大了摩擦力，提高了传动能力。因此，与普通V带相比，窄V带传动具有传动能力更大、效率更高、结构更紧凑、使用寿命更长等优点。目前，窄 V 带已广泛应用于高速、大功率且结构要求紧凑的机械传动中。

三、同步带传动

如图 1–17 所示，同步带传动即啮合型带传动，它通过传动带内表面上等距分布的横向齿与带轮上的相应齿槽啮合来传递运动。与 V 带传动相比，其带轮和传动带之间没有相对滑动，能够保证准确的传动比。

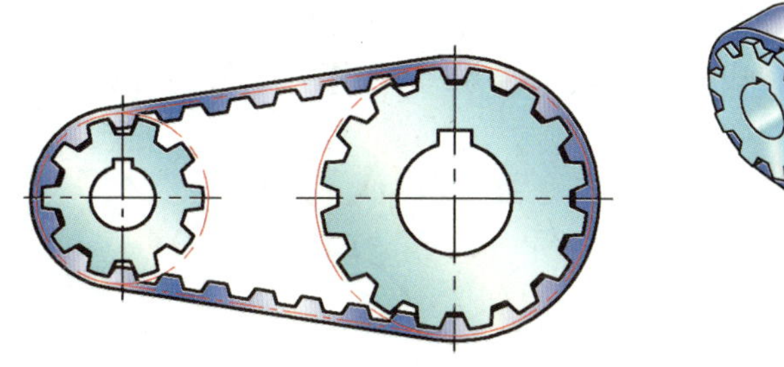

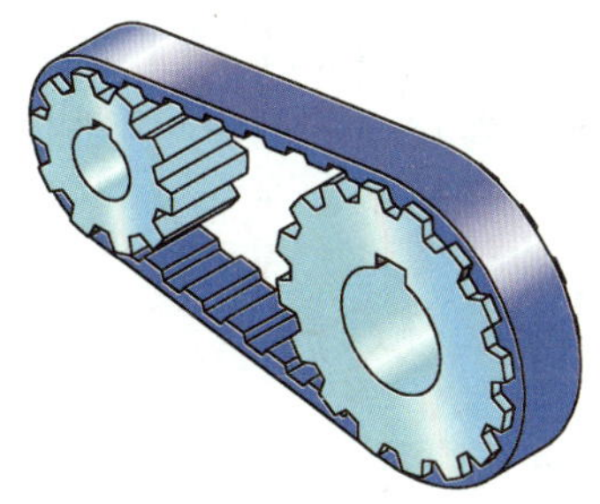

图 1–17　同步带传动

1. 同步带

（1）同步带的结构

同步带是具有等距横向齿的环形传动带，一般由齿布、带齿、芯绳和带背四部分组成，如图 1–18 所示。带背和带齿合称为带体，其材料一般多用聚氨酯或橡胶等。芯绳采用抗拉强度很高的钢丝绳或玻璃纤维绳等。齿布包裹在整个带齿上，起保护、防开裂的作用，其采用高耐磨织物，其经线和纬线的密度应均匀，纱线不得有残缺、歪斜等。

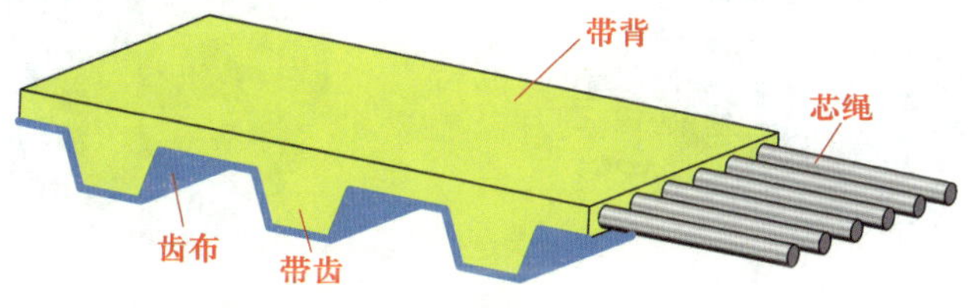

图 1–18　同步带的结构

（2）同步带的种类

同步带按齿的形状分为梯形齿、曲线齿和圆弧齿三类。目前，应用较为广泛的同步带齿形有梯形齿和圆弧齿两种，如图 1–19 所示。梯形齿的齿廓为直线，圆弧齿的齿廓为圆弧。

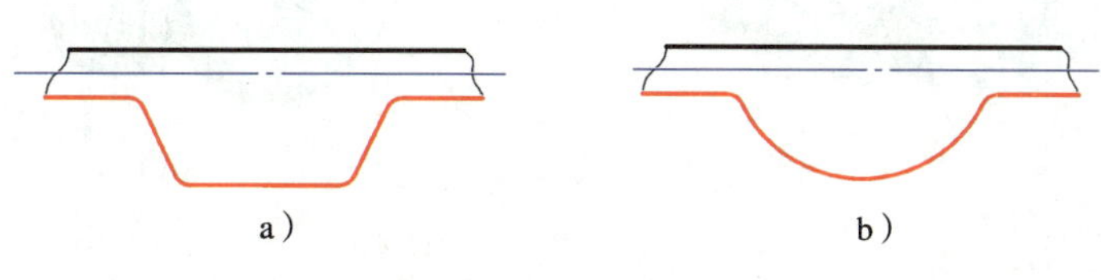

图 1–19　同步带齿形

a）梯形齿　b）圆弧齿

同步带按齿的分布情况分为单面同步带（单面有齿）和双面同步带（双面有齿）两种类型。双面同步带又分为对称双面齿同步带和交错双面齿同步带，如图 1–20 所示。

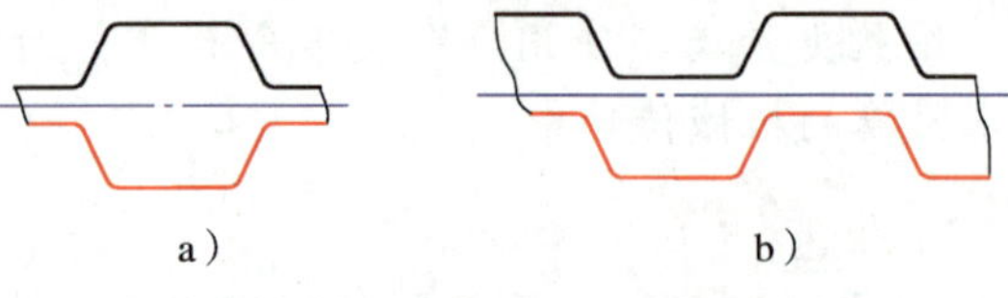

a） b）

图 1–20 双面同步带的类型

a）对称双面齿同步带 b）交错双面齿同步带

2. 同步带轮

同步带轮有梯形齿同步带轮和圆弧齿同步带轮，其齿形如图 1–21 所示。带轮分为有挡圈和无挡圈两种，其结构如图 1–22 所示。同步带轮常用材料有铝合金、钢、铸铁、不锈钢、尼龙、铜、橡胶、POM 聚甲醛塑料等，其中以 45 钢、铝合金最为常见。

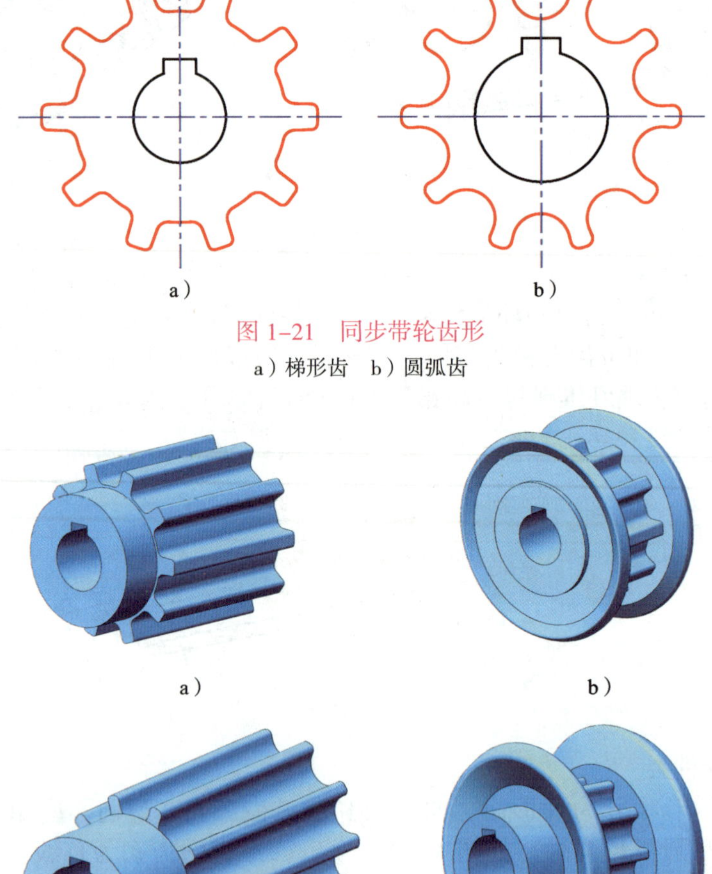

a） b）

图 1–21 同步带轮齿形

a）梯形齿 b）圆弧齿

a） b）

c） d）

图 1–22 同步带轮结构

a）无挡圈梯形齿同步带轮 b）有挡圈梯形齿同步带轮

c）无挡圈圆弧齿同步带轮 d）有挡圈圆弧齿同步带轮

3. 同步带传动的应用特点

（1）同步带与带轮工作时无相对滑动，传动准确，具有恒定的传动比，广泛应用于精密传动的各种设备上，如传真机、打印机、扫描仪等办公设备。

（2）传动平稳，具有缓冲、减振能力，噪声低，在轻工机械上得到广泛使用，如纺织机械中大量采用了同步带传动。其他如印刷、造纸、食品、医疗机械等也都广泛采用同步带传动。

（3）传动效率可达 0.98，节能效果明显。

（4）传动比范围大，一般可达 1∶10，线速度可达 50 m/s，具有较大的功率传递范围，可从几瓦到几百千瓦。常用于强度、工作可靠性、耐磨性和耐腐蚀性要求较高的场合，如汽车、摩托车发动机上的传动系统。

（5）传动机构比较简单，维护保养方便，维护费用低。

（6）结构紧凑，适用于多轴传动；不需要润滑，无污染，因此可在不允许有污染和工作环境较为恶劣的场合下正常工作。

4. 同步带传动的张紧

同步带经过一段时间工作后，由于受到拉力的作用，传动带会出现松弛的现象。同步带越长，传动导致松弛越快；负载对同步带的松弛也有影响，如果长时间超负荷传动，也会导致同步带松弛。总的来说，因为长期使用，会导致出现啮合不良从而影响精度。此时需要对同步带进行张紧，一般可以先调整两带轮中心距，调整方法与 V 带相同。

但当中心距不能调整或传动比过大时，可以使用张紧轮进行张紧。根据张紧轮的作用，采用以下两种安装方式。

（1）内侧安装

同步带传动张紧轮的内侧安装如图 1–23a 所示，张紧轮应采用相同齿形的同步带轮。为避免啮合齿数减少，应把张紧轮安装在松边靠近大带轮一侧。

（2）外侧安装

同步带传动张紧轮的外侧安装如图 1–23b 所示，张紧轮可采用中间无凸起的平带轮。为了使同步带不产生过大弯曲，应把张紧轮安装在松边中间位置。

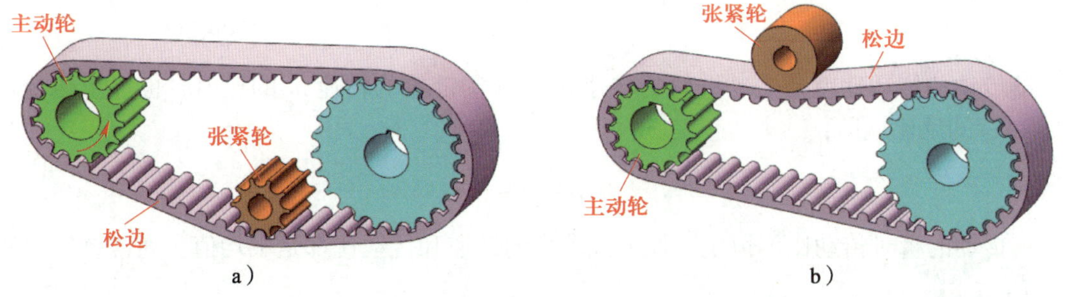

图 1–23 同步带张紧轮的安装
a）内侧安装 b）外侧安装

§1-2 链传动

链传动是指通过链条将主动链轮的运动和动力传递到从动链轮的一种传动形式，它广泛应用于轻工、矿山、农业、运输、机床等机械的传动中，在日常生活中也极为常见，自行车、摩托车等动力和运动的传动都采用了链传动。链传动的种类有很多，最常见的是滚子链和齿形链。

一、链传动概述

1. 链传动的组成及工作原理

链传动是由分装在两平行轴上的链轮和绕于两链轮上的链条所组成的，如图 1–24 所示。它通过链轮轮齿与链节相啮合而传递运动和动力。

2. 链传动的传动比（见图 1–25）

在链传动中，主动链轮每转过一个齿，链条移动一个链节，从动链轮被链条带动转过一个齿。设主动链轮的齿数为 z_1，从动链轮的齿数为 z_2，当主动链轮的转速为 n_1、从动链轮的转速为 n_2 时，单位时间内主动链轮转过的齿数与从动链轮转过的齿数相等，即：

$$z_1n_1=z_2n_2 \quad 或 \quad \frac{n_1}{n_2}=\frac{z_1}{z_2}$$

图 1–24　链传动的组成

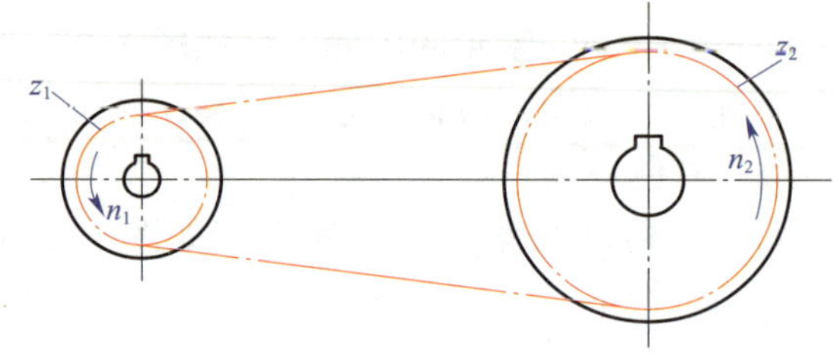

图 1–25　链传动的传动比

链传动的传动比就是主动链轮的转速 n_1 与从动链轮的转速 n_2 的比值，也等于两链轮齿数 z_1 和 z_2 的反比，即：

$$i_{12}=\frac{n_1}{n_2}=\frac{z_2}{z_1}$$

链传动的瞬时传动比不恒定，按上式求得的链速和传动比都是平均值。通常链传动的传动比 $i_{12} \leqslant 8$。

链传动既可以用于增速传动，也可以用于减速传动。如图 1–26 所示，自行车采用的链传动就是主动链轮尺寸大，从动链轮尺寸小，由于转速与齿数成反比，所以可以实现增速传动。而摩托车采用的链传动则是主动链轮尺寸小，从动链轮尺寸大，是减速传动，如图 1–27 所示。

图 1–26　自行车采用的链传动

图 1–27　摩托车采用的链传动

二、滚子链与链轮

1. 滚子链

如图 1–28 所示，常用的滚子链主要有单排链、双排链和多排链。链条中的零件由碳素钢或合金钢制造，并经表面淬火处理，强度、硬度及耐磨性较好。多排链的承载能力与排数成正比，但由于精度的影响，各排的载荷不均匀，故排数不宜过多，一般不超过四排。

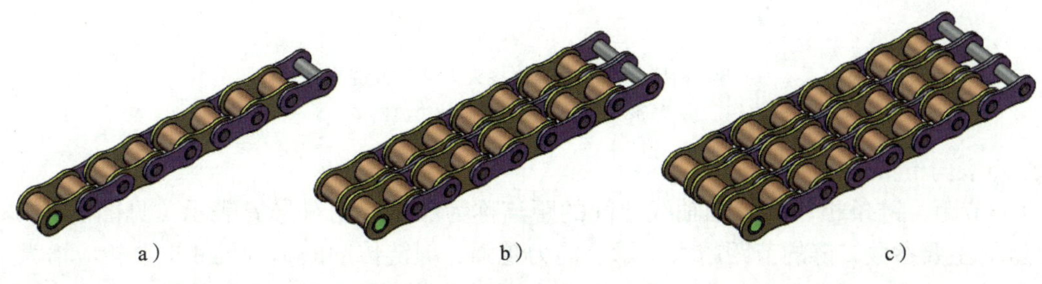

图 1–28　滚子链

a）单排链　b）双排链　c）多排链

（1）滚子链的结构

如图 1-29 所示为单排滚子链的结构，它由内链板、外链板、销轴、套筒、滚子等组成。销轴与外链板、套筒与内链板之间分别采用过盈配合连接；而销轴与套筒、滚子与套筒之间则为间隙配合连接，以保证链节屈伸时，内链板与外链板之间能相对转动，滚子与套筒、套筒与销轴之间可以自由转动。当链条与链轮啮合时，滚子与链轮轮齿相对滚动，两者之间主要是滚动摩擦，从而减少了链条和链轮轮齿的磨损。

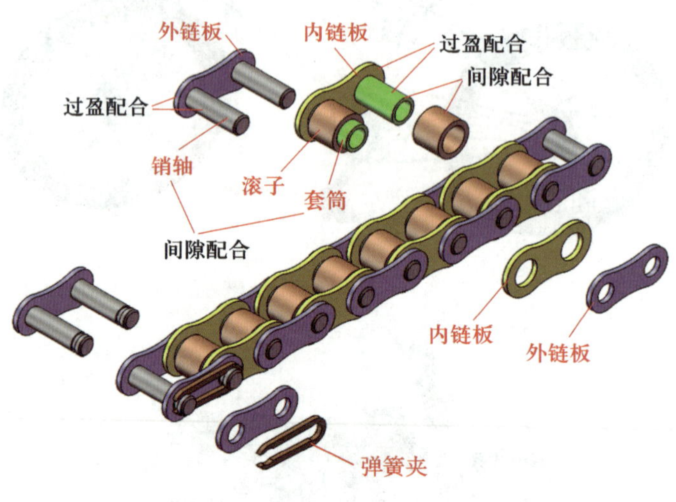

图 1-29　单排滚子链的结构

链接头处可用开口销（见图 1-30a）或弹簧夹（见图 1-30b）锁定。当链节数为奇数时，链接头需采用过渡链节（见图 1-30c）。过渡链节不仅制造复杂，而且抗拉强度较低，因此尽量不采用。

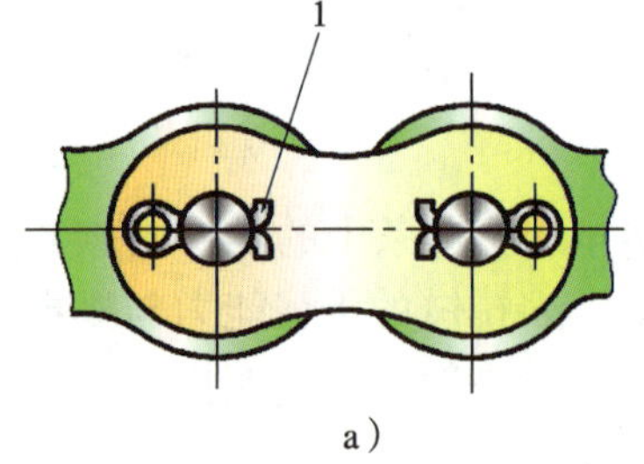

a）

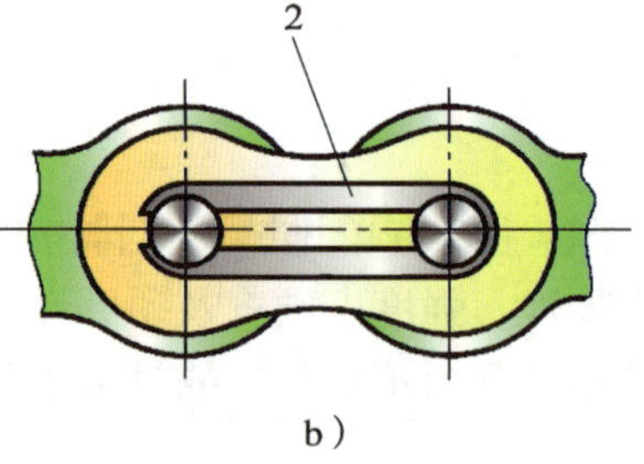

b）

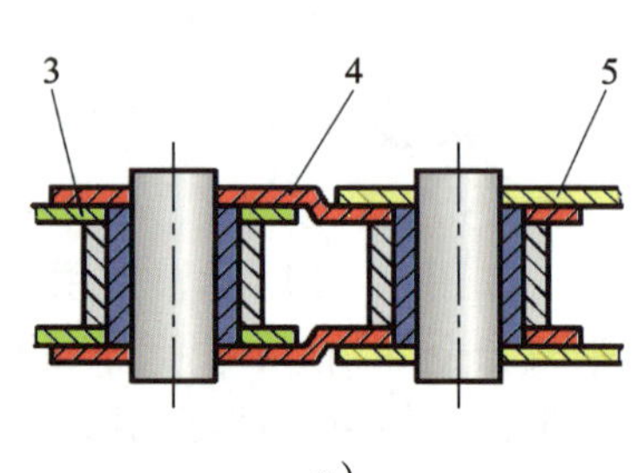

c）

图 1-30　滚子链接头形式

a）开口销接头　b）弹簧夹接头　c）过渡链节接头

1—开口销　2—弹簧夹　3—内链板　4—过渡链节　5—外链板

（2）滚子链的主要参数

1）节距。链条相邻两销轴轴线之间的距离称为节距，用符号 P 表示（见图 1-31）。节距是链的主要参数，链的节距越大，承载能力越强，但链传动的结构尺寸也会相应增大，传动的振动、冲击和噪声也会相应严重。因此，应用时尽可能选用小节距的链。高速、大功率传动时，可选用小节距的双排链或多排链。

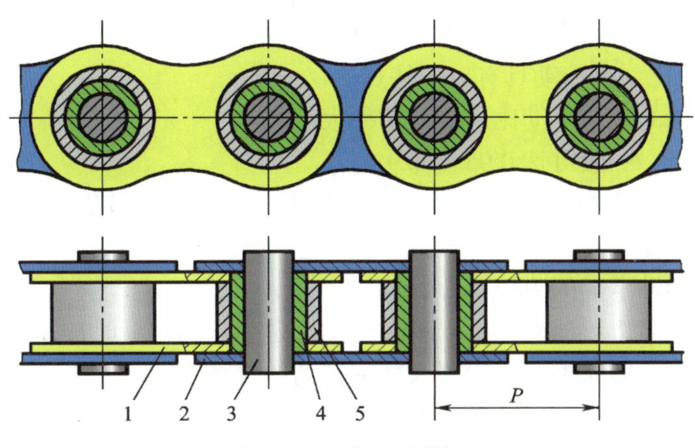

图 1–31　单排滚子链

1—内链板　2—外链板　3—销轴　4—套筒　5—滚子

2）节数。链条的节是组成链条的最小单元，链条的节数是指每一根链条节的总数，滚子链的长度与节数有关。为了使链条两端便于连接，链节数应尽量选取偶数，以便连接时正好使内链板和外链板相接。

3）链条速度。链条速度不宜过大，链条速度越大，链条与链轮间的冲击力也越大，会使传动不平稳，同时加速链条和链轮的磨损。一般要求链条速度不大于 15 m/s。

2. 滚子链链轮

滚子链链轮要与链配套，其种类分为单排、双排和多排等，如图 1–32 所示。滚子链链轮的轮齿形状如图 1–33 所示，其轮齿的齿形一般由三段圆弧组成。

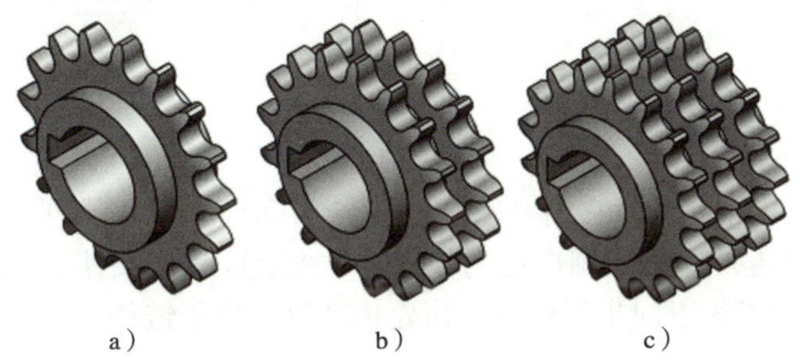

图 1–32　滚子链链轮的种类

a）单排　b）双排　c）多排

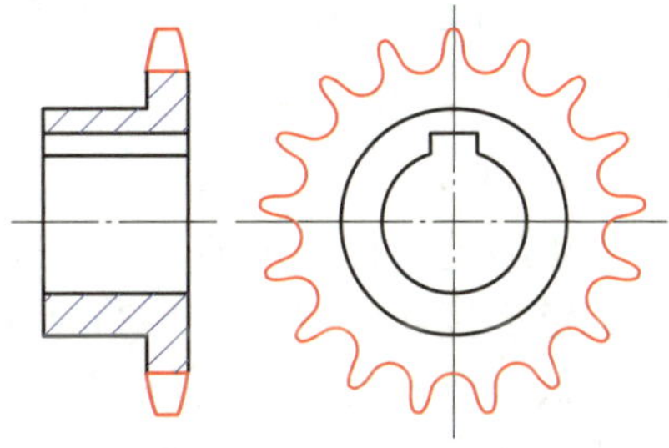

图 1–33　滚子链链轮的轮齿形状

为保证传动平稳，减少冲击和动载荷，小链轮齿数不宜过少，一般应大于 17。大链轮齿数也不宜过多，齿数过多除了增大传动尺寸和质量外，还会出现跳齿和脱链等现象，通常大链轮齿数一般应小于 120。由于链节数常取偶数，为使链条与链轮轮齿磨损均匀，链轮齿数一般应取与链节数互为质数的奇数。

链轮材料应保证轮齿有足够的强度和耐磨性，一般可采用灰铸铁、低碳钢、中碳钢、低碳合金钢、中碳合金钢等。链轮齿面一般都经过热处理，使之达到一定的硬度。

3. 滚子链传动的应用特点

链传动的传动比是恒定的。链传动的传动比一般为 $i \leqslant 8$，低速传动时 i 可达 10；两

轴中心距 a 可达 5 ~ 6 m；传动功率 $P \leqslant 100$ kW；链条速度 $v \leqslant 15$ m/s，高速时可达 20 ~ 40 m/s。与带传动相比，链传动具有以下特点。

（1）能保证准确的平均传动比，传动功率大。

（2）传动效率高，一般可达 0.95 ~ 0.98。

（3）可用于两轴中心距较大的场合；能在低速、重载和高温条件下，以及粉尘、淋水、淋油等不良环境中工作。

（4）作用在轴和轴承上的力较小。

（5）由于链节的多边形运动，所以瞬时传动比是变化的，瞬时链速度不是常数，传动中会产生动载荷和冲击，因此不适用于要求精密传动的机械上。

（6）链条的铰链磨损后，使链条节距变大，传动中链条容易脱落。

（7）工作时有噪声，对安装和维护要求较高，无过载保护作用。

4. 滚子链传动的使用与保养

（1）链的松紧度要适宜，太紧了会增加功率消耗，轴承容易磨损；太松了容易使链跳动和脱链。链的松紧程度为：从链轮的中部提起或压下的距离为两链轮中心距的 2% ~ 3%。

（2）链轮装在轴上应没有摆动和歪斜。在同一传动组件中两个链轮的对称平面应位于同一平面内，如果两轮偏移过大则容易产生脱链，加速链与链轮的磨损。

（3）链轮齿面磨损到一定程度后应及时翻面使用（指可调面使用的链轮），以延长使用时间。链轮磨损严重后，应同时更换新链和新链轮，以保证良好的啮合。

（4）新链过长或链条经使用伸长后难以调整时，可拆去部分链节，但必须为偶数。接头链节应从链轮背面穿过，锁紧片插在外面，锁紧片的开口应朝着运动的相反方向。

（5）链轮在工作中应及时加注润滑油。润滑油必须进入滚子、套筒和销轴之间的配合间隙，以便改善工作条件，减小磨损。

三、齿形链和链轮

1. 齿形链

齿形链又称无声链，属于传动链的一种形式，它由一系列的齿链板和导板交替排列并用铰链连接而成，如图 1–34 所示。齿形链是一种应用广泛的传动链，主要应用于高速、重载、低噪声、大中心距的场合，其传动性能优于同步带传动、齿轮传动以及滚子链传动，已成为众多行业首选的传动形式之一。

与滚子链相比，齿形链传动具有传动平稳、噪声低、允许链速较高、承受冲击载荷能力较强等优点；但其结构复杂，装拆困难，价格较高且质量较大，并且对安装和维护有较高的要求。

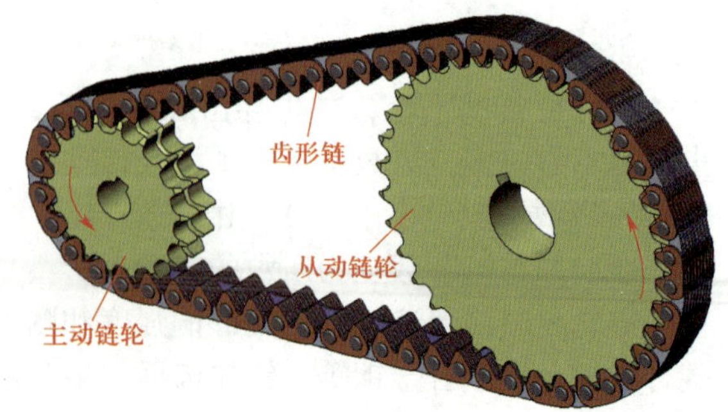

图 1–34　齿形链

齿形链是由一系列的齿链板和导板交替装配且用销轴或组合的铰接元件连接组成，相邻链节间为铰接。导板是为避免啮合时掉链，保证链条横向的稳定性。按导板的位置不同，齿形链可分为外导式、内导式和双内导式。外导式齿形链的导板跨骑在链轮两侧，如图 1–35a 所示；内导式和双内导式齿形链的导板则是在链轮上一个或多个圆周导槽中运行，如图 1–35b、图 1–35c 所示。

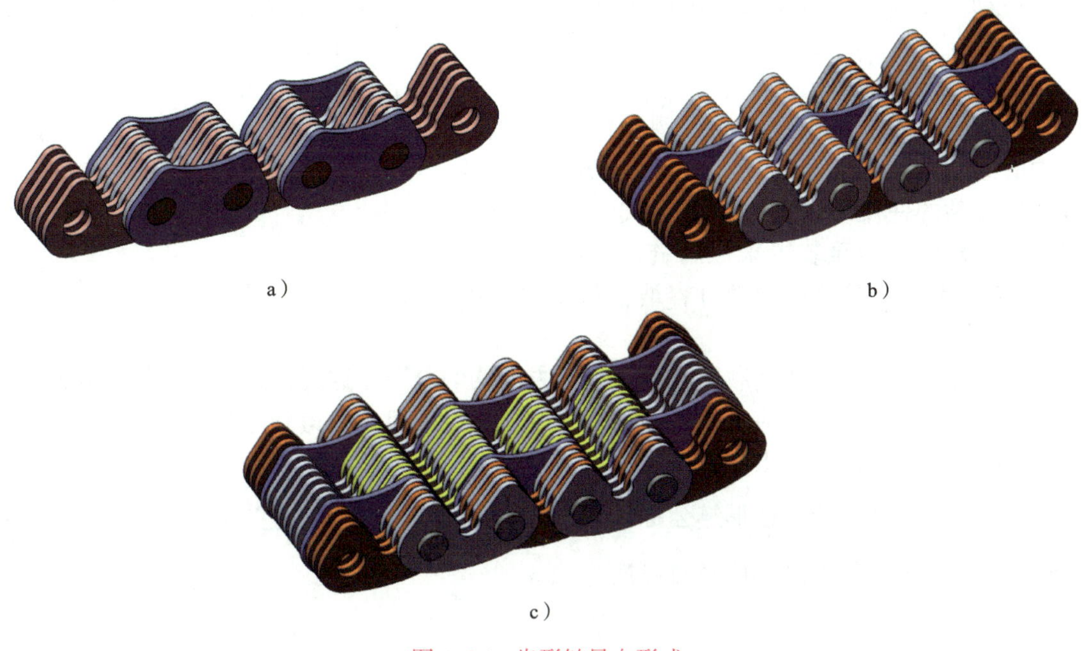

a）　b）　c）

图 1–35　齿形链导向形式

a）外导式　b）内导式　c）双内导式

2. 齿形链链轮

齿形链链轮的结构形式与齿形链是配套的，有外导式、内导式和双内导式三种，如图 1–36 所示。齿形链链轮的齿形由两条直线和一段圆弧构成，如图 1–37 所示。

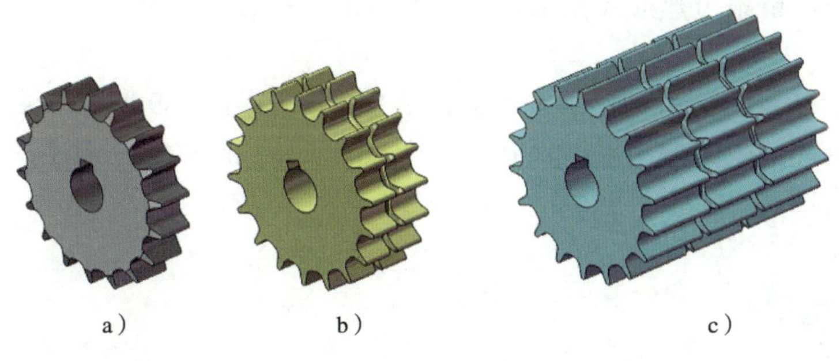

a）　b）　c）

图 1–36　齿形链链轮的结构形式

a）外导式　b）内导式　c）双内导式

3. 齿形链传动的使用与保养

（1）齿形链的润滑

正确的润滑对确保链条的使用寿命是必不可少的，充足的润滑可以防止生锈、散发热量、缓和冲击及冲走磨屑。

在大多数应用场合，推荐使用高等级的未经净化过的石油基质油，不推荐使用稠化油。重油和油脂过于黏稠，很难进入链条的铰链内，所以应避免使用。齿形链传动应避免在灰尘较多和潮湿的环境中使用，所用的润滑油应未受过污染，同时需要定期更换。

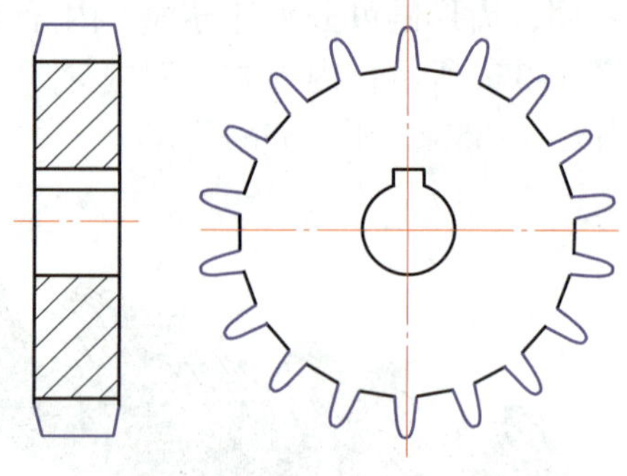
图 1–37　齿形链链轮的齿形

（2）齿形链中心距的调整

齿形链传动装置可以设置成可调节式中心距或固定式中心距，中心距可调节容易控制链条的松垂度，并可延长链条的使用寿命。一些固定式中心距链传动采用可调节惰轮或压靴装置来控制链条的松垂度。设计链罩时应提供足够的空间以充分容纳随着链条使用不断加大的松垂量。

（3）链轮齿面的对中

链轮齿面的准确对中能使载荷在整个齿宽方向均匀分布，这对延长齿形链传动的使用寿命非常重要。周期性的保养应包括对中性检查，从而保证对中性得到保持。

（4）齿形链条的使用极限和更换

当齿形链长度伸长量与齿形链公称长度尺寸之比的百分数达到 $\frac{200}{z_2}\%$（z_2 为大链轮齿数）时，链条就达到了使用极限，应及时更换。

四、链传动的润滑

链条传动的润滑十分重要，对高速重载的链传动更为重要。良好的润滑可缓和冲击、减轻磨损、延长链条的使用寿命。链传动的润滑方式主要有手工润滑、滴油润滑、浸油润滑、飞溅润滑和喷油润滑等。

1. 手工润滑

如图 1–38 所示，手工润滑是指用刷子向链条刷油或用油壶向链条上注油。加油量和频率应保证能有效防止链条过热或铰链部位因润滑不足出现氧化变色。

2. 滴油润滑

使用滴油润滑装置将润滑油施加在链条内表面上，如图 1–39 所示。滴油量和频率应能有效防止链条铰链部位因润滑不足出现氧化变色，同时滴油时必须注意不能让链条运动时产生的气流将油滴吹偏。

图 1–38　手工润滑

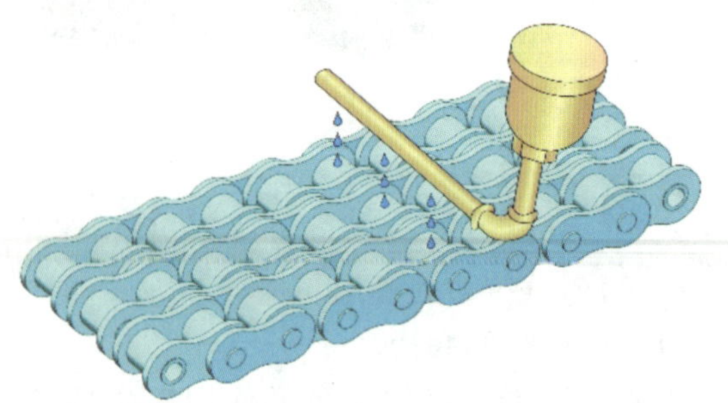
图 1–39　滴油润滑

3. 浸油润滑

链条低边要浸入油池中运行，一般浸油深度为 6 ～ 12 mm，如图 1-40 所示。

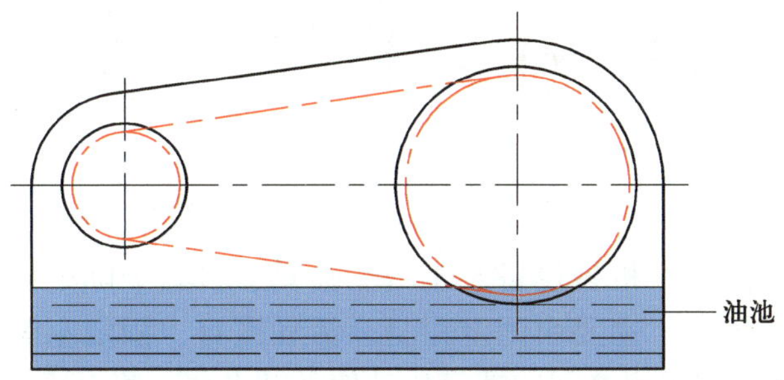

图 1-40　浸油润滑

4. 飞溅润滑

旋转甩油盘将油甩起并溅到链条上。通常在链箱上设置一个溅油润滑用的油池，如图 1-41 所示。甩油盘的直径应使油盘边缘处的线速度大于 3 m/s，链条在油位以上运转。

5. 喷油润滑

通常由油泵提供一个连续的油流施加到链条上。润滑油对准链条的松边，均匀地喷在链条的内侧表面上，如图 1-42 所示。

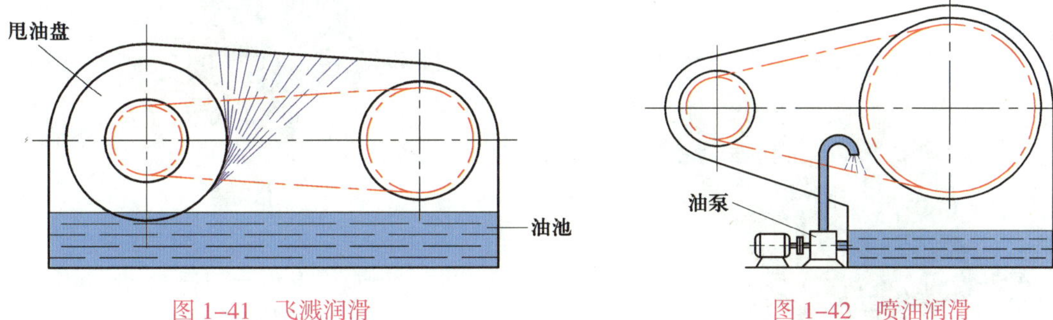

图 1-41　飞溅润滑　　图 1-42　喷油润滑

第二章　螺纹连接和螺旋传动

螺纹的应用非常广泛，在机械设备及工具、夹具、量具上随处可见。如图 2–1 所示为桌虎钳，用于夹持小型工件，主要由固定钳身、活动钳身、固定座等组成。顺时针旋转固定手柄，通过固定丝杆与固定座之间的螺旋传动使丝杆上移，将桌虎钳夹紧在桌面上。顺时针旋转夹紧手柄，使夹紧螺杆旋转，通过螺旋传动使活动钳身向固定钳身移动，从而夹紧工件。固定钳身与固定座之间用螺栓连接（见图 2–2）。向上扳动连接手柄可使固定钳身与固定座松开。旋转固定钳身到适当位置后，向下扳动连接手柄将固定钳身与固定座连为一体。钳口板与固定钳身及活动钳身之间用螺钉连接（见图 2–3）。

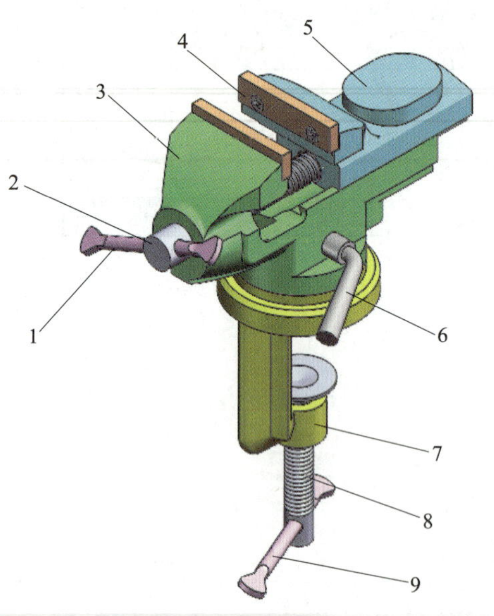

图 2–1　桌虎钳

1—夹紧手柄　2—夹紧螺杆
3—固定钳身　4—钳口板
5—活动钳身　6—连接手柄
7—固定座　8—固定丝杆　9—固定手柄

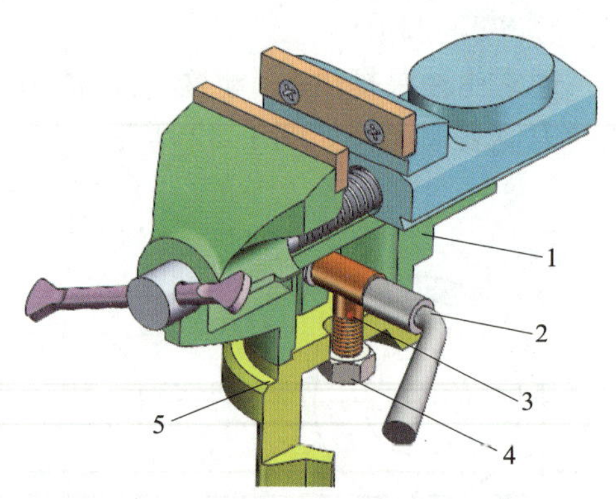

图 2–2　固定钳身与固定座的连接

1—固定钳身　2—连接手柄　3—螺栓
4—螺母　5—固定座

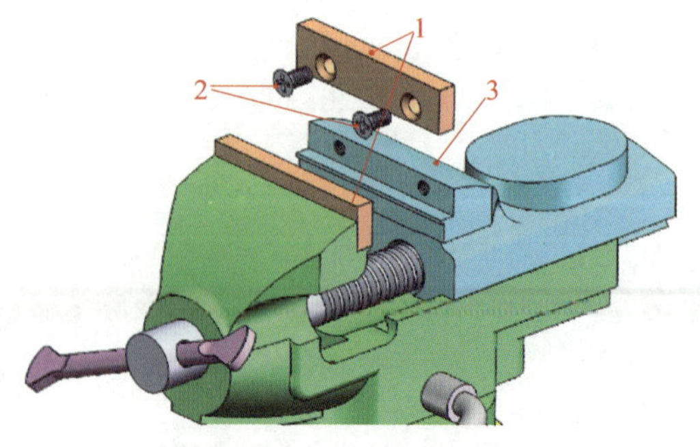

图 2–3　钳口板的连接

1—钳口板　2—螺钉　3—钳身

§2-1　螺纹的基本知识

一、螺旋线的概念

圆柱面上一动点绕圆柱轴线做等速转动的同时，又沿圆柱母线做等速直线运动，形成的复合运动轨迹称为螺旋线，如图 2-4 所示。螺旋线有右旋和左旋之分，当圆柱轴线直立时，右旋螺旋线的可见部分自左向右升高（见图 2-4a），左旋螺旋线则自右向左升高（见图 2-4b）。

二、螺纹的形成

某一平面图形（如三角形、梯形、锯齿形等）沿圆柱（或圆锥）表面上的螺旋线运动，形成的具有相同断面的连续凸起和沟槽称为螺纹。在圆柱（或圆锥）外表面上形成的螺纹称为外螺纹，在圆柱（或圆锥）内表面上形成的螺纹称为内螺纹。在圆柱面上形成的螺纹称为圆柱螺纹，在圆锥面上形成的螺纹称为圆锥螺纹。螺纹的结构如图 2-5 所示。

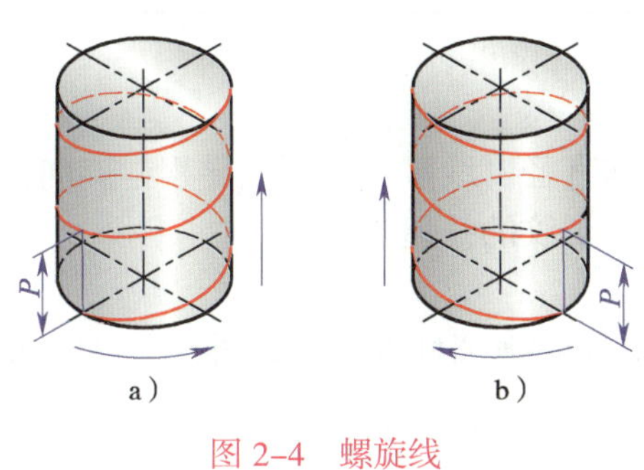

图 2-4　螺旋线
a）右旋　b）左旋

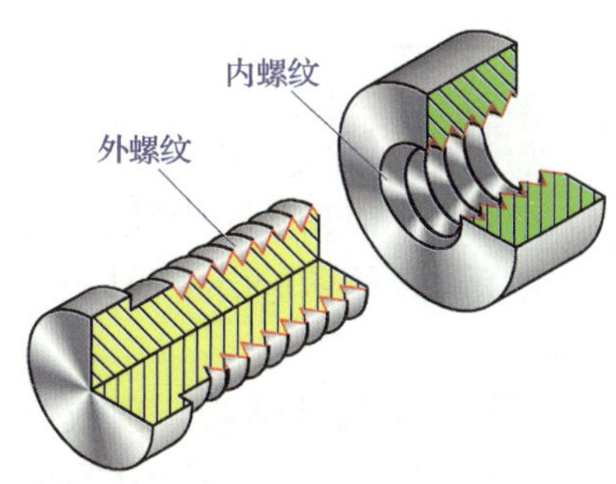

图 2-5　螺纹的结构

三、螺纹的种类

螺纹的种类有很多，常见的有普通螺纹、管螺纹和传动螺纹等。在通过螺纹轴线的断面上，螺纹的轮廓形状称为螺纹牙型，常见的螺纹牙型有三角形、梯形、锯齿形等。常见螺纹的种类、特征代号和牙型见表 2-1。

表 2-1　常见螺纹的种类、特征代号和牙型

种类			特征代号	牙型
普通螺纹	粗牙普通螺纹		M	60°
	细牙普通螺纹			
管螺纹	55°非密封管螺纹		G	55°
	55°密封管螺纹	圆柱内螺纹	Rp	
		与圆柱内螺纹配合的圆锥外螺纹	R_1	
		圆锥内螺纹	Rc	
		与圆锥内螺纹配合的圆锥外螺纹	R_2	

续表

种类		特征代号	牙型
传动螺纹	梯形螺纹	Tr	
	锯齿形螺纹	B	
	矩形螺纹		

四、螺纹的主要几何参数

螺纹的主要几何参数有大径、小径、中径、公称直径、线数、螺距、导程、旋向、螺纹升角、牙型角与牙侧角等。下面以圆柱螺纹为例介绍螺纹的几何参数。

1. 螺纹大径

螺纹大径是指与外螺纹牙顶或内螺纹牙底相切的假想圆柱的直径，外螺纹大径用 d 表示，内螺纹大径用 D 表示，如图 2–6 所示。

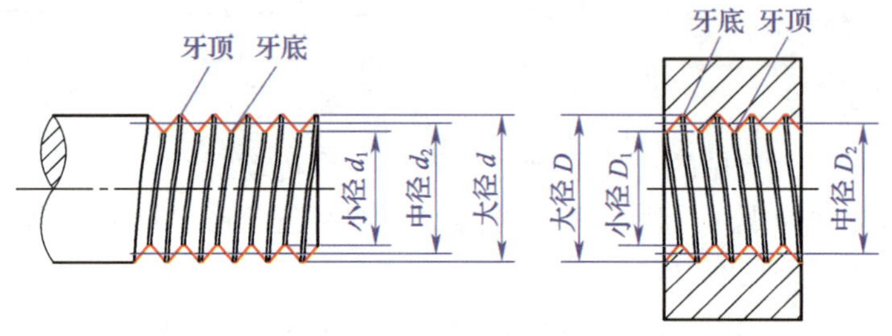

图 2–6　螺纹的几何参数

2. 螺纹小径

螺纹小径是指与外螺纹牙底或内螺纹牙顶相切的假想圆柱的直径，外螺纹小径用 d_1 表示，内螺纹小径用 D_1 表示，如图 2–6 所示。

3. 螺纹中径

螺纹中径是指一个假想圆柱的直径，该圆柱的母线通过牙型上沟槽和凸起宽度相等的地方。外螺纹中径用 d_2 表示，内螺纹中径用 D_2 表示，如图 2–6 所示。

4. 公称直径

公称直径是指代表螺纹规格大小的直径。除管螺纹外，公称直径是指螺纹的大径。

5. 螺纹的线数（见图 2–7）

螺纹的线数是指螺纹的螺旋线数量，用字母 z 表示。沿一条螺旋线形成的螺纹称为单线螺纹，如图 2–7a 所示；沿两条或两条以上螺旋线形成的螺纹称为多线螺纹，如图 2–7b 所示为双线螺纹。

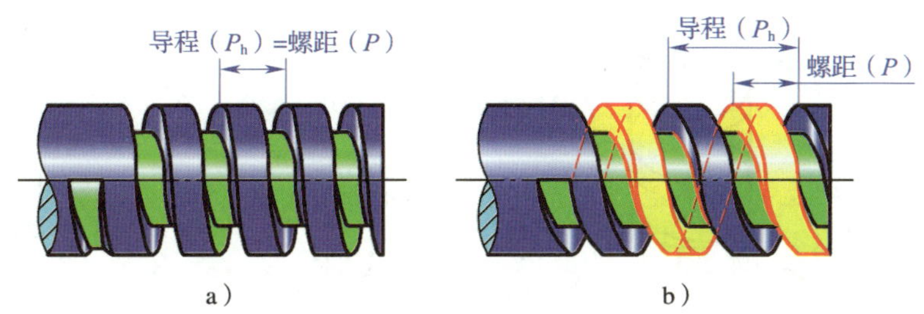

图 2–7　螺纹的线数

a）单线螺纹　b）双线螺纹

6. 螺距

螺距是螺纹相邻两牙两对应点之间的轴向距离，用 P 表示，如图 2–7 所示。

7. 导程

导程是同一条螺旋线上相邻两牙两对应点之间的轴向距离，用 P_h 表示，如图 2–7 所示。

导程、螺距、线数之间的关系是：

$$P_h=Pz$$

对于单线螺纹，导程与螺距之间的关系是：

$$P_h=P$$

8. 旋向

螺纹旋向分右旋、左旋两种。沿右旋螺旋线形成的螺纹为右旋螺纹，沿左旋螺旋线形成的螺纹为左旋螺纹。右旋螺杆旋入螺孔时沿顺时针旋转，左旋螺杆旋入螺孔时沿逆时针旋转。当螺杆的轴线竖直放置时，右旋螺纹的可见部分自左向右升高，左旋螺纹的可见部分则自右向左升高。螺纹的旋向及判别方法如图 2–8 所示，具体内容如下。

（1）伸出右手（或左手），手心对着自己，把螺杆放在手心上。

（2）四指的指向与螺纹轴线方向相同。

（3）右旋螺纹的旋向和右手拇指的指向相同，左旋螺纹的旋向和左手拇指的指向相同。

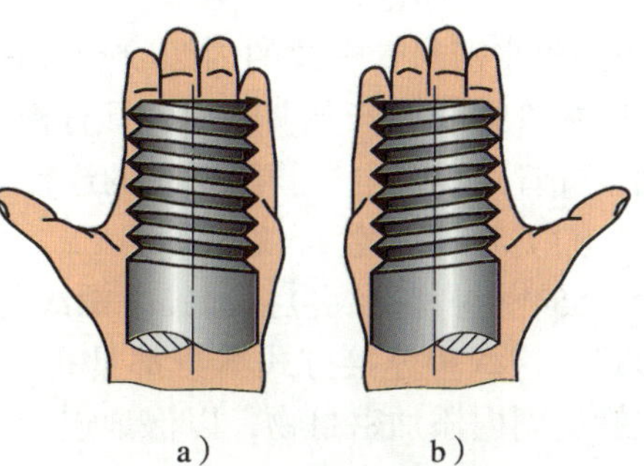

图 2–8　螺纹的旋向及判别方法

a）左旋螺纹　b）右旋螺纹

9. 螺纹升角

如图 2–9 所示，螺纹升角是指在螺纹中径的圆柱面上，螺纹的切线与垂直于螺纹轴线的平面间的夹角，用φ表示，由几何关系可知：

$$\tan\varphi=\frac{P_h}{\pi d_2}=\frac{nP}{\pi d_2}$$

式中　d_2——螺纹的中径，mm。

10. 牙型角与牙侧角（见图 2–10）

在螺纹牙型上，两相邻牙侧间的夹角称为牙型角，用 α 表示；在螺纹牙型上，一个牙侧与垂直于螺纹轴线的平面间的夹角称为牙侧角，用 β_1 或 β_2 表示。常见螺纹的牙型角与牙侧角见表 2–1。

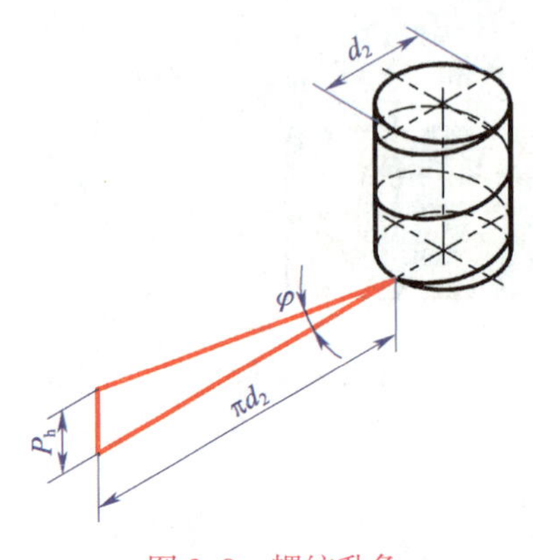

图 2–9　螺纹升角

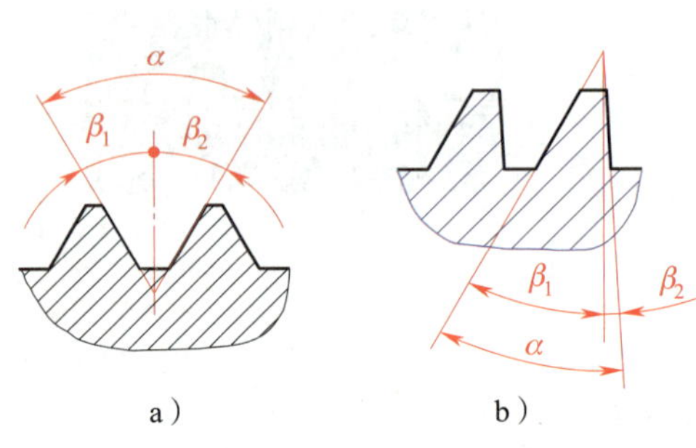

图 2–10　牙型角与牙侧角

a）对称螺纹　b）非对称螺纹

五、螺纹的结构特点与应用

1. 普通螺纹

普通螺纹应用最广泛，其牙型为三角形，牙型角为 60°，故普通螺纹又称为三角螺纹。同一直径的普通螺纹按螺距大小分为粗牙普通螺纹和细牙普通螺纹两类。普通螺纹一般多用单线螺纹。普通螺纹的摩擦力大，强度高，自锁性能好。尤其是细牙普通螺纹，因为其小径大而螺距小，所以强度更高，自锁性更好。但是细牙普通螺纹容易磨损和滑扣，所以一般连接多用粗牙普通螺纹。细牙普通螺纹用于薄壁零件或使用粗牙对强度有较大影响的零件，也常用于受冲击、振动或交变载荷情况下的连接和微调装置的调整机构。

2. 管螺纹

管螺纹用于管路的连接，因为管壁较薄，为防止过多削弱管壁强度，所以采用特殊的细牙螺纹。管螺纹分为 55°非密封管螺纹和 55°密封管螺纹两类。

（1）55°非密封管螺纹

55°非密封管螺纹的内螺纹和外螺纹都是圆柱螺纹，连接本身不具有密封性，所以称为非密封管螺纹。若要求连接后具有密封性，可采用密封圈密封。55°非密封管螺纹多用于水、油、气管路以及电气管路系统的连接。

（2）55°密封管螺纹

55°密封管螺纹包括圆锥内螺纹与圆锥外螺纹连接、圆柱内螺纹与圆锥外螺纹连接两种形式。这两种连接方式本身都具有一定的密封能力，所以称为密封管螺纹。必要时，可以在螺旋副内添加密封物，以保证连接的密封性。55°密封管螺纹适用于管子、管接头、旋塞、阀门和其他管路附件的螺纹连接。

3. 传动螺纹

传动螺纹有梯形螺纹、锯齿形螺纹和矩形螺纹。

（1）梯形螺纹

梯形螺纹的牙型为等腰梯形，牙型角为 30°，是传动螺纹的主要形式，广泛应用于传递动力或运动的螺旋机构中。梯形螺纹牙根强度高，螺旋副对中性好，加工工艺性好，与矩形螺纹相比传动效率略低。

（2）锯齿形螺纹

锯齿形螺纹工作面的牙侧角为 3°，非工作面的牙侧角为 30°。锯齿形螺纹综合了矩形螺纹传动效率高和梯形螺纹牙根强度高的特点。其外螺纹的牙根具有相当大的圆角，以减小应力集中；螺旋副的大径处无间隙，便于对中。锯齿形螺纹广泛应用于单向受力的传动机构。

（3）矩形螺纹

矩形螺纹牙型为正方形，牙厚等于螺距的 1/2。矩形螺纹没有相关标准，公制矩形螺纹的直径与螺距可按梯形螺纹的直径与螺距选择。矩形螺纹传动效率高，但对中精度低，牙根强度低，精确制造较为困难，螺旋副磨损后的间隙难以补偿或修复。矩形螺纹主要应用于传力机构中。

六、螺纹标记

1. 普通螺纹的标记

普通螺纹的完整标记由特征代号、尺寸代号、公差带代号及其他有必要做进一步说明的个别信息（如旋合长度代号、旋向等）组成，各部分之间用“–”分开。普通螺纹的完整标记的格式如下。

特征代号尺寸代号 – 公差带代号 – 旋合长度代号 – 旋向

一般情况下，螺纹的标记并不是把所有的项目都标注出来，螺纹标记的具体规定如下。

（1）特征代号

特征代号用字母“M”表示。

（2）尺寸代号

1）单线螺纹的尺寸代号。单线螺纹的尺寸代号为“公称直径 × 螺距”。因为一个公称直径所对应的粗牙螺纹只有一个，而一个公称直径所对应的细牙螺纹有可能不止一个，所以国家标准规定，粗牙普通螺纹不标螺距，细牙普通螺纹必须注出螺距。例如：

“M8 × 1”表示公称直径为 8 mm、螺距为 1 mm 的单线细牙螺纹。

“M8”表示公称直径为 8 mm、螺距为 1.25 mm（GB/T 193—2003）的单线粗牙螺纹。

2）多线螺纹的尺寸代号。多线螺纹的尺寸代号为“公称直径 ×Ph 导程 P 螺距”。例如：

“M16 × Ph3P1.5”表示公称直径为 16 mm、螺距为 1.5 mm、导程为 3 mm 的双线螺纹。

（3）公差带代号

公差带代号包括中径公差带代号和顶径公差带代号两部分。中径公差带代号在前，顶径公差带代号在后。若中径公差带代号和顶径公差带代号相同，只需标注一个公差带代号。

公差带代号由表示公差等级的数值和表示公差带位置的字母组成。内螺纹用大写字母，外螺纹用小写字母。尺寸代号与公差带代号之间用“–”分开。例如：

“M10–5g6g”表示中径公差带为5g、顶径公差带为6g的粗牙外螺纹。

“M10–5H”表示中径公差带和顶径公差带均为5H的粗牙内螺纹。

中等公差精度的螺纹不标注其公差带代号。螺纹的中等公差精度见表2–2。

表2–2　　螺纹的中等公差精度

种类	公称直径≤ 1.4 mm	公称直径≥ 1.6 mm
内螺纹	5H	6H
外螺纹	6h	6g

表示内、外螺纹配合时，内螺纹的公差带在前，外螺纹的公差带在后，中间用斜线分开。例如：

“M20×2–5H/5g6g”表示公差带为5H的内螺纹与公差带为5g6g的外螺纹组成的配合。

（4）螺纹旋合长度代号和旋向代号

普通螺纹的旋合长度有短旋合长度（S）、长旋合长度（L）和中等旋合长度（N）三种。短旋合长度和长旋合长度在公差带代号后标注“S”和“L”，并与公差带间用“–”分开；中等旋合长度“N”不标注。对于左旋螺纹，应在旋合长度代号之后标注“LH”，并与旋合长度代号间用“–”分开。例如：

“M20×2–5H–S”表示短旋合长度的内螺纹。

“M8×1–LH”表示左旋螺纹。

例　解释螺纹标记“M12–7g–L–LH”的含义。

解　特征代号“M”表示普通螺纹。

尺寸代号“12”表示螺纹公称直径为12 mm，粗牙普通螺纹，单线。

公差带代号“7g”表示外螺纹中径和顶径公差带代号皆为7g。

旋合长度代号“L”表示长旋合长度。

旋向代号“LH”表示左旋。

例　解释螺纹标记“M20×2–5H/5h6h”的含义。

解　特征代号“M”表示普通螺纹。

尺寸代号“20×2”表示细牙普通螺纹，公称直径为20 mm，螺距为2 mm，单线。

公差带代号“5H/5h6h”表示内、外螺纹旋合。内螺纹中径公差带代号和顶径公差带代号均为5H；外螺纹中径公差带代号为5h，顶径公差带代号为6h。

此外，该标记没有注写旋合长度代号和旋向代号，说明所标注的螺纹为中等旋合长度、右旋。

2. 梯形螺纹和锯齿形螺纹的标记

梯形螺纹和锯齿形螺纹的标记相同，由螺纹特征代号、尺寸代号、螺纹公差带代号和螺纹旋合长度代号等组成。

特征代号 公称直径 × 导程（P 螺距）旋向 – 螺纹公差带代号 – 旋合长度

（1）特征代号

梯形螺纹的特征代号用“Tr”表示，锯齿形螺纹的特征代号用“B”表示。

（2）尺寸代号

尺寸代号由“公称直径 × 导程（P 螺距）旋向”组成。若为单线螺纹，可只标出螺距；若为多线螺纹，则应同时标注导程和螺距。若为左旋螺纹，则在尺寸代号的尾部加注“LH”。

注意：普通螺纹的旋向代号标注在旋合长度后面，梯形螺纹或锯齿形螺纹的旋向代号标注在尺寸代号的尾部。

（3）公差带代号和旋合长度代号

梯形螺纹只标注中径公差带代号，标准中规定了中等和粗糙两种等级。为确保传动的平稳性，旋合长度不宜太短，所以规定中没有短旋合长度。

例 解释螺纹标记“Tr24 × 10（P5）LH–8e–L”的含义。

解 特征代号“Tr”表示梯形螺纹。

尺寸代号“24 × 10（P5）LH”表示公称直径为 24 mm，导程为 10 mm，螺距为 5 mm，双线，左旋。

公差带代号“8e”表示中径的公差带代号为 8e，梯形外螺纹。

旋合长度代号“L”表示长旋合长度。

例 解释螺纹标记“B40 × 7–7H/7e”的含义。

解 特征代号“B”表示锯齿形螺纹。

尺寸代号“40 × 7”表示公称直径为 40 mm，导程为 7 mm，螺距为 7 mm，单线，右旋。

公差带代号“7H/7e”表示内、外螺纹旋合，内螺纹中径公差带代号为 7H，外螺纹中径公差带代号为 7e。

此外，因为没有标注旋合长度代号，说明标记所表示的螺纹为中等旋合长度。

3. 管螺纹的标记

（1）非密封管螺纹的标记

非密封管螺纹的标记由螺纹特征代号、尺寸代号、公差等级代号和旋向代号组成。

1）外螺纹分 A、B 两级进行标记；内螺纹只有一个公差等级，所以不标记公差等级代号。例如：

“G2”表示尺寸代号为 2 的右旋圆柱内螺纹。

“G3A”表示尺寸代号为 3 的 A 级右旋圆柱外螺纹。

注意：管螺纹的尺寸代号只是一个表示螺纹和管子尺寸特征的代号，不是管螺纹的任何尺寸，根据管螺纹的尺寸代号可查阅管螺纹的几何尺寸和所对应的管子的尺寸。

2）当螺纹为左旋时，应在螺纹公差等级代号之后加注“LH”。例如：

“G2LH”表示尺寸代号为 2 的左旋圆柱内螺纹。

“G4B–LH”表示尺寸代号为 4 的 B 级左旋圆柱外螺纹。

3）螺旋副仅标注外螺纹的标记代号。

（2）55°密封管螺纹的标记

1）55°密封管螺纹的标记一般由螺纹特征代号和尺寸代号组成。例如：

“Rp3/4”表示尺寸代号为 3/4 的右旋圆柱内螺纹。

“$R_1$3”表示尺寸代号为 3 的与圆柱内螺纹配合的右旋圆锥外螺纹。

2）当螺纹为左旋时，应在尺寸代号后面加注“LH”。例如：

“Rc3/4LH”表示尺寸代号为 3/4 的左旋圆锥内螺纹。

3）表示螺旋副时，螺纹的特征代号为“Rp/R_1”或“Rc/R_2”，前面为内螺纹的特征代号，后面为外螺纹的特征代号，中间用斜线分开。例如：

“Rc/$R_2$3”表示尺寸代号为 3 的右旋圆锥内螺纹与圆锥外螺纹所组成的螺旋副。

§2-2 螺纹连接

一、螺纹连接件

螺纹连接件大都已经标准化，常用的有螺栓、螺柱、螺钉、螺母、垫圈和防松零件等，其结构、规格尺寸和标记示例见表 2–3。

表 2–3　　螺纹连接件结构、规格尺寸和标记示例

名称	结构	规格尺寸	标记示例
六角头螺栓		l d	螺栓　GB/T 5780　M12×50 表示：C 级六角头螺栓，规格尺寸（螺纹大径 d）为 12 mm，螺栓杆身长度 l 为 50 mm
双头螺柱		l d	螺柱　GB/T 899　M12×50 表示：双头螺柱，规格尺寸（螺纹大径 d）为 12 mm，公称长度 l 为 50 mm
开槽圆柱头螺钉		l d	螺钉　GB/T 65　M12×50 表示：开槽圆柱头螺钉，规格尺寸（螺纹大径 d）为 12 mm，公称长度 l 为 50 mm
十字槽沉头螺钉		d l	螺钉　GB/T 819.1　M6×20 表示：十字槽沉头螺钉，规格尺寸（螺纹大径 d）为 6 mm，公称长度 l 为 20 mm

续表

名称	结构	规格尺寸	标记示例
内六角圆柱头螺钉			螺钉　GB/T 70.1　M10 × 35 表示：内六角圆柱头螺钉，规格尺寸（螺纹大径 d）为 10 mm，公称长度 l 为 35 mm
开槽锥端紧定螺钉			螺钉　GB/T 71　M6 × 15 表示：开槽锥端紧定螺钉，规格尺寸（螺纹大径 d）为 6 mm，公称长度 l 为 15 mm
六角螺母			螺母　GB/T6170　M12 表示：A 级 Ⅰ 型六角螺母，规格尺寸（螺纹大径 d）为 12 mm
六角开槽螺母			螺母　GB/T 6179　M16 表示：C 级 Ⅰ 型六角开槽螺母，规格尺寸（螺纹大径 d）为 16 mm
平垫圈			垫圈　GB/T 95　10 表示：C 级平垫圈，公称尺寸（与其配套使用的螺栓或螺母的螺纹大径 d）为 10 mm，左图中的 d_1 和 d_2 可从国家标准中查得
弹簧垫圈			垫圈　GB/T 93　10 表示：标准型弹簧垫圈，公称尺寸（与其配套使用的螺栓或螺母的螺纹大径 d）为 10 mm，左图中的 d_1 和 d_2 可从国家标准中查得

二、螺纹连接的类型和应用

螺纹连接在生产实践中应用很广，常见的螺纹连接有螺栓连接、双头螺柱连接、螺钉连接和紧定螺钉连接四种类型，其结构特点和应用见表 2–4。

表 2-4　　螺纹连接的结构特点和应用

类型	图示	结构特点	应用
 螺栓连接		螺栓穿过两被连接件上的通孔并加螺母紧固。结构简单，装拆方便，成本低，应用广泛	用于两被连接件上均为通孔且有足够装配空间的场合
 双头螺柱连接	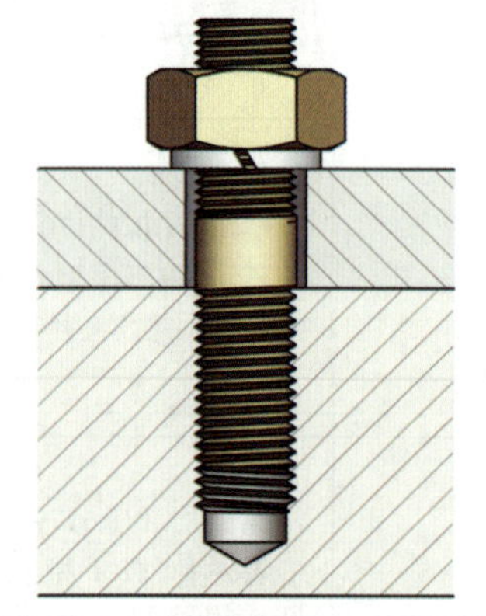	双头螺柱的两端均有螺纹，螺柱的旋入端靠螺纹配合的过盈及螺纹尾部的台阶（或螺尾最后几圈较浅的螺纹）拧紧在被连接件之一的螺纹孔中，装上另一个被连接件后，加垫圈并用螺母紧固，拆卸时只需拧下螺母，故被连接件上的螺纹不易损坏	用于受结构限制或被连接件之一为不通孔并需经常拆卸的场合
 螺钉连接	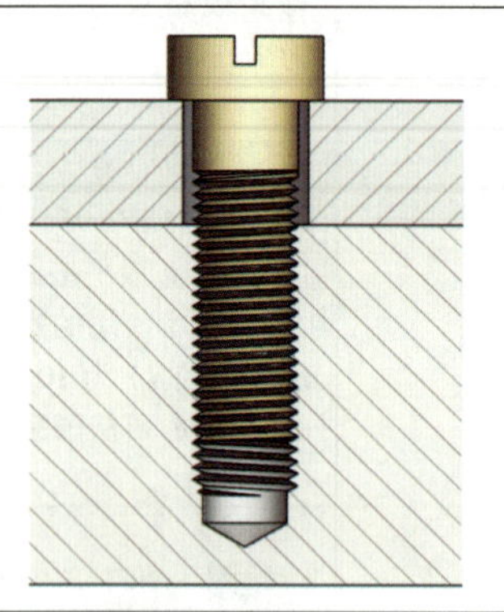	螺钉（也可以是螺栓）穿过一个被连接件上的通孔而直接拧入另一个被连接件的螺纹孔内并紧固。若经常拆卸，被连接件上的螺纹易损坏	用于被连接件之一较厚，不便加工通孔，且不必经常拆卸的场合
 紧定螺钉连接	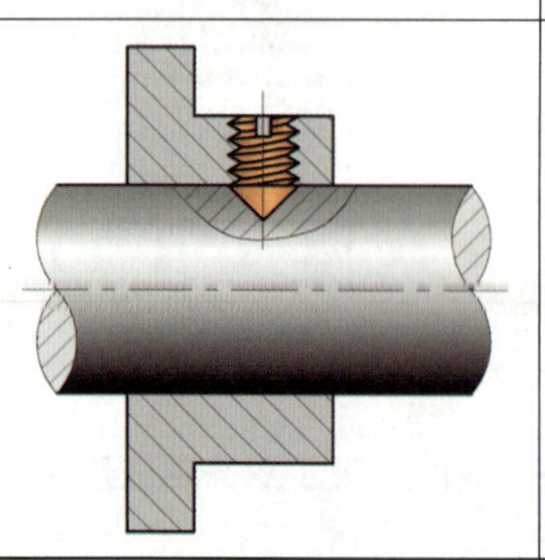	紧定螺钉拧入一个被连接件上的螺纹孔并用其端部顶紧另一个被连接件	用于固定两被连接件的相互位置，并可传递不大的力或转矩

三、螺纹连接的预紧与防松

1. 螺纹连接的预紧

螺纹连接在装配时一般都需要拧紧螺栓、螺母或螺钉等，即对螺纹连接进行预紧。预紧的目的，一方面是防止螺纹连接松动；另一方面是可以使被连接件接合面之间摩擦力增大，以提高传递载荷的能力。但预紧力不能过大，过大则会损伤螺杆。控制螺纹连接预紧力的方法见表 2–5。

表 2–5 控制螺纹连接预紧力的方法

方法	特点及应用
感觉法	靠操作者在拧紧时的感觉和经验。该方法简单，经济实用，常用于普通的螺纹连接
力矩法	用测力矩扳手或定力矩扳手控制预紧力，费用较低，误差较小，应用广泛
测量螺栓伸长法	用于螺栓在弹性范围内的预紧力控制，误差非常小，但使用麻烦，费用高，用于特殊需要的场合
螺母转角法	首先把螺母拧紧到“密贴”的位置，再转过一定角度，在汽车工业和钢结构中应用广泛

2. 螺纹连接的防松

螺纹连接的防松即防止螺旋副的相对转动。螺纹连接一般采用牙型为三角形的单线普通螺纹，其螺纹升角 ϕ 为 1.5° ~ 3.5°，具有自锁性能；同时螺纹零件端面与支承面之间还存在摩擦力，因此在静载荷下螺纹连接不会自行松开。但在冲击、振动和变载荷等情况下，摩擦力会瞬时减小或消失，连接有可能松开，因此必须考虑防松措施。

螺纹连接常用的防松方法有摩擦防松、机械防松和破坏螺纹防松三种形式。

（1）摩擦防松

摩擦防松是指使螺旋副中有不随工作载荷而变的压力，始终有摩擦力防止其相对转动，其常用的方法见表 2–6。

表 2–6 摩擦防松常用的方法

方法	图示	说明
双螺母防松		先用规定拧紧力矩的 80% 拧紧下面的螺母，再用 100% 的拧紧力矩拧紧上面的螺母，使螺栓在旋合段内受拉而螺母受压 其结构简单、成本低，但重量增加。多用于低速重载或载荷平稳的场合

续表

方法	图示	说明
弹簧垫圈防松	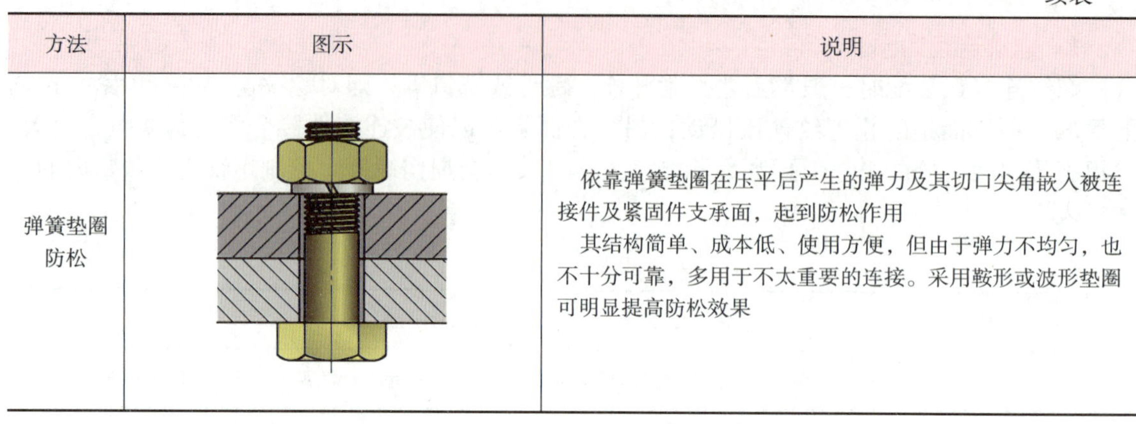	依靠弹簧垫圈在压平后产生的弹力及其切口尖角嵌入被连接件及紧固件支承面，起到防松作用 其结构简单、成本低、使用方便，但由于弹力不均匀，也不十分可靠，多用于不太重要的连接。采用鞍形或波形垫圈可明显提高防松效果

（2）机械防松

机械防松是用金属元件锁住螺旋副，使其不能做相对转动，其常用的方法见表 2–7。

表 2–7　　机械防松常用的方法

方法	图示	说明
开口销防松		开口销穿过螺母槽并插入螺栓上的径向销孔中，使螺母、螺栓不能相对转动 其特点是性能可靠，但不便装配，不适用于双头螺柱的防松；多用于变载、振动场合的重要部位连接的防松，如飞行器、汽车等
止动垫圈防松		首先将螺栓穿过单耳止动垫圈，拧好六角螺母（未拧紧），将单耳止动垫圈的单耳紧靠被压紧件的边沿弯折，然后拧紧六角螺母，再将止动垫圈另一侧的圆形边缘竖立起来，贴在螺母的侧平面上，以实现防松 其特点是防松可靠，但需要被连接件具有一定的安装结构

续表

方法	图示	说明
串联钢丝防松	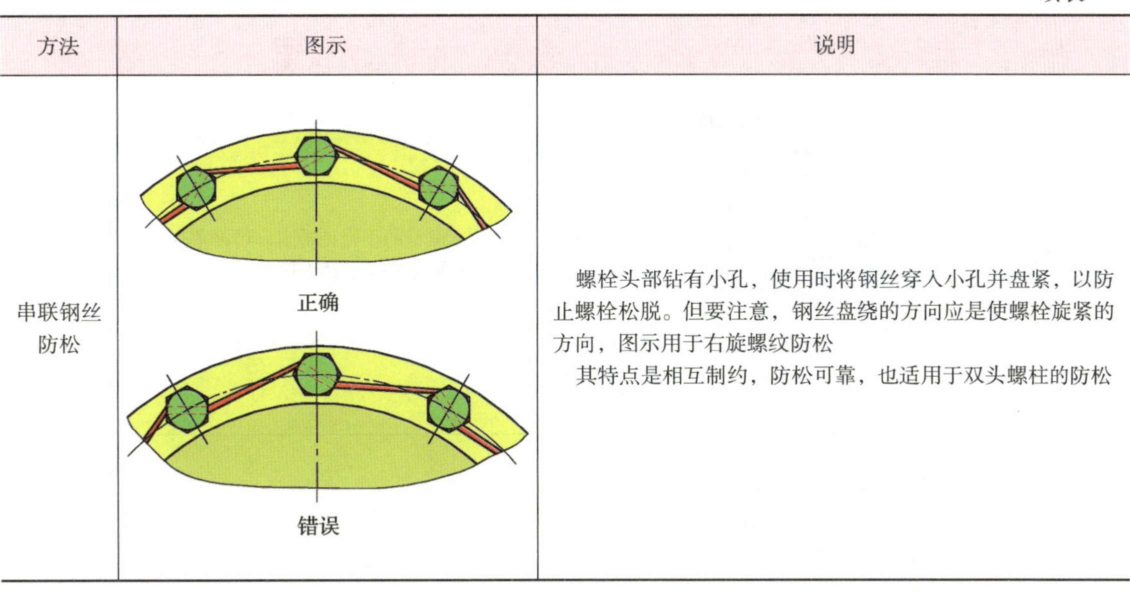	螺栓头部钻有小孔，使用时将钢丝穿入小孔并盘紧，以防止螺栓松脱。但要注意，钢丝盘绕的方向应是使螺栓旋紧的方向，图示用于右旋螺纹防松 其特点是相互制约，防松可靠，也适用于双头螺柱的防松

（3）破坏螺纹防松

破坏螺纹防松是指将螺栓和螺母上的螺纹通过焊接、铆接、冲点或用黏结剂黏结等方法使螺栓和螺母连为一体，其常用的方法见表 2–8。

表 2–8　　破坏螺纹防松常用的方法

方法	图示	说明
焊接防松		螺母拧紧后，将螺母和螺栓焊接在一起，防松可靠，但拆卸困难，且拆后螺纹连接件不能再使用
铆接防松		螺栓末端外露（1 ~ 1.5）P（P 为螺距），拧紧螺母后将螺栓铆死，用于低强度、不拆卸的场合

续表

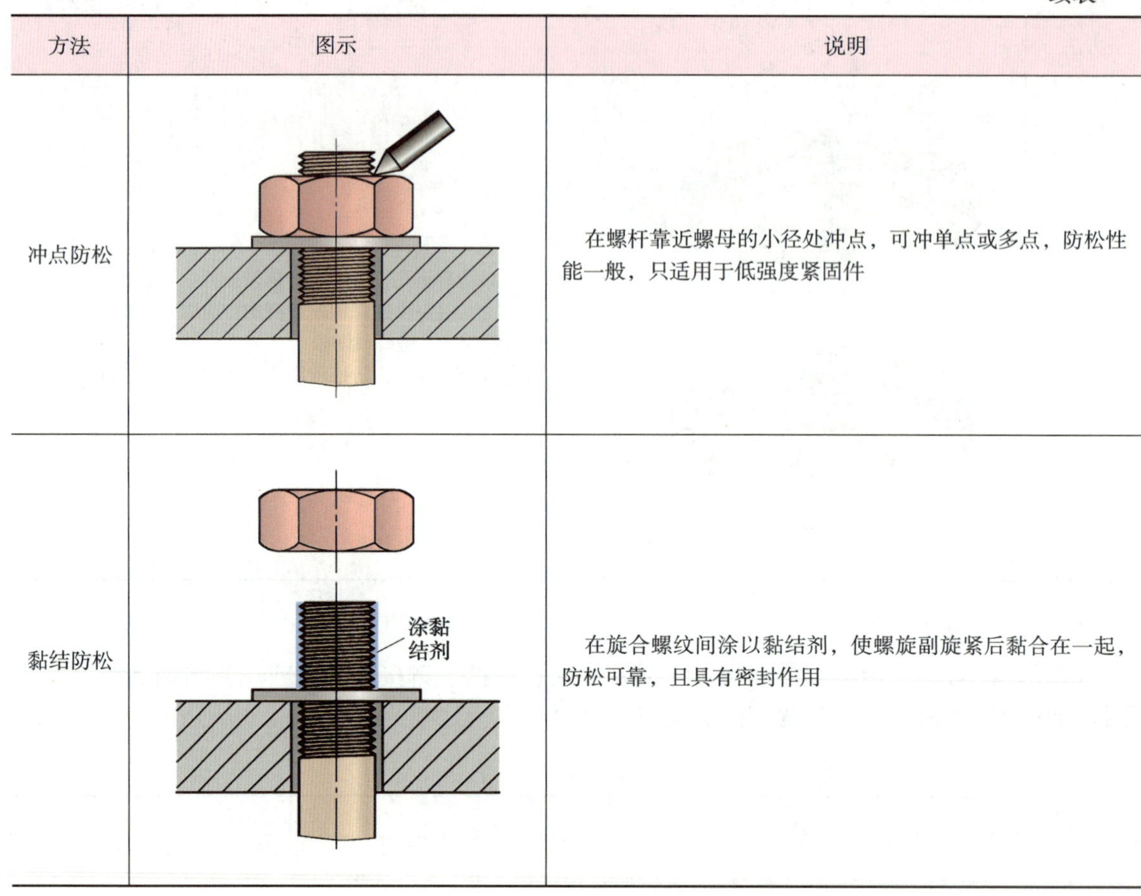

方法	图示	说明
冲点防松		在螺杆靠近螺母的小径处冲点，可冲单点或多点，防松性能一般，只适用于低强度紧固件
黏结防松		在旋合螺纹间涂以黏结剂，使螺旋副旋紧后黏合在一起，防松可靠，且具有密封作用

§2-3　螺旋传动概述

一、螺旋传动的类型

螺旋传动是利用螺杆（丝杠）和螺母组成的螺旋副来实现传动的。螺旋传动具有结构简单，工作连续、平稳，承载能力强，传动精度高等优点，广泛应用于各种机械和仪器中。按螺旋副之间的摩擦状态，可将螺旋传动分为滑动螺旋传动、滚动螺旋传动和静压螺旋传动三种类型。

1. 滑动螺旋传动

滑动螺旋传动的内、外螺纹之间直接接触，摩擦状态为滑动摩擦。

滑动螺旋传动的特点是：摩擦阻力大，传动效率低（通常为30% ~ 40%）；结构简单，加工方便；容易实现自锁；运转平稳，但低速或微调时可能出现爬行；螺纹有侧向间隙，定位精度和轴向刚度较差；磨损快。螺旋千斤顶、螺旋测微仪、台虎钳、机床进给装置等常采用滑动螺旋传动。

2. 滚动螺旋传动

滚动螺旋传动是在内、外螺纹副之间加入滚动体，使螺纹副之间形成滚动摩擦。

滚动螺旋传动的特点是：摩擦阻力小，传动效率高（一般大于 90%）；螺母和螺杆经调整预紧，可得到很高的定位精度，并可提高轴向刚度；运转平稳，低速时无爬行；具有传动可逆性，为了避免螺旋副受载后逆转，应设置防逆转机构；工作寿命长，但抗冲击能力差；结构复杂，成本高。滚动螺旋传动多用于传动精度要求较高的场合，如数控机床的进给机构，起重机、汽车等的转向机构，飞机、导弹、船舶、铁路等自控系统的传动机构和传力机构等。

3. 静压螺旋传动

将液体静压润滑原理用于螺旋传动，在螺纹副中通入高压油，用高压油将内外螺纹隔开，则螺旋副的滑动摩擦变为流体的内摩擦。

静压螺旋传动的特点是：摩擦因数小，传动效率高（可达 99%）；磨损小，寿命长；工作平稳，无爬行现象；定位精度高，并有很高的轴向刚度；具有传动可逆性，必要时应设防逆转机构；螺母结构复杂，需专门配置液压供油系统。

滚动螺旋传动和静压螺旋传动结构复杂，成本高，仅用于需要传动效率较高的重要场合。

二、螺旋传动的特点

1. 可实现较大的传动比。螺母（或螺杆）转一圈，螺杆（或螺母）只移动一个导程，可将高速旋转运动转换为低速直线运动，并且结构紧凑。

2. 可获得较大的轴向力。对螺旋传动施加一个不大的力矩，即可获得一个较大的轴向力，可用于起重、卡紧等场合，如螺旋千斤顶。

3. 传动精度高。可以通过旋转运动精确控制直线运动的位移，用于位置调整、测量、机床进给等场合。

4. 传动平稳，无噪声。

三、螺旋传动的主要用途

螺旋传动在机械中的主要用途有传力、传导、调整和测量四个方面。

1. 传力

螺旋传动可以用于以传递动力为主要目的，要求通过较小的转矩获得较大的轴向力，且载荷大、速度低、工作时间短、有自锁要求的设备，如螺旋千斤顶、螺旋压力机、螺旋升降机等。

2. 传导

螺旋传动可以用于以传递运动为主要目的，要求有较高运动精度的机构，如机床的进给机构。

3. 调整

螺旋传动可以用于调整或固定零件之间的相对位置，通常在空载下调整，一般要求自锁，如台虎钳、带传动调整中心距的张紧螺旋装置等。

4. 测量

螺旋传动可以用于精密测量或精密定位，如螺旋测微仪。

§2-4 滑动螺旋传动

滑动螺旋分为普通螺旋传动和差动螺旋传动两种类型。由一个螺杆和一个螺母组成的简单螺旋副实现的传动称为普通螺旋传动。在同一螺杆上具有两个不同导程（或旋向）的螺旋副组成的传动称为差动螺旋传动。

一、普通螺旋传动

1. 普通螺旋传动的形式

普通螺旋传动的形式可以分为单动螺旋传动和双动螺旋传动两类。

（1）单动螺旋传动

单动螺旋传动是指螺杆或螺母有一件不动，另一件既旋转又移动。其中一种形式是螺母固定不动，螺杆回转并做直线运动；另一种形式是螺杆固定不动，螺母旋转并做直线运动。单动螺旋传动的运动形式见表 2–9。

表 2–9 单动螺旋传动的运动形式

运动形式	应用实例	工作过程
螺母固定不动，螺杆回转并做直线运动	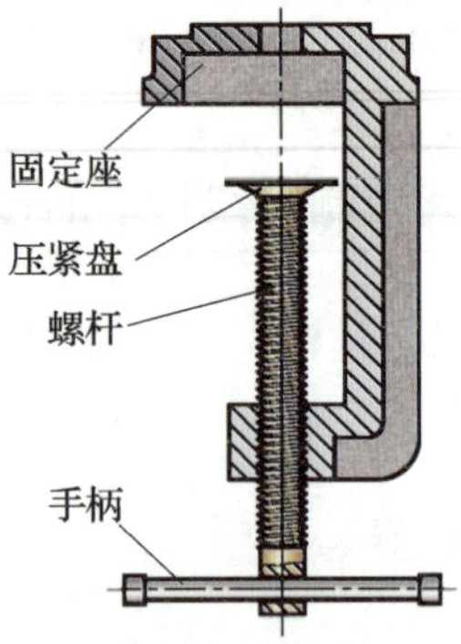 固定座 压紧盘 螺杆 手柄 桌虎钳底座夹紧装置	当螺杆做顺时针回转运动时，螺杆连同其上的手柄和压紧盘向上运动，将桌虎钳固定在桌面上；或向下运动，以便将桌虎钳从桌面上拆下
螺杆固定不动，螺母回转并做直线运动	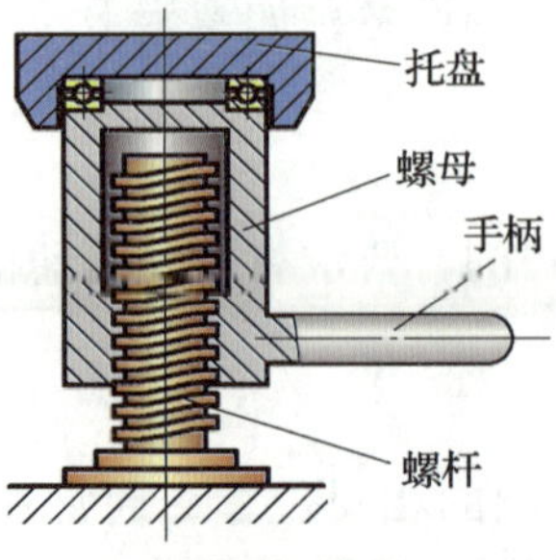 托盘 螺母 手柄 螺杆 螺旋千斤顶	螺杆连接在底座上固定不动，转动手柄使螺母回转，并做上升或下降的直线移动，从而举起或放下托盘

（2）双动螺旋传动

双动螺旋传动是指螺杆和螺母都做运动的螺旋传动。其中一种形式是螺杆原位回转，螺母做直线运动；另一种形式是螺母原位回转，螺杆做往复直线运动。双动螺旋传动的运动形式见表 2–10。

表 2–10 双动螺旋传动的运动形式

运动形式	应用实例	工作过程
螺杆原位回转，螺母做直线运动	手柄 固定钳身 螺杆 活动钳身 桌虎钳夹紧工件机构	转动手柄时，螺杆与手柄一起旋转，使活动钳身（螺母）做横向往复运动，从而实现对工件的夹紧和松开
螺母原位回转，螺杆做往复直线运动	观察镜 螺母 螺杆 机架 观察镜螺旋调整装置	螺母做回转运动时，螺杆带动观察镜向上或向下移动，从而实现对观察镜的上下调整

2. 普通螺旋传动运动方向的判定

在普通螺旋传动中，螺杆或螺母的移动方向可用左手法则、右手法则判断。具体方法如下。

（1）左旋螺纹用左手判断，右旋螺纹用右手判断。

（2）弯曲四指，其指向与螺杆或螺母回转方向相同。

（3）拇指与螺杆轴线方向一致。

（4）若为单动，拇指的指向即为螺杆或螺母的运动方向；若为双动，与拇指指向相反的方向即为螺杆或螺母的运动方向。

判定普通螺旋传动运动方向的实例见表 2–11。

表 2–11　　判定普通螺旋传动运动方向的实例

传动形式	应用实例	
单动螺旋传动	图示	
	移动方向判别	图示为台虎钳夹紧机构，固定钳身与螺母固连为一体，螺杆相对固定钳身回转并做直线运动。该机构属于螺杆既做旋转运动又做直线运动的单动螺旋传动。根据图示可判断螺纹的旋向为右旋，所以用右手法则判别。当螺杆顺时针旋转时，螺杆向右运动，带动活动钳身夹紧工件
双动螺旋传动	图示	
	移动方向判别	图示为车床丝杠螺母的螺旋运动机构。丝杠安装在床身上，只能做旋转运动；溜板与开合螺母连为一体，沿导轨做直线运动。该机构属于螺杆回转、螺母做直线运动的双动螺旋传动，根据图示可判断旋向为右旋，所以用右手法则判别。当螺杆顺时针旋转时，开合螺母向拇指的反方向运动，即向左移动

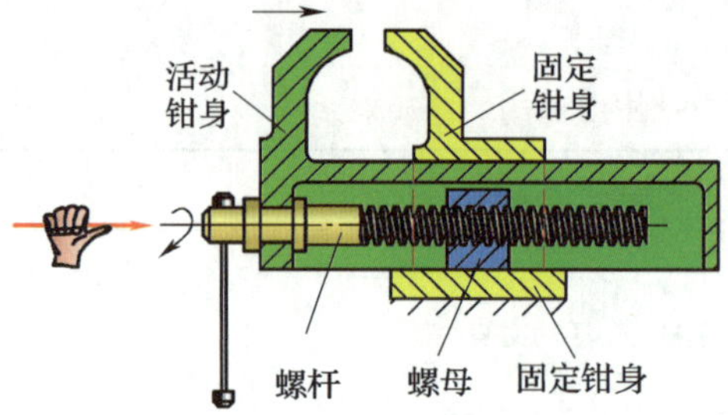

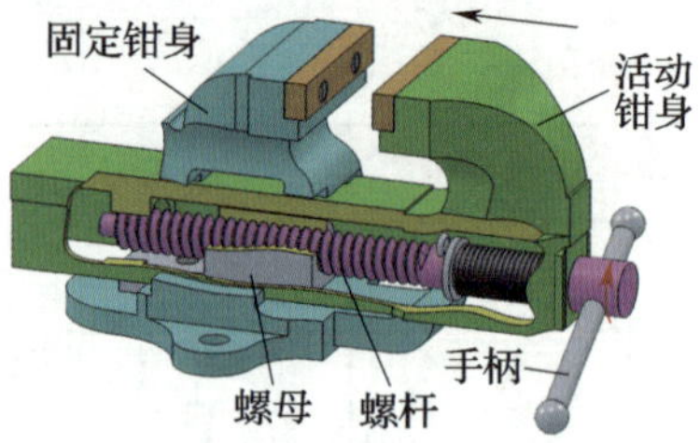

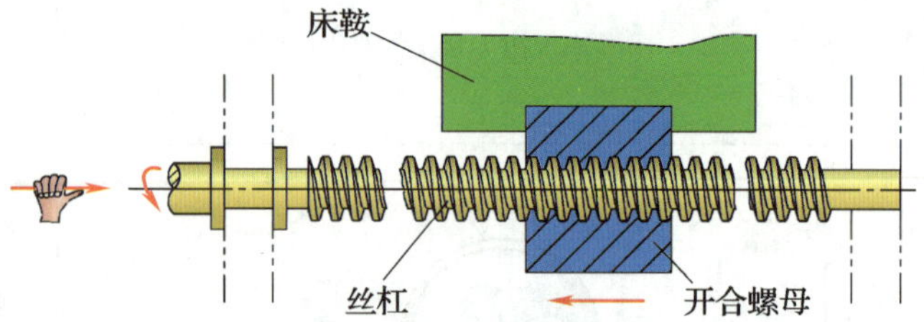

3. 普通螺旋传动直线移动距离和速度的计算

（1）普通螺旋传动直线移动距离的计算

在普通螺旋传动中，螺杆（螺母）相对于螺母（螺杆）每回转一周，螺杆（螺母）就移动一个导程的距离。因此，螺杆（螺母）移动距离 L 等于回转周数 N 与导程 P_h 的乘积：

$$L=NP_h$$

式中　L——螺杆（螺母）移动距离，mm；

N——回转周数，r；

P_h——螺纹导程，mm。

（2）普通螺旋传动直线移动速度的计算

在普通螺旋传动中，螺杆（螺母）相对于螺母（螺杆）的转速为 n 时，螺杆（螺母）的移动速度为转速 n 与其导程的乘积，即：

$$v=nP_h$$

式中　v——移动件的运动速度，mm/min；

n——转速，r/min；

P_h——螺纹导程，mm。

例　如图 2-11 所示，在普通螺旋传动中，已知左旋双线螺杆的螺距为 8 mm，转速为 20 r/min。若螺杆按图示方向回转两周，螺母移动多少距离？螺母移动的方向是什么？螺母的移动速度是多少？

解　（1）普通螺旋传动螺母移动距离为：

$$L=NP_h=NPz=2\times 8\times 2\ \text{mm}=32\ \text{mm}$$

图 2-11　普通螺旋传动

（2）螺母移动方向判定。左旋螺纹用左手法则确定方向。四指指向与螺杆回转方向相同；由于螺杆回转，螺母移动，属于双动螺旋传动，所以拇指指向的反方向为螺母的移动方向。因此，螺母移动的方向向右。

（3）螺母的移动速度为：

$$v=nP_h=nPz=20\times 8\times 2\ \text{mm/min}=320\ \text{mm/min}$$

二、差动螺旋传动

1. 差动螺旋传动的种类

根据传动中两螺旋副的旋向，差动螺旋传动可分为旋向相同的差动螺旋传动和旋向相反的差动螺旋传动两种形式。

（1）旋向相同的差动螺旋传动

如图 2-12 所示，旋向相同的差动螺旋传动是指螺杆上两螺纹旋向相同而导程不同的差动螺旋传动。螺杆上有两段螺纹（导程分别为 P_{h1} 和 P_{h2}），分别与固定螺母（机架）和活动螺母组成两个螺旋副，这两个螺旋副组成的传动，使活动螺母与螺杆产生不一致的轴向运动。

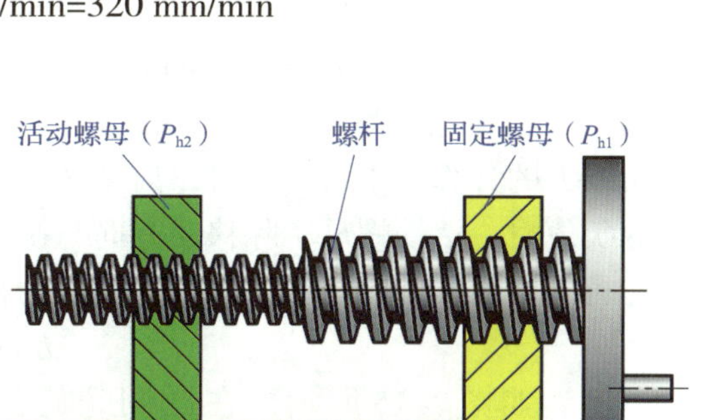
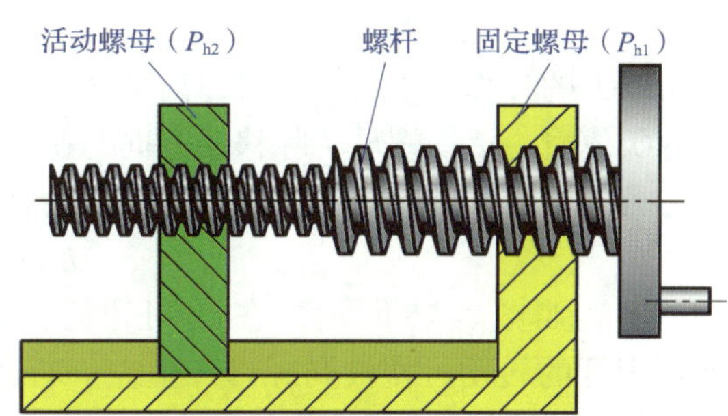

图 2-12　旋向相同的差动螺旋传动

（2）旋向相反的差动螺旋传动

旋向相反的差动螺旋传动是指螺杆（或螺母）上两螺纹旋向相反的差动螺旋传动。如图 2-13 所示为紧绳器，其螺杆的螺纹旋向相反。如图 2-14 所示，紧绳器是在一个零件上加工了两个不同旋向的内螺纹，与相应旋向的螺杆配合，也能起到与图 2-13 所示装置相同的效果。

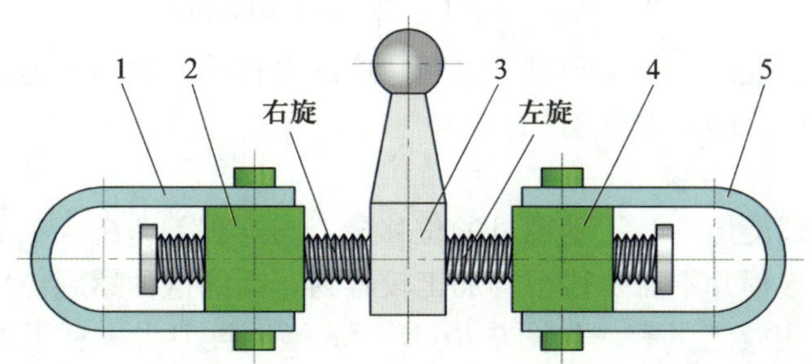

图 2-13　紧绳器（一）

1、5—拉环　2、4—带销轴的螺母块　3—带手柄的螺杆

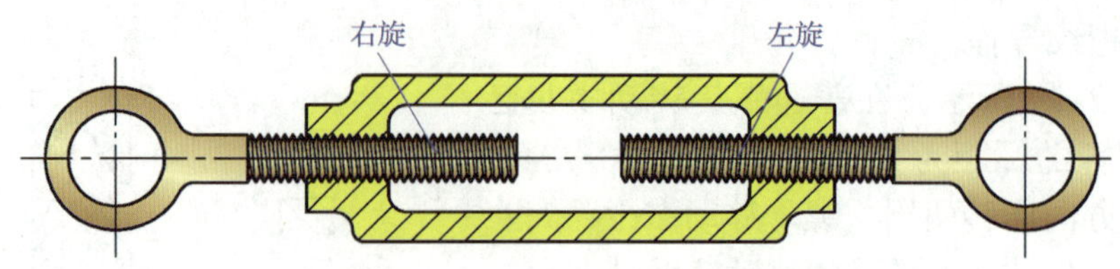

图 2-14　紧绳器（二）

2. 差动螺旋传动螺母移动距离计算及方向判断

旋向相同的差动螺旋传动的螺纹旋向相同，所以螺杆相对于机架的移动方向与活动螺母相对螺杆的移动方向相反，活动螺母的移动距离可用下式表示：

$$L=N(P_{h1}-P_{h2})$$

式中　L——活动螺母移动距离，mm；

N——回转周数，r；

P_{h1}——固定螺母导程，mm；

P_{h2}——活动螺母导程，mm。

当 L 的计算结果为正值时，活动螺母实际移动方向与螺杆移动方向相同；当 L 的计算结果为负值时，活动螺母实际移动方向与螺杆移动方向相反。

若两段螺纹旋向相反，则活动螺母的移动距离为：

$$L=N(P_{h1}+P_{h2})$$

例　如图 2-15 所示，在微调螺旋传动中，通过螺杆的转动可使被调螺母产生左、右微量调节。设螺旋副 A 的导程 P_{hA} 为 1 mm，右旋。要求螺杆按图示方向转动一周，活动螺母向左移动 0.2 mm，求螺旋副 B 的导程 P_{hB}，并确定其移动方向。

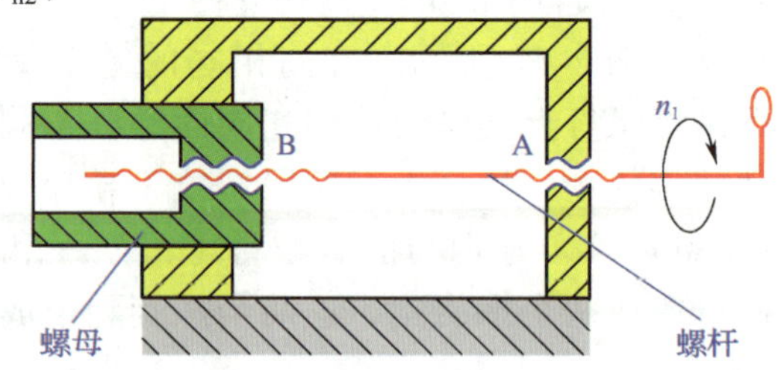

图 2-15　微调螺旋传动

解　该螺旋传动为差动螺旋传动，活动螺母产生极小的位移，实现微量调节。因此，螺杆上两螺纹的旋向相同，螺旋副 B 的旋向也是右旋。

$$L=N(P_{hA}-P_{hB})$$

$$0.2=1\times(1-P_{hB})$$

$$P_{hB}=P_{hA}-\frac{L}{N}=1-\frac{0.2}{1}\text{ mm}=0.8\text{ mm}$$

因为螺杆为右旋，根据右手法则可以判断螺杆向左移动。因为 L 为正值，所以活动螺母的移动方向与螺杆相同，即向左移动。

3. 差动螺旋传动的应用举例

旋向相同的差动螺旋传动，活动螺母的位移量 L 与导程差（$P_{h1}-P_{h2}$）成正比，可产生极小的位移，而螺纹的导程并不需要很小，加工较容易，因此这种螺旋传动常用于测微器、分度器、精密机床、仪表及工具等。如图 2-16 所示为微调镗刀头，利用差动螺旋传动，螺杆上的两段螺纹皆为右旋螺纹，左侧螺纹的导程大于右侧螺纹的导程，通过旋转螺杆实现镗刀的微调。

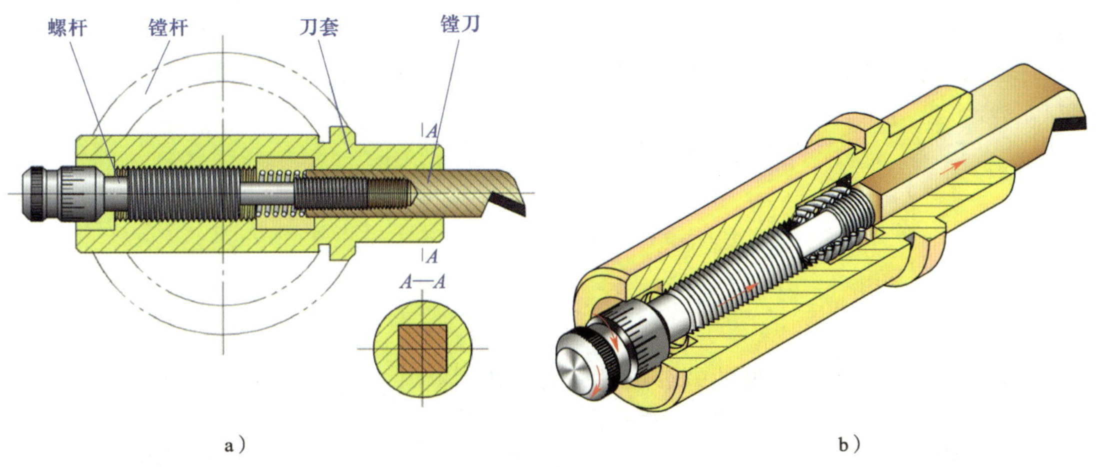

图 2-16　微调镗刀头

a）视图　b）立体图

旋向相反的差动螺旋传动中，活动螺母可以产生很大的位移，因此可以用于需快速移动或需要同时调整两对称构件相对位置的装置中。如图 2-17 所示为铣床快速夹紧装置，它采用了螺距相同、旋向相反的差动螺旋传动，可以保证左、右两侧钳座的移动距离相等，保证工件的准确定位。

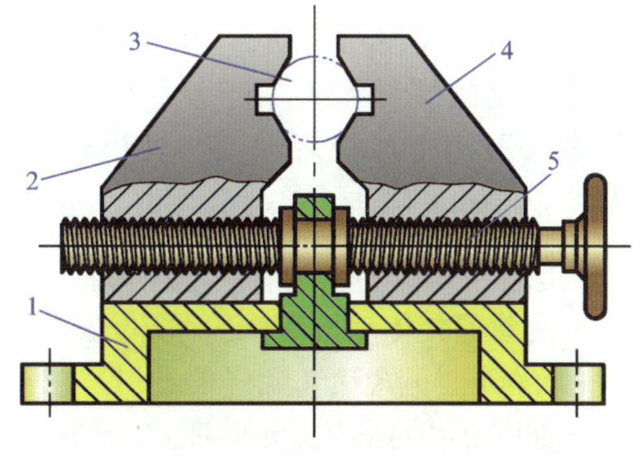

图 2-17　铣床快速夹紧装置

1—底座　2、4—钳身　3—工件　5—螺杆

三、滑动螺旋副的材料及热处理

螺杆材料应具有较高的强度和良好的加工性。不经热处理的螺杆可选 Q235、Q275 等碳素结构钢，或选 45、50 等优质碳素结构钢。对于重要传动，要求耐磨性高的螺杆，可选 40Cr、65Mn 等合金钢并进行淬火热处理，或选合金渗碳钢 20CrMnTi 进行渗碳后淬火热处理以提高耐磨性。对于精密的螺旋传动，螺杆进行热处理后还要求有较好的尺寸稳定性，可选用合金工具钢 CrWMn 并进行淬火热处理，或选用高级优质合金钢 38CrMoAlA 并进行渗氮热处理。

螺母材料除了要有足够的强度外，和螺杆配合后还应具有较低的摩擦因数和较高的耐磨性。要求较高时，可选铸造锡青铜 ZCuSn10P1 和 ZCuSn5Pb5Zn5；低速重载时，可选用铸造铝青铜 ZCuAl9Mn2、ZCuAl10Fe3 或铸造黄铜 ZCuZn38；轻载低速时可选用球墨铸铁。

四、滑动螺旋传动的润滑

回转变位或微调用螺旋副承受的压力不大，但运动频繁。对小型轻载的螺旋副，可选用低黏度的 L-AN 全损耗系统用油；中型或载荷较重的应用一般 L-AN 全损耗系统用油或汽轮机油；大型、重载的螺旋副应用高黏度（黏度等级 100 以上）的气缸油或齿轮油。对一些加油方便的小型机械的螺旋副，可采用手浇或滴油润滑；对一些有外露部分的螺旋副，则直接向螺杆（或螺母）加油润滑；对一些不能靠自然流入进行润滑的螺旋副，则需采用加压给油的方式进行润滑。

不同类型机床的螺旋传动，其润滑的要求也不同。如立式车床中的螺旋传动，其表面压力高达 10 MPa，所以必须选用黏度高、抗磨性好的导轨油；精密机床中的螺旋传动要求长期保持其精度、较小的温升和较低的摩擦因数，宜选用黏度低及抗磨性好的轴承油或液压油。

§2-5 滚动螺旋传动

一、滚动螺旋传动的工作原理

在螺旋传动的螺杆和螺母的螺纹滚道间置入滚动体（大多数情况下滚动体为钢球，少数情况下也采用圆柱、圆锥等形状的滚子），就构成了滚动螺旋传动，如图 2-18 所示，在丝杠和螺母上均制有圆弧形螺旋槽，将它们装配在一起便形成了螺旋滚道，滚珠安装在滚道中。当丝杠或螺母转动时，滚珠在螺纹滚道内滚动，变滑动摩擦为滚动摩擦。滚动螺旋副的螺母（或螺杆）上有滚动体的循环通道，与螺纹滚道形成循环回路，使滚动体在螺纹滚道内循环。

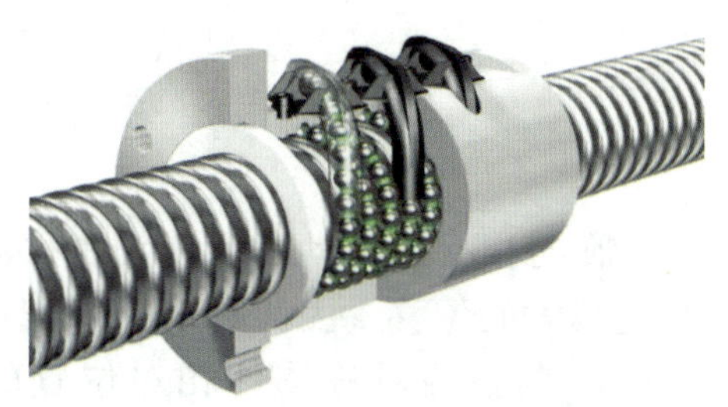

图 2-18　滚动螺旋传动

二、滚动螺旋传动的结构类型

滚动螺旋传动按滚珠的循环方式分为外循环式和内循环式两种。

1. 外循环式滚动螺旋传动

如图 2-19 所示，外循环式滚动螺旋传动是指滚动体在循环过程结束后通过螺母外表面上的螺旋槽或插管返回丝杠和螺母间的螺旋槽重新进入循环。在螺母外圆上装有螺旋形的插管口，其两端插入螺母螺旋槽始末两端的孔中，以引导滚珠通过插管，形成滚珠的循环滚动。这种形式结构简单，承载能力较强，但径向尺寸大，刚度低，耐磨性较差，易磨损。外循环式滚动螺旋传动可用于重载传动系统中，目前应用最为广泛。

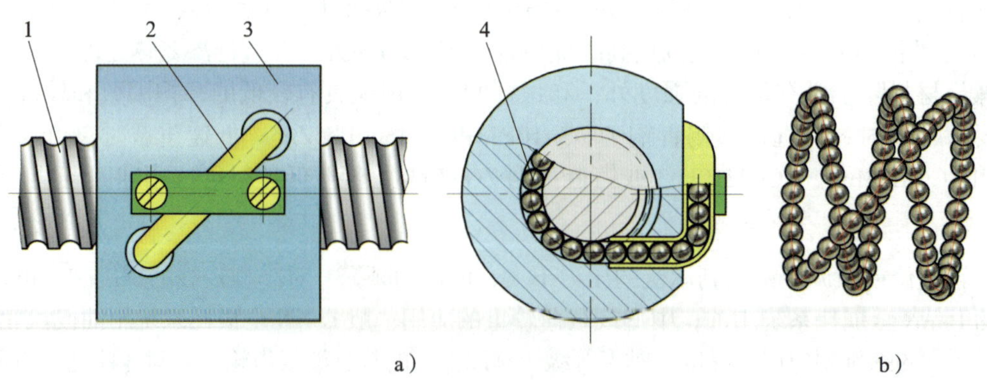

图 2-19　外循环式滚动螺旋传动

a）结构图　b）滚珠循环示意图

1—丝杠　2—插管　3—螺母　4—滚珠

2. 内循环式滚动螺旋传动

如图 2-20 所示，内循环式滚动螺旋传动是靠安装在螺母上的反向器接通相邻滚道，使滚珠形成单圈循环。反向器的数量要与螺母上滚道的圈数相等。这种滚动螺旋传动滚珠个数少，循环回路短，流畅性好，摩擦损失小，效率高，结构紧凑，易于拆装，但反向器结构复杂，制造较为困难。内循环式滚动螺旋传动适用于高灵敏度、高精度的进给系统，不宜用于重载传动。

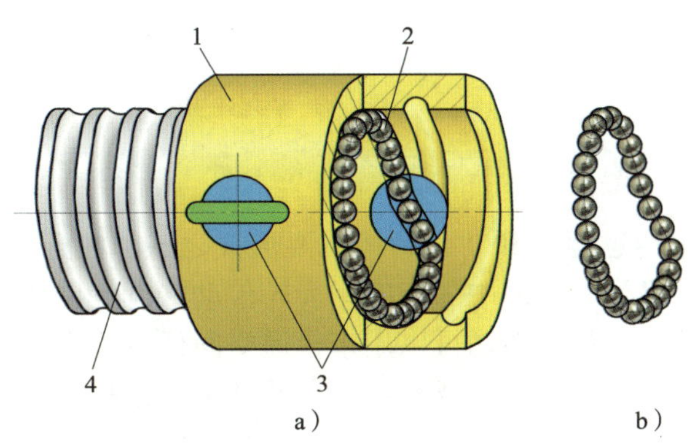

图 2-20 内循环式滚动螺旋传动

a）结构图 b）滚珠循环示意图

1—螺母 2—滚珠 3—反向器 4—丝杠

三、滚动螺旋传动的防护与润滑

1. 滚动螺旋传动的防护

滚动螺旋传动应避免硬质灰尘或切屑污物进入，因此必须装有防护装置。如果滚珠丝杠副在机床上外露，则应采用封闭的防护罩，如采用螺旋弹簧钢带套管、伸缩套管以及折叠式套管等。安装时将防护罩的一端连接在滚珠螺母的侧面，另一端固定在滚珠丝杠的支承座上。如果滚珠丝杠副处于隐蔽位置，则可采用密封圈防护，密封圈装在螺母的两端。接触式弹性密封圈采用耐油橡胶或尼龙制成，其内孔做成与丝杆螺纹滚道相配的形状，防尘效果好，但由于存在接触压力，使摩擦力矩略有增加。非接触式密封圈又称迷宫式密封圈，它采用硬质塑料制成，其内孔与丝杆螺纹滚道的形状相反，并稍有间隙，这样可避免摩擦力矩，但是防尘效果差。工作中应避免碰击防护装置，防护装置一有损坏应及时更换。

2. 滚动螺旋传动的润滑

使用润滑剂可提高滚动螺旋传动耐磨性及传动效率。润滑剂可分为润滑油和润滑脂两大类。润滑油一般为全损耗系统用油，润滑脂可采用锂基润滑脂。润滑脂一般加在螺纹滚道和安装螺母的壳体空间内，而润滑油则经过壳体上的油孔注入螺母的空间内。滚珠丝杠上的润滑脂应每半年更换一次。首先清洗丝杠上的旧润滑脂，然后涂上新的润滑脂。用润滑油润滑的滚珠丝杠副，可在机床每次工作前加油一次。

第三章　齿轮与蜗杆传动

§3-1　齿轮传动概述

齿轮传动是机器中传递运动和动力的最主要形式之一。在金属切削机床、工程机械、冶金机械，以及汽车、机械式钟表中都有应用齿轮传动。齿轮传动是利用齿轮副来传递运动和动力的一种机械传动。齿轮传动可以用来传递空间任意两轴间的运动，而且传动准确可靠、效率高。如图 3–1 所示为齿轮减速器，它通过小齿轮和大齿轮之间的啮合降低轴的转速。

一、齿轮传动的组成

齿轮传动由主动齿轮和从动齿轮等组成，如图 3–2 所示。当齿轮互相啮合而工作时，主动齿轮 1 的轮齿通过力 F 的作用逐个推动从动齿轮 2 的轮齿，使从动齿轮转动，从而将主动齿轮的动力和运动传递给从动齿轮。

图 3–1　齿轮减速器

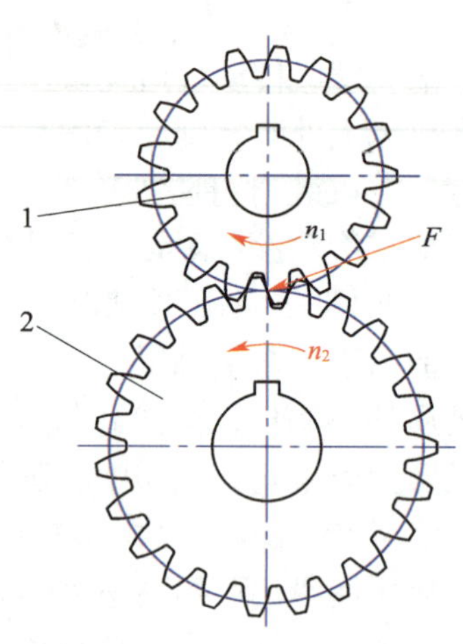

图 3–2　齿轮传动
1—主动齿轮　2—从动齿轮

二、齿轮传动的常用类型

齿轮传动的常用类型见表 3–1。

表 3-1　　　　齿轮传动的常用类型

分类方法		类型和图示			
两轴平行	按轮齿方向	类型	直齿圆柱齿轮传动	斜齿圆柱齿轮传动	人字齿圆柱齿轮传动
		图示	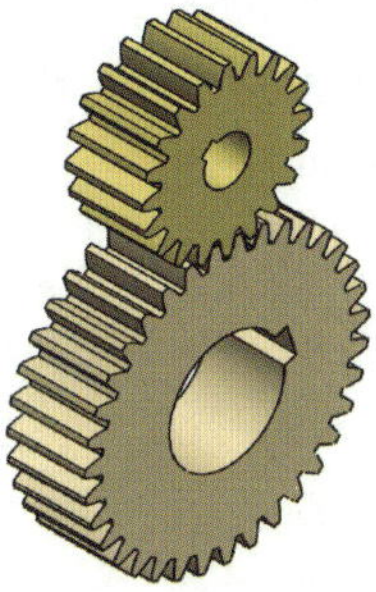		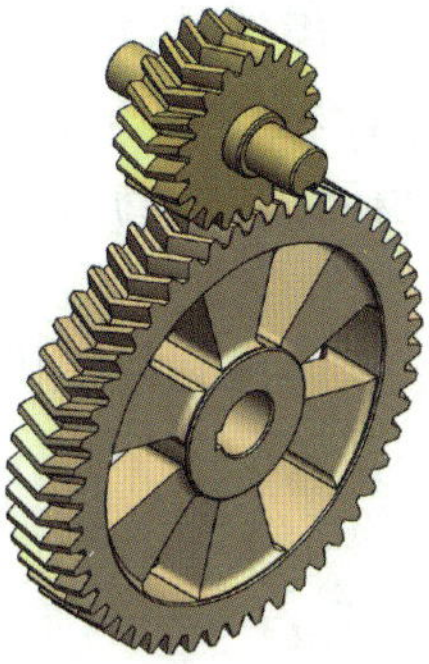
	按啮合情况	类型	外啮合齿轮传动	内啮合齿轮传动	齿轮齿条传动
		图示		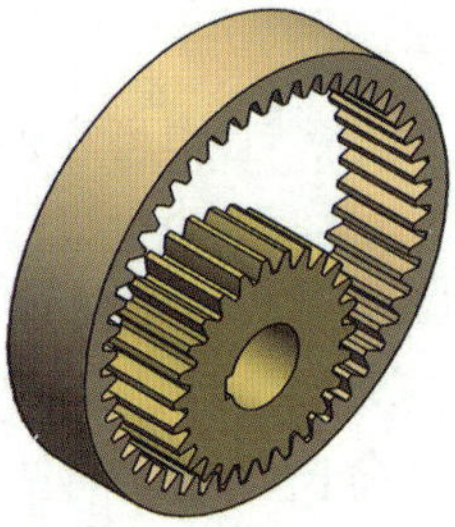	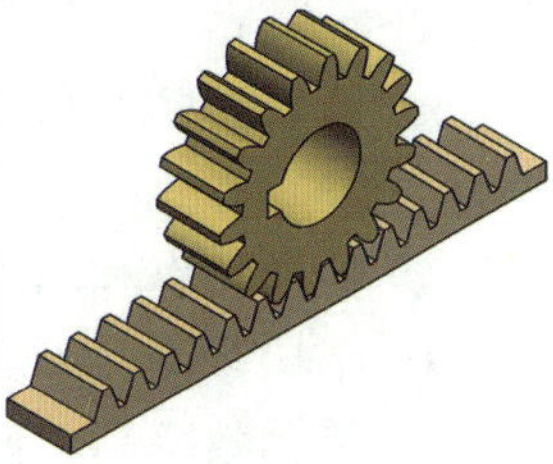
两轴不平行		类型	相交轴齿轮传动		交错轴斜齿圆柱齿轮传动
			直齿锥齿轮传动	曲线齿锥齿轮传动	
		图示	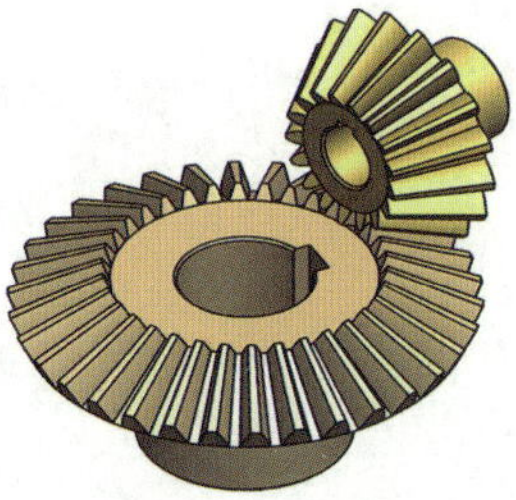	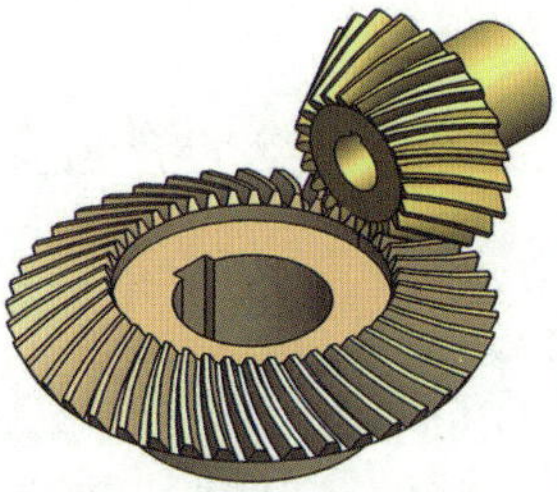	

按防护装置形式不同，齿轮传动可分为开式齿轮传动和闭式齿轮传动。开式齿轮传动是指齿轮传动没有防尘罩或机壳，齿轮完全暴露在外边，这种传动方式由于外界杂物极易侵入，加之润滑不良，轮齿极易磨损，故只适用于农业机械、建筑机械以及一些简易的机械设

备中做低速传动。装在经过精确加工而且封闭严密的箱体内的齿轮传动，称为闭式齿轮传动。与开式齿轮传动相比，闭式齿轮传动的润滑及防护等条件较好，多用于重要机械传动，如汽车、航空发动机等。

三、齿轮传动的传动比

在齿轮传动中，若主动齿轮的齿数为 z_1，从动齿轮的齿数为 z_2；主动齿轮的转速为 n_1，从动齿轮的转速为 n_2。当主动齿轮转过一个齿时，从动齿轮也转过一个齿，且单位时间内主动齿轮转过的齿数与从动齿轮转过的齿数应相等，即：

$$n_1z_1=n_2z_2$$

进而得到齿轮传动的传动比：

$$i_{12}=\frac{n_1}{n_2}=\frac{z_2}{z_1}$$

式中　n_1、n_2——主动、从动齿轮的转速，r/min；

　　z_1、z_2——主动、从动齿轮的齿数。

上式说明：齿轮传动的传动比是主动齿轮转速与从动齿轮转速之比，也等于两齿轮齿数的反比。

四、齿轮传动的应用特点

1. 能保证瞬时传动比恒定，工作可靠性高，传递运动准确，这是齿轮传动被广泛应用的最主要原因之一。
2. 传递功率和圆周速度范围较宽，传递功率可达 5×10^4 kW，圆周速度可达 300 m/s。
3. 结构紧凑，可实现较大的传动比。
4. 传动效率高，使用寿命长，维护简便。
5. 运转过程中有振动、冲击和噪声。
6. 对齿轮的安装要求较高。
7. 不能实现无级变速。
8. 不适用于中心距较大的场合。

§3-2　直齿圆柱齿轮传动

一、渐开线齿廓

1. 渐开线的形成

如图 3-3 所示，当一条直线 AB 沿着一固定圆周做纯滚动时，直线上任意一点 K 的轨迹 CK 称为该圆的渐开线；这个圆称为渐开线基圆，它的半径用 r_b 表示；直线 AB 称为发生线。

由渐开线的形成可知，渐开线具有以下性质。

（1）发生线 AB 沿基圆滚过的长度等于基圆上被滚过的弧长，即 $NK=\overset{\frown}{NC}$。

（2）因 N 点是发生线 AB 沿基圆滚动时的瞬时速度中心，故发生线 KN 是渐开线在 K 点的法线。又因发生线始终与基圆相切，所以渐开线上任一点的法线必与基圆相切。

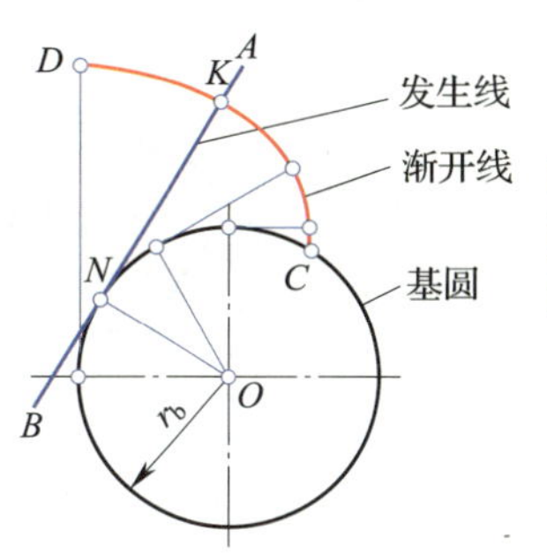

图 3–3　渐开线的形成

2. 压力角

如图 3–4 所示，渐开线上某点的法线（正压力方向线）与该点的速度方向线所夹的锐角 α_K 称为渐开线在该点的压力角。

$$\cos\alpha_K = \frac{ON}{OK} = \frac{r_b}{OK}$$

式中　α_K——K 点的压力角，(°)；

r_b——基圆半径，mm。

由压力角的计算公式不难看出，渐开线上各点的压力角是不相等的，渐开线在基圆上的压力角为 0°，K 点离基圆越远压力角越大。

3. 渐开线齿廓的啮合特性

以同一个基圆上产生的两条反向渐开线为齿廓的齿轮就是渐开线齿轮。如图 3–5 所示，渐开线齿廓啮合时具有以下特性。

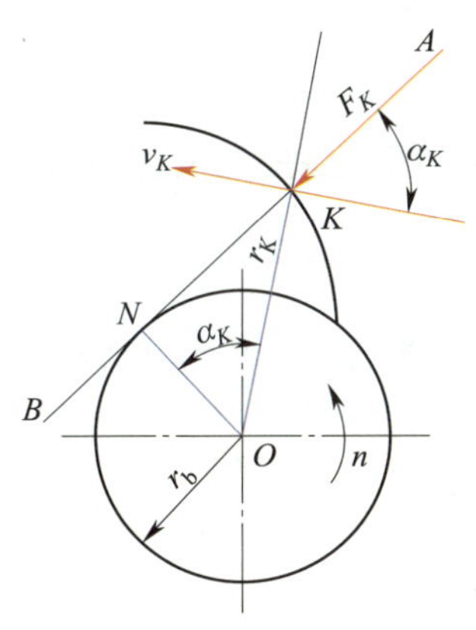

图 3–4　齿轮轮齿的压力角

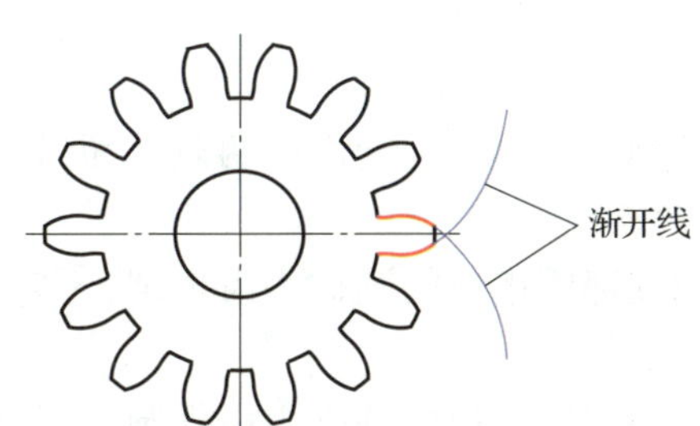

图 3–5　渐开线齿廓

（1）能保证瞬时传动比恒定，保证了传动的平稳性，减小了振动和冲击。

（2）齿轮在啮合过程中，即使两齿轮的实际中心距与设计中心距稍有改变，其瞬时传动比仍能保持不变，从而保证了齿轮在实际工作中，因制造、安装误差或轴承磨损而导致齿轮中心距产生微小改变时，仍能保持良好的传动性能。

二、渐开线直齿圆柱齿轮各部分名称

齿顶曲面位于齿根曲面之外的齿轮称为外齿轮，如图 3–6a 所示；齿顶曲面位于齿根曲面之内的齿轮称为内齿轮，如图 3–6b 所示。下面介绍各部分的名称和表示符号。

1. 轮齿

齿轮圆柱上凸出的部分称为轮齿。虽然外齿轮和内齿轮的轮齿齿廓都是渐开线，但是外齿轮轮齿的齿廓是外凸的，内齿轮轮齿的齿廓是内凹的。

2. 齿廓

轮齿两侧形状相同而方向相反的渐开线轮廓称为齿廓。

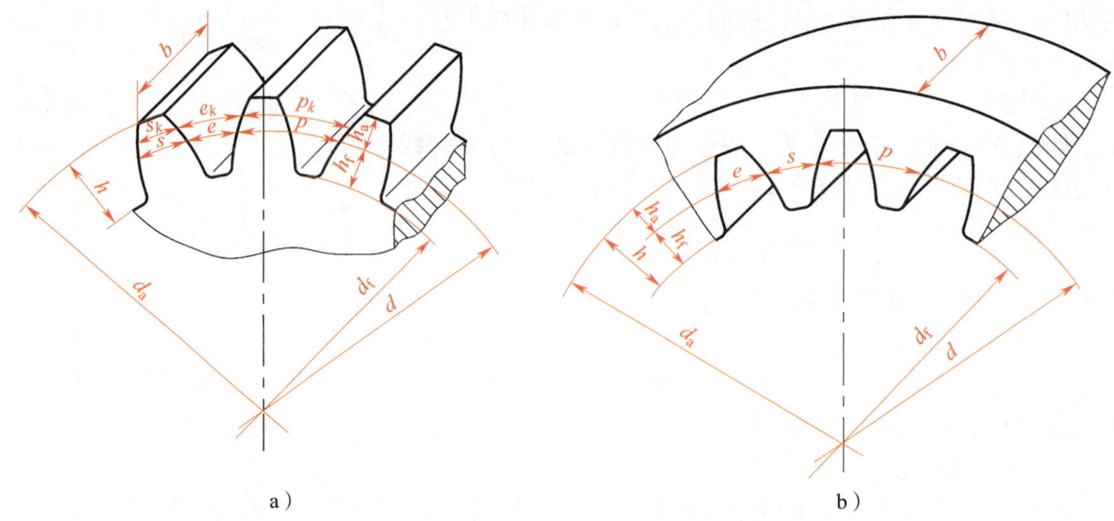

图 3-6　外齿轮与内齿轮

a）外齿轮　b）内齿轮

3. 齿槽与齿槽宽

齿轮上相邻两轮齿之间的空间称为齿槽。在任意圆周上同一齿槽的两侧齿廓之间的弧长称为齿槽宽，用 e_k 表示。

4. 齿厚

在任意圆周上同一个轮齿的两侧端面齿廓之间的弧长称为齿厚，用 s_k 表示。

5. 齿顶圆

各轮齿顶部所连成的圆称为齿顶圆，其直径用 d_a 表示。

6. 齿根圆

各齿槽底部所连成的圆称为齿根圆，其直径用 d_f 表示。

外齿轮的齿顶圆直径大于齿根圆直径，内齿轮的齿顶圆直径小于齿根圆直径。

7. 分度圆

为了设计、制造方便，在齿顶圆与齿根圆之间规定了一个圆，作为计算齿轮各部分尺寸的基准，该圆称为分度圆，其直径用 d 表示。在标准齿轮上，分度圆上的齿厚 s 与齿槽宽 e 相等。

8. 齿距

在任意圆周上，两个相邻而同侧的端面齿廓之间的弧长称为齿距，用 p_k 表示，$p_k=s_k+e_k$。分度圆上的齿距用 p 表示，$p=s+e$。

9. 齿顶高

齿顶圆与分度圆之间的径向距离称为齿顶高，用 h_a 表示。

10. 齿根高

齿根圆与分度圆之间的径向距离称为齿跟高，用 h_f 表示。

11. 齿高

齿顶圆与齿根圆之间的径向距离称为齿高，用 h 表示，$h=h_a+h_f$。

12. 齿宽

齿轮的有齿部位沿分度圆柱面的母线方向测得的宽度称为齿宽，用 b 表示。

三、渐开线标准直齿圆柱齿轮的基本参数

1. 齿数

齿轮轮齿的总数称为齿数，用 z 表示。

2. 模数

因为分度圆的周长 $\pi d=zp$，则分度圆的直径为：

$$d=\frac{p}{\pi}z$$

由上式可知，当已知一直齿轮的齿距 p 和齿数 z 时，就可求出分度圆直径 d。但式中 π 为无理数，这样求得的 d 也是无理数，将使计算烦琐而又不精确，而且也给齿轮制造和检验带来不便。工程上为了设计、制造和检验方便，规定齿距 p 除以圆周率 π 所得商称为模数，用 m 表示，模数的单位是 mm，即：

$$m=\frac{p}{\pi}$$

所以：

$$d=mz$$

按照国家标准规定，渐开线圆柱齿轮模数已经标准化，其模数值见表 3–2。

表 3–2　渐开线圆柱齿轮的模数值（摘自 GB/T 1357—2008）　mm

第 I 系列	1	1.25	1.5	2	2.5	3	4	5	6
	8	10	12	16	20	25	32	40	50
第 II 系列	1.125	1.375	1.75	2.25	2.75	3.5	4.5	5.5	（6.5）
	7	9	11	14	18	22	28	36	45

注：优先采用第 I 系列的模数。应尽量避免选用第 II 系列中的模数 6.5。

模数是齿轮的重要基本参数，它是齿轮几何尺寸计算的基础。齿轮的模数越大，轮齿就越大，轮齿的抗弯曲能力、承载能力就越强。

3. 压力角

通常所说的齿轮压力角是指齿轮分度圆上的压力角，用 α 表示。分度圆压力角的计算公式为：

$$\cos\alpha=\frac{r_b}{r}$$

式中　α——分度圆上的压力角，（°）；

r_b——基圆半径，mm；

r——分度圆半径，mm。

由上式可知，当齿轮的分度圆半径一定时，如压力角不同，则基圆半径也不同，由此而得到齿廓形状也就不同，即齿廓形状与压力角密切相关，故分度圆压力角也称为齿形角。

我国规定标准齿轮的压力角为 20°。因此，分度圆就是齿轮取标准模数和标准压力角的圆。

4. 齿顶高系数 h_a^* 和顶隙系数 c^*

一对齿轮啮合时，为了避免一齿轮齿顶圆与另一齿轮齿根圆相撞，并储存一定量的润滑油，齿顶高要略小于齿根高，即相互啮合的两齿轮的齿顶与齿根之间应留有一定的径向间隙 c（见图 3–7），$c=h_f-h_a$。

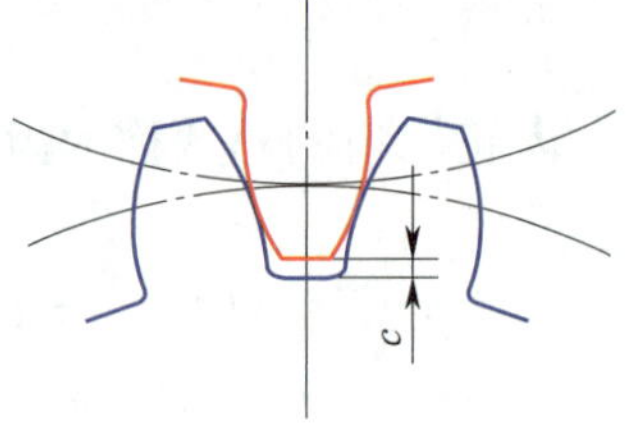

图 3–7　径向间隙

齿顶高 h_a 可用公式 $h_a=h_a^*m$ 表示，h_a^* 称为齿顶高系数，标准齿轮的 h_a^* 为 1。

齿根高 h_f 可用公式 $h_f=(h_a^*+c^*)m$ 表示，c^* 称为顶隙系数，标准齿轮的 c^* 为 0.25。

四、渐开线标准直齿圆柱齿轮的几何尺寸计算

标准直齿圆柱齿轮是指模数 m、压力角 α、齿顶高系数 h_a^*、顶隙系数 c^* 都是标准值，且分度圆上的齿厚等于齿槽宽的齿轮。渐开线标准直齿圆柱齿轮各部分的几何尺寸计算公式见表 3–3。

表 3–3　渐开线标准直齿圆柱齿轮各部分的几何尺寸计算公式

名称	代号	计算公式	
		外齿轮	内齿轮
压力角	α	标准齿轮为 20°	
齿数	z	通过传动比计算确定	
模数	m	通过计算或结构设计确定	
齿厚	s	$s=p/2=\pi m/2$	
齿槽宽	e	$e=p/2=\pi m/2$	
齿距	p	$p=\pi m$	
齿顶高	h_a	$h_a=h_a^*m=m$	
齿根高	h_f	$h_f=(h_a^*+c^*)m=1.25m$	
齿高	h	$h=h_a+h_f=2.25m$	
分度圆直径	d	$d=mz$	
齿顶圆直径	d_a	$d_a=d+2h_a=m(z+2)$	$d_a=d-2h_a=m(z-2)$
齿根圆直径	d_f	$d_f=d-2h_f=m(z-2.5)$	$d_f=d+2h_f=m(z+2.5)$
标准中心距	a	$a=\dfrac{d_1+d_2}{2}=\dfrac{m(z_1+z_2)}{2}$	$a=\dfrac{d_1-d_2}{2}=\dfrac{m(z_1-z_2)}{2}$

注：内齿轮标准中心距的计算公式中，z_1 表示内齿轮的齿数，z_2 表示外齿轮的齿数。

五、渐开线直齿圆柱齿轮的啮合传动

1. 直齿圆柱齿轮传动的类型及应用

两外齿轮相互啮合的传动称为外啮合齿轮传动，一个内齿轮与一个外齿轮啮合的传动称为内啮合齿轮传动，如图 3–8 所示。

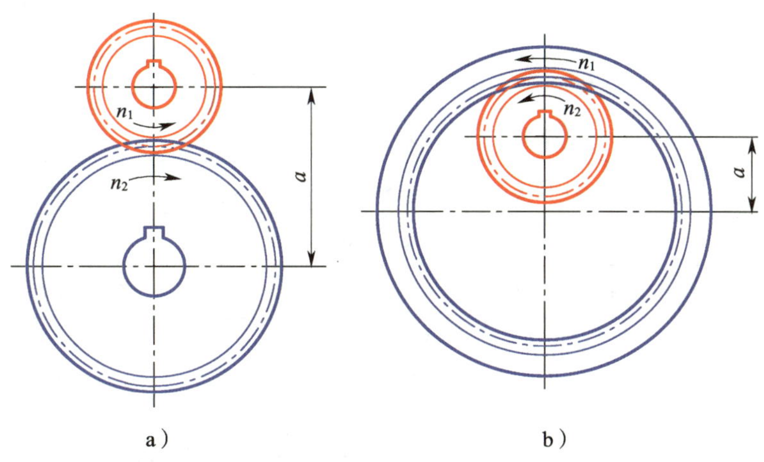

图 3–8　直齿圆柱齿轮的啮合传动

a）外啮合　b）内啮合

外啮合齿轮传动的两轴回转方向相反，内啮合齿轮传动的两轴回转方向相同。由于外齿轮加工较为方便，机械中大部分情况下都是采用外啮合齿轮传动；当要求齿轮传动的两周平行、回转方向相反且结构紧凑时，可采用内啮合齿轮传动。

2. 渐开线直齿圆柱齿轮正确啮合的条件

（1）两齿轮的模数必须相等，即 $m_1=m_2$。

（2）两齿轮分度圆上的压力角必须相等，即 $\alpha_1=\alpha_2$。

3. 齿侧间隙

齿轮啮合传动时，为了在啮合齿廓之间形成润滑油膜，避免因轮齿摩擦发热膨胀而卡死，齿廓之间必须留有间隙，此间隙称为齿侧间隙，简称侧隙。在机械设计中，齿轮都是按照无齿侧间隙的理想情况计算其名义尺寸。但是在实际中，考虑到齿轮加工和安装误差，以及齿面滑动摩擦会导致热膨胀等因素，齿轮必须具有一定的侧隙。侧隙的大小与齿轮的大小、精度、安装和应用情况有关。获得侧隙的方法有两种：一种是在齿厚不变的情况下，通过改变中心距的基本偏差来获得不同的侧隙；另一种是在中心距不变的情况下，通过改变齿厚的上偏差来得到不同的最小侧隙。

4. 直齿圆柱齿轮的特点

（1）相比斜齿圆柱齿轮，直齿圆柱齿轮制造工艺更简单，生产成本更低。

（2）传动时不会产生轴向力，对轴承的要求相对简单。

（3）直齿圆柱齿轮用于平行轴间的传动，齿轮啮合与退出时沿着齿宽同时进行，容易产生冲击、振动和噪声，传动平稳性较差，不适用于高速传动的场合。

例　有一对外啮合标准直齿圆柱齿轮，齿数 $z_1=20$，$z_2=32$，模数 $m=10$。试计算其分度

圆直径 d、齿顶圆直径 d_a、齿根圆直径 d_f、齿厚 s、基圆直径 d_b 和中心距 a。

解 外啮合标准直齿圆柱齿轮尺寸计算结果见表 3–4。

表 3–4 外啮合标准直齿圆柱齿轮尺寸计算结果 mm

名称	代号	应用公式	小齿轮	大齿轮
分度圆直径	d	$d=mz$	$d_1=10\times20=200$	$d_2=10\times32=320$
齿顶圆直径	d_a	$d_a=m(z+2)$	$d_{a1}=10\times(20+2)=220$	$d_{a2}=10\times(32+2)=340$
齿根圆直径	d_f	$d_f=m(z-2.5)$	$d_{f1}=10\times(20-2.5)=175$	$d_{f2}=10\times(32-2.5)=295$
齿厚	s	$s=\pi m/2$	$s_1=3.14\times10/2=15.7$	$s_2=3.14\times10/2=15.7$
基圆直径	d_b	$d_b=d\cos\alpha$	$d_{b1}=200\times\cos20°\approx188$	$d_{b2}=320\times\cos20°\approx301$
中心距	a	$a=m(z_1+z_2)/2$	$a=10\times(20+32)/2=260$	

§3-3 其他齿轮传动

一、斜齿圆柱齿轮传动

1. 斜齿圆柱齿轮齿廓的形成

渐开线直齿圆柱齿轮的齿廓实际上是一个渐开面，它是发生面在基圆柱上做纯滚动时，其上任意一条与基圆柱母线 NN' 平行的直线 KK' 的运动轨迹，如图 3–9a 所示。当一对直齿圆柱齿轮相互啮合时，两轮齿面的接触线是平行于轴线的直线，如图 3–9b 所示。

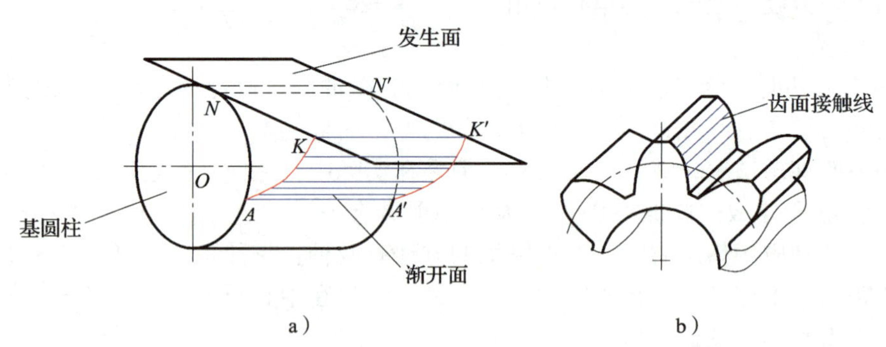

图 3–9 直齿圆柱齿轮齿廓的形成

a）齿廓形成 b）齿面接触线

斜齿圆柱齿轮的齿廓在形成时，发生面上的直线 KK' 不是与基圆柱母线 NN' 平行，而是成一个夹角 β_b，如图 3–10a 所示。直线 KK' 所形成的一个螺旋形的渐开线曲面称为渐开线螺旋面，β_b 称为基圆柱上的螺旋角。因此斜齿圆柱齿轮的端面齿廓仍然是渐开线，一对相互啮合的斜齿圆柱齿轮仍然符合渐开线齿廓的啮合特性。

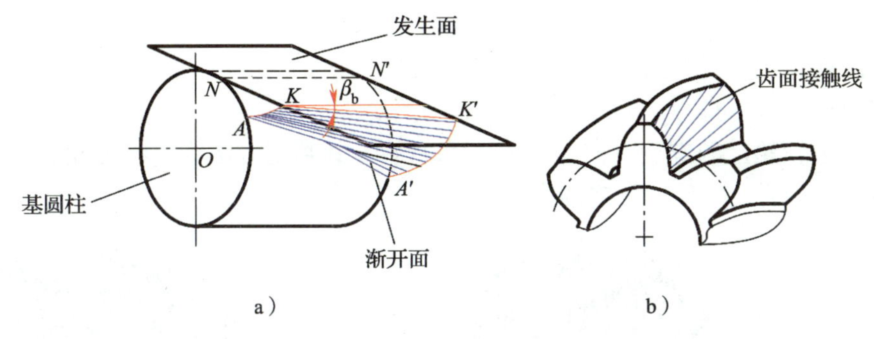

图 3-10　斜齿圆柱齿轮齿廓的形成

a）齿廓形成　b）齿面接触线

当一对斜齿圆柱齿轮啮合时，两齿轮齿面的接触线是一条与轴线倾斜的直线，且其接触线的长度在开始啮合和终止啮合时是零，中间是连续变化的，如图 3-10b 所示。

2. 斜齿圆柱齿轮的主要参数

由于斜齿圆柱齿轮的齿面是螺旋形的，轮齿在垂直于螺旋方向的法向齿形与端面渐开线齿形不同，所以它有法向几何参数（以下标 n 表示）和端面几何参数（以下标 t 表示），两者是不同的。斜齿圆柱齿轮的端面齿廓是标准的渐开线，其啮合原理、几何尺寸计算方法与直齿圆柱齿轮完全相同，因此，斜齿圆柱齿轮的几何尺寸需按端面参数计算。但从斜齿圆柱的加工和受力角度看，斜齿圆柱的法面参数应为标准值。因此，必须建立法向参数与切向参数的换算关系。

（1）斜齿圆柱齿轮的螺旋角

斜齿圆柱齿轮与直齿圆柱齿轮一样，也有齿顶圆柱面、齿根圆柱面、分度圆柱面等，它们与齿廓相交的螺旋线的螺旋角是不同的，平时所说的螺旋角均指分度圆柱面上的螺旋角。如图 3-11 所示为斜齿圆柱齿轮分度圆柱面展开图，其螺旋线展开后成为一直线，该直线与轴线的夹角即斜齿圆柱齿轮的螺旋角，用 β 表示。β 值越大，轮齿倾斜程度越大，因而传动平稳性越好，但轴向力也越大，所以一般取 β=8° ~ 30°，常用 β=8° ~ 15°。

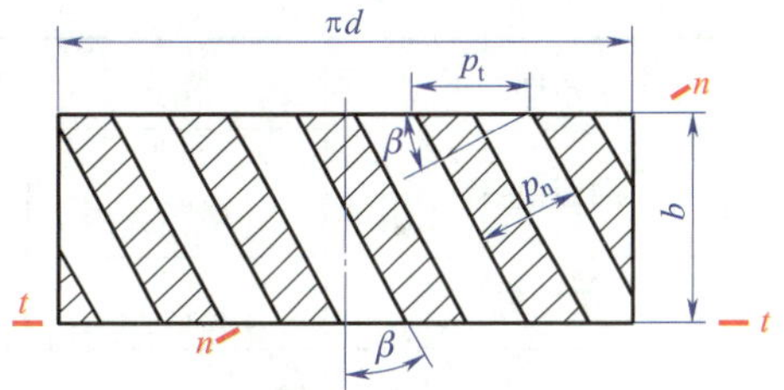

图 3-11　斜齿圆柱齿轮分度圆柱面展开图

（2）模数

根据图 3-9 所示的几何关系，可知：

$$P_n = P_t \cos\beta$$

式中　P_n、P_t 分别为轮齿的法向齿距和端面齿距。

由于 $P_n = \pi m_n$，$P_t = \pi m_t$，故斜齿圆柱齿轮法向模数与端面模数的关系为：

$$m_n = m_t \cos\beta$$

在加工斜齿圆柱齿轮时，刀具的切削方向是沿着轮齿的螺旋线方向进行的；斜齿圆柱齿轮传动时，受力方向是轮齿接触处的法面方向。国家标准规定斜齿圆柱齿轮的法向模数为标准值。

（3）压力角

在斜齿圆柱齿轮上，法向压力角 α_n 和端面压力角 α_t 是不同的，它们之间的关系是：

$$\tan\alpha_n=\tan\alpha_t\cdot\cos\beta$$

国家标准规定法向压力角取标准值，即 $\alpha_n=20°$。

（4）旋向

斜齿圆柱齿轮轮齿的螺旋方向分为左旋和右旋。其判定方法为：将齿轮轴线竖直放置，轮齿自左至右上升者为右旋，反之为左旋，如图 3-12 所示。

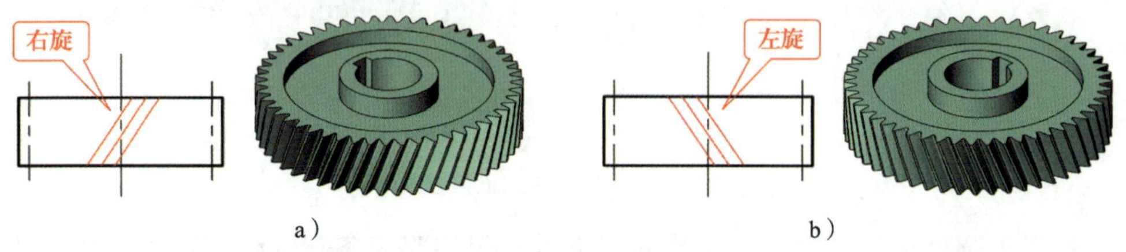

图 3-12　斜齿圆柱齿轮轮齿的螺旋方向判定

a）右旋　b）左旋

3. 斜齿圆柱齿轮几何尺寸的计算

法向模数和法向压力角取标准值，齿顶高系数 h_a^* 和顶隙系数 c^* 也取标准值的斜齿圆柱齿轮称为标准斜齿圆柱齿轮。

斜齿圆柱齿轮的啮合在端面上相当于一对直齿圆柱齿轮的啮合，因此将斜齿圆柱齿轮的端面参数代入直齿圆柱齿轮的计算公式，就可得到斜齿圆柱齿轮的相应尺寸，见表 3-5。

表 3-5　斜齿圆柱齿轮传动几何尺寸的计算

名称	符号	计算公式及参数
端面模数	m_t	$m_t=\dfrac{m_n}{\cos\beta}$，$m_n$ 为标准值
螺旋角	β	一般取 $\beta=8°\sim20°$
端面压力角	α_t	$\alpha_t=\arctan\dfrac{\tan\alpha_n}{\cos\beta}$
分度圆直径	d	$d=m_tz$
齿顶高	h_a	$h_a=h_a^*m_n=m_n$
齿根高	h_f	$h_f=(h_a^*+c^*)\,m_n=1.25m_n$
齿高	h	$h=h_a+h_f=2.25m_n$
齿顶圆直径	d_a	$d_a=d+2h_a=m_n\ (z+2)$
齿根圆直径	d_f	$d_f=d-2h_f=m_n\ (z-2.5)$
中心距	a	$a=\dfrac{d_1+d_2}{2}=\dfrac{m_t(z_1+z_2)}{2}=\dfrac{m_n(z_1+z_2)}{2\cos\beta}$

4. 斜齿圆柱齿轮正确啮合的条件

如图 3-13 所示，一对外啮合斜齿圆柱齿轮用于平行轴传动时正确啮合的条件为：

（1）两齿轮法向模数相等，即 $m_{n1}=m_{n2}=m$。

（2）两齿轮法向压力角相等，即 $\alpha_{n1}=\alpha_{n2}=\alpha$。

（3）两齿轮螺旋角相等、旋向相反，即 $\beta_1=-\beta_2$。

图 3–13 一对相互啮合的斜齿圆柱齿轮

5. 斜齿圆柱齿轮传动的特点

与直齿圆柱齿轮传动相比较，斜齿圆柱齿轮传动具有以下特点。

（1）传动平稳，承载能力强

由于斜齿圆柱齿轮在啮合时，齿面的接触线是逐渐变化的，且同时啮合的轮齿对数比直齿轮多，因此传动比较平稳且连续性好，冲击和振动也小，承载能力高，适用于高速、大功率传动的场合。

（2）传动时产生轴向力

斜齿圆柱齿轮由于轮齿倾斜，所以在传动中将产生轴向力。为了克服轴向力对传动的影响，须采用可承受轴向力的轴承或是成对反向使用斜齿圆柱齿轮；当载荷很大时，也可使用人字齿轮传动。人字齿轮相当于两个螺旋角大小相等且螺旋方向相反的斜齿圆柱齿轮并起来传动，以使两边产生的轴向力相互平衡抵消，但人字齿轮加工困难、精度不高，主要用于重型机械传动的场合。

（3）不能用作滑移变速齿轮

斜齿圆柱齿轮在轴向移动啮合过程中会因为齿是斜的而产生自转，给轴向移动机构的设计增加了困难。另外，斜齿圆柱齿轮在啮合传动时受的力不是垂直于轴心线的，容易造成齿轮脱离。

二、齿轮齿条传动

1. 齿条

齿条是一种轮齿均匀分布于条形体上的特殊齿轮，它相当于直径无限大的一个齿轮轮缘的一段。齿条分为直齿条和斜齿条，如图 3–14 所示。

当外齿轮的圆心位于无穷远处时，其上各圆的直径趋向于无穷大，齿轮上的分度圆、齿顶圆等各圆成为分度线、齿顶线等互相平行的直线，渐开线齿廓也变成直线齿廓（对齿面而言则为平面），齿轮即演化成为标准齿条，如图 3–15 所示。标准直齿条几何要素的尺寸计算公式见表 3–6。

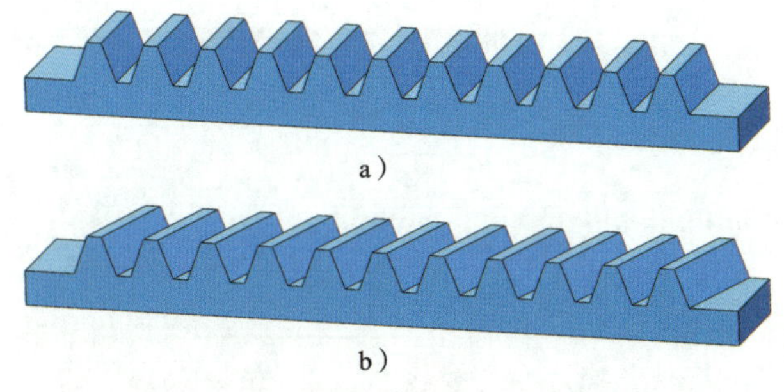

图 3–14 标准齿条

a）直齿条 b）斜齿条

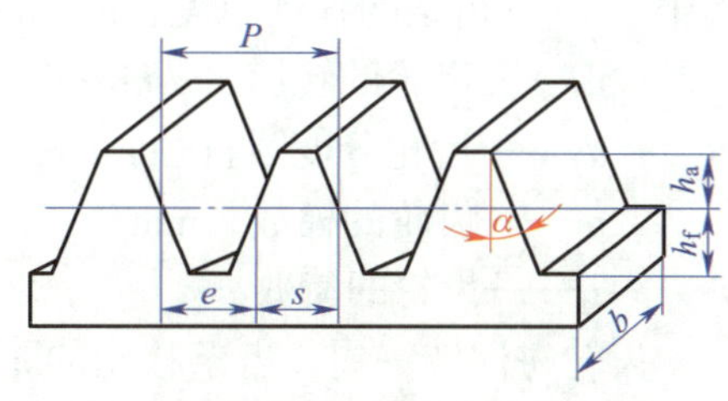

图 3–15 标准齿条的几何要素

表 3–6　　标准直齿条几何要素的尺寸计算公式

名称	符号	计算公式及参数
压力角	α	标准齿条为 20°
模数	m	通过计算或结构设计确定
齿厚	s	$s=p/2=\pi m/2$
齿槽宽	e	$e=p/2=\pi m/2$
齿距	p	$p=\pi m$
齿顶高	h_a	$h_a=h_a^*m=m$
齿根高	h_f	$h_f=(h_a^*+c^*)m=1.25m$
齿高	h	$h=h_a+h_f=2.25m$

与齿轮相比，齿条具有如下特点。

（1）由于齿条的齿廓是直线，所以齿廓上各点的法线互相平行。传动时，齿条做直线运动，且速度大小和方向均一致。齿条齿廓上各点的压力角均相等，且等于齿廓直线的倾斜角，其标准值为 20°。

（2）由于齿条上各齿的同侧齿廓互相平行，所以无论是在分度线（基本齿廓的基准线）上、齿顶线上，还是在与分度线平行的其他直线上，齿距均相等，模数为同一标准值。齿条分度线是确定齿条各部分尺寸的基准线，齿条分度线上的齿厚和齿槽宽相等。

2. 齿轮齿条传动

由直齿条或斜齿条分别与直齿圆柱齿轮或斜齿圆柱齿轮配对使用，组成齿条副。

齿轮齿条传动可以将齿轮的回转运动转换为齿条的往复直线运动，或将齿条的往复直线运动转换为齿轮的回转运动，如图 3–16 所示。

图 3–16　齿轮齿条传动

齿条的移动速度可按下式计算：

$$v=n_1\pi d_1=n_1\pi mz_1$$

式中　v——齿条的移动速度，mm/min；

n_1——齿轮的转速，r/min；

d_1——齿轮分度圆直径，mm；

m——齿轮的模数，mm；

z_1——齿轮的齿数。

齿轮每回转一周，齿条移动的距离为：

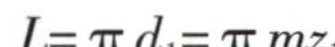

$$L=\pi d_1=\pi mz_1$$

式中　L——齿条的移动距离，mm。

三、锥齿轮传动

锥齿轮用于两轴相交时的传动，两轴间的夹角可以任意，在实际应用中多采用两轴互相垂直的传动形式，如图 3–17 所示。

1. 锥齿轮齿廓的形成及类型

锥齿轮的齿廓曲面是发生面在基圆锥上做纯滚动时形成的，如图 3–18 所示。锥齿轮的类型有直齿、斜齿和曲齿三种，如图 3–19 所示，其中直齿锥齿轮和曲齿锥齿轮应用最广。直齿锥齿轮易于制造，适用于低速、轻载传动的场合；曲齿锥齿轮传动平稳，承载能力强，常用于高速、重载传动的场合，但其设计制造复杂。

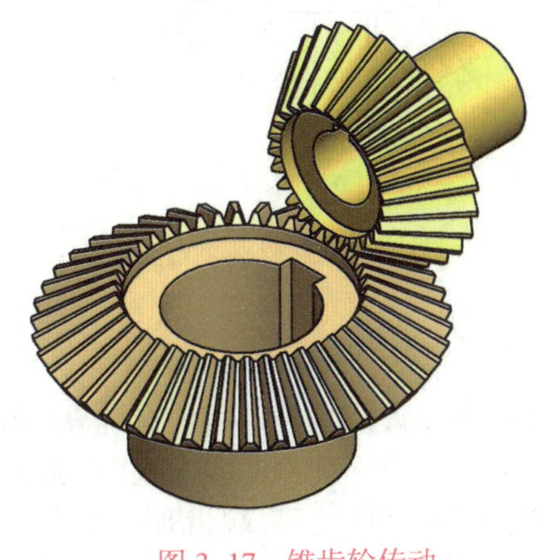

图 3–17　锥齿轮传动

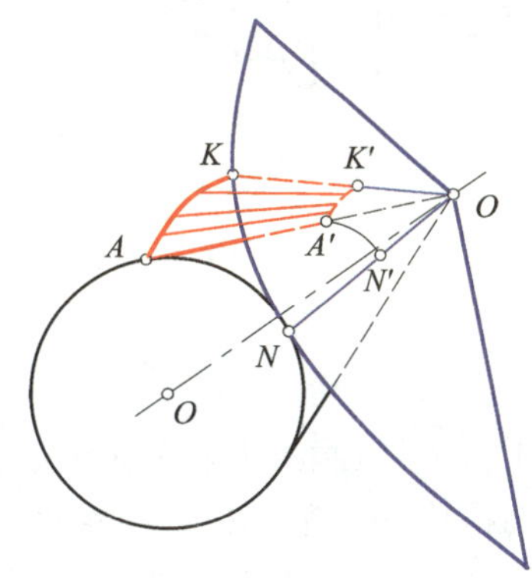

图 3–18　直锥齿轮齿廓的形成

a)

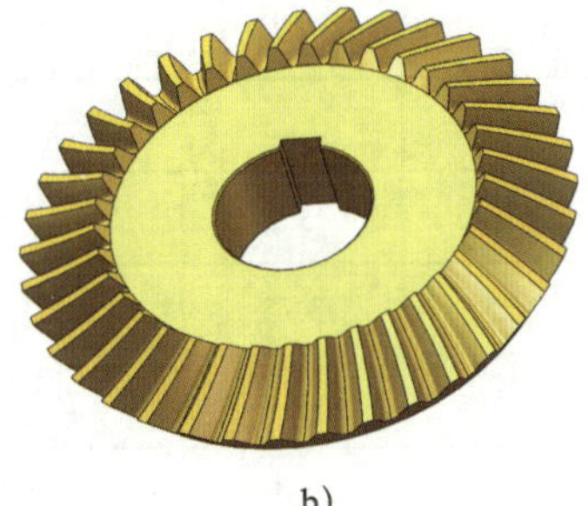

b)

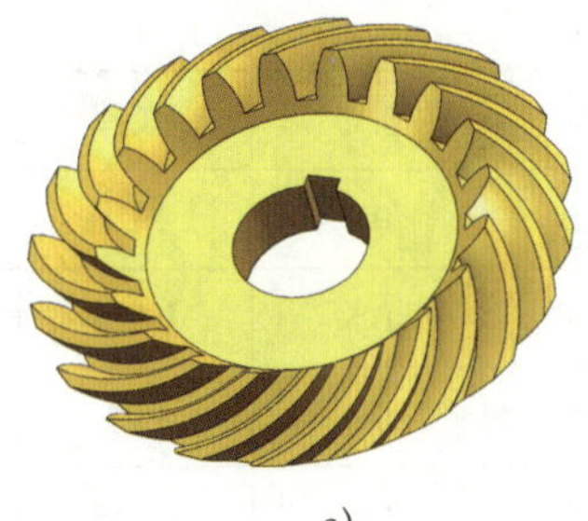

c)

图 3–19　锥齿轮的类型

a）直齿锥齿轮　b）斜齿锥齿轮　c）曲齿锥齿轮

2. 标准直齿锥齿轮的几何尺寸计算

直齿锥齿轮的齿高通常由大端到小端逐渐收缩，按顶隙的变化情况可将直齿锥齿轮分为收缩顶隙锥齿轮和等顶隙锥齿轮两种，其几何尺寸如图 3–20 所示。

收缩顶隙锥齿轮副中，两齿轮的齿顶锥、齿根锥和分度圆锥具有同一锥顶点，故其啮合时顶隙由大端到小端逐渐缩小，这对小端轮齿强度和润滑都不利，有被等顶隙锥齿轮机构取代的趋势。

等顶隙锥齿轮副中，两齿轮的分度圆锥、齿根圆锥共有同一锥顶，而齿顶锥的母线平行于配对锥齿轮的齿根锥母线且不与分度圆锥共顶，顶隙沿齿宽方向不变，均与大端顶隙相等，有利于储存润滑油，改善润滑状况。这种齿轮的小端齿高降低，强度提高。

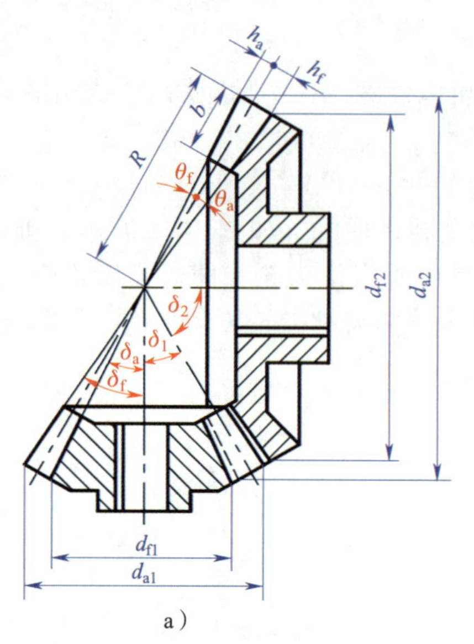

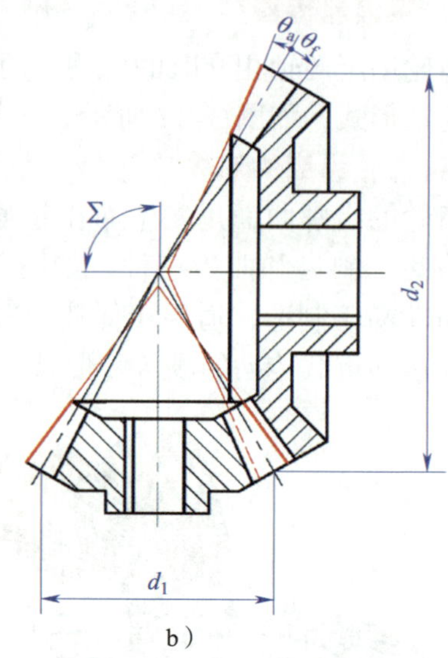

图 3–20　锥齿轮的几何尺寸

a）收缩顶隙锥齿轮　b）等顶隙锥齿轮

由于直齿锥齿轮的齿厚和齿高从大端到小端逐渐缩小，为使直齿锥齿轮在计算和测量时有较高的精度，通常都把直齿锥齿轮中齿形较大的大端参数取标准值，即大端模数取标准模数（见表 3–7），大端分度圆处的压力角取标准压力角（α=20°），大端齿顶高系数 h_a^* 取 1，大端顶隙系数 c^* 取 0.2。Σ =90°标准直齿锥齿轮的主要参数及几何尺寸的计算公式见表 3–8。

表 3–7　　直齿锥齿轮大端端面模数的标准值　　mm

0.1	0.35	0.9	1.75	3.25	5.5	10	20	26
0.12	0.4	1	2	3.5	6	11	22	40
0.15	0.5	1.125	2.25	3.75	6.5	12	25	45
0.2	0.6	1.25	2.5	4	7	14	28	50
0.25	0.7	1.375	2.75	4.5	8	16	30	
0.3	0.8	1.5	3	5	9	18	32	

表 3–8　　Σ =90° 标准直齿锥齿轮的主要参数及几何尺寸的计算公式

名称	符号	计算公式
大端模数	m	按 GB/T 12368—1990 取标准值
分度圆锥角	δ	$\delta_1=\text{arccot}\,\frac{z_1}{z_2}$，$\delta_2=90°-\delta_1$
分度圆直径	d	$d_1=mz_1$，$d_2=mz_2$
齿顶高	h_a	$h_a=h_{a1}=h_{a2}=m$

续表

名称	符号	计算公式	
齿根高	h_f	$h_f=h_{f1}=h_{f2}=1.2m$	
齿顶圆直径	d_a	$d_{a1}=m(z_1+2\cos\delta_1)$，$d_{a2}=m(z_2+2\cos\delta_2)$	
齿根圆直径	d_f	$d_{f1}=m(z_1-2.4\cos\delta_1)$，$d_{f2}=m(z_2-2.4\cos\delta_2)$	
锥距	R	$R=\frac{1}{2}\sqrt{d_1^2+d_2^2}$	
齿宽	b	$b\leqslant R/3$	
齿顶角	θ_a	收缩顶隙锥齿轮	$\theta_{a1}=\theta_{a2}=\arctan\frac{h_a}{R}$
		等顶隙锥齿轮	$\theta_{a1}=\theta_{f2}$，$\theta_{a2}=\theta_{f1}$
齿根角	θ_f	$\theta_{f1}=\theta_{f2}=\arctan\frac{h_f}{R}$	
顶锥角	δ_a	$\delta_{a1}=\delta_1+\theta_{a1}$，$\delta_{a2}=\delta_2+\theta_{a2}$	
根锥角	δ_f	$\delta_{f1}=\delta_1-\theta_{f1}$，$\delta_{f2}=\delta_2-\theta_{f2}$	

3. 直齿锥齿轮正确啮合的条件

（1）两齿轮的大端端面模数相等，即 $m_{t1}=m_{t2}=m$。

（2）两齿轮的大端压力角相等，即 $\alpha_1=\alpha_2=\alpha$。

§3-4　齿轮的失效与材料

一、齿轮传动的失效

在齿轮工作过程中，因过载、磨损或疲劳损伤等发生破坏而失去正常工作能力的现象称为失效。轮齿是齿轮的关键部位，也是齿轮传动的薄弱环节，齿轮失效主要发生在轮齿；齿轮其他部位如齿圈、轮辐、轮毂等，通常是按经验设计，所定尺寸足够，实践中极少失效。轮齿失效主要有轮齿折断、齿面点蚀、齿面胶合、齿面磨损、齿面塑性变形等。

1. 轮齿折断

如图 3–12 所示，轮齿像一个悬臂梁，齿轮工作时，若轮齿危险截面的弯曲应力超过其极限值，轮齿将发生折断。

轮齿折断有两种情况：一种是疲劳折断，这是弯曲交变应力作用的结果，在载荷反复作用下，轮齿根部产生循环变化的弯曲应力，当循环次数达到一定数量时，应力达到极限，齿根受拉一侧便出现裂纹，随着循环次数继续增加，裂纹逐渐加大，并最终导致轮齿折断；另一种是过载折断，这是因短期过载或受冲击载荷，使轮齿静强度不足而引起的轮齿折断。

对于斜齿轮，其齿根部裂纹往往沿倾斜方向扩展，容易发生轮齿的局部折断（见图 3–21a）。对于直齿轮，轮齿折断一般发生在齿根部分（见图 3–21b）。

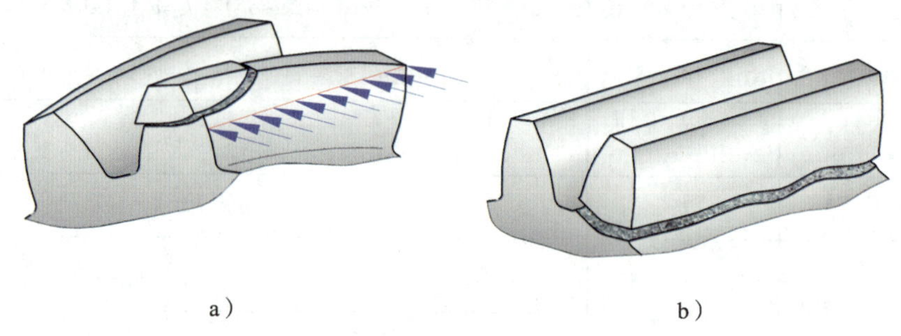

图 3–21　轮齿折断

a）斜齿轮的轮齿折断　b）直齿轮的轮齿折断

防止轮齿折断的措施有：在使用中避免意外的严重过载和冲击；对齿根表面进行喷丸或碾压等强化处理，以提高齿根的强度；增大齿根过渡圆角半径和降低齿根表面粗糙度，以降低齿根的应力集中。

2. 齿面点蚀

轮齿啮合过程中，接触面间产生脉动循环接触应力，当此应力超过轮齿表层材料的疲劳极限时，齿面就会产生细微的疲劳裂纹；封闭在裂纹中的润滑油，在压力作用下产生楔挤作用使裂纹不断扩大，最后导致表层金属小片状剥落，出现凹坑，形成麻点状剥伤，称为齿面点蚀，如图 3–22 所示。

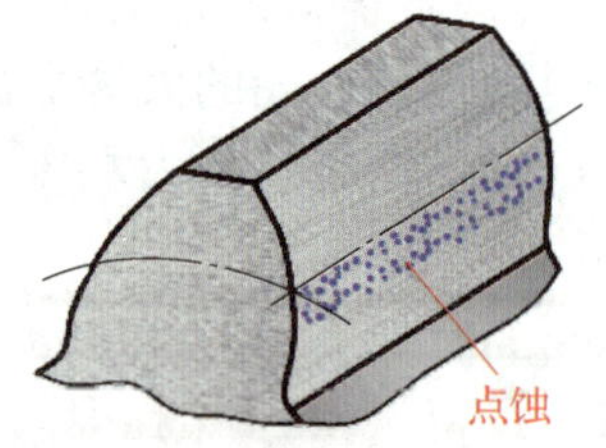

图 3–22　齿面点蚀

实践表明，在轮齿啮合过程中，齿面间的相对滑动起着形成润滑油膜的作用，而且相对滑动速度越高，齿面间形成润滑油膜的作用越显著，润滑也就越好。轮齿齿根表面靠近节线部位，由于相对滑动速度低，形成油膜条件差，润滑不良，摩擦力较大，特别是直齿轮传动，通常这时只有一对齿啮合，轮齿受力最大，因此，齿面点蚀也就首先出现在齿根表面靠近节线处，然后再向其他部位扩展。

闭式齿轮传动常因齿面点蚀而失效。在开式齿轮传动中，因为齿面磨损较快，在形成点蚀之前部分齿面已经被磨掉，因此通常看不到点蚀现象。

防止齿面点蚀的措施有：提高润滑油的黏度或采用适宜的添加剂，使啮合齿面间形成较厚的、牢固的油膜，以增大其承载面积；降低轮齿表面粗糙度，提高齿形精度和进行精心跑合，以改善齿面的接触情况；提高齿面硬度以增大轮齿的疲劳极限等。

3. 齿面胶合

齿面胶合是在重载传动中，相啮合齿面的金属在压力作用下直接接触而发生黏着，并随着齿面的相对运动，使金属从齿面上撕落而引起的一种破坏形式，如图 3–23 所示。齿面胶合有热胶合和冷胶合两种。

在高速重载传动中，常因啮合区温度升高而引起润滑失效，致使两齿面金属直接接触并相互黏连，当两齿面相对运动时，较软的齿面沿滑动方向被撕下而形成沟纹，这种现象称为齿面热胶合。

在低速重载传动中，由于啮合处的局部压力很高，而速度又低，因而使两接触表面间不易形成油膜而产生黏着，从而出现冷胶合，它常常发生在局部齿面上。

齿面胶合产生以后，齿廓被破坏，振动和噪声增大，会很快使齿轮报废。

防止齿面胶合的措施有：对低速齿轮传动应采用黏度较大的润滑油；对于高速齿轮传动，则应采用含抗胶合剂的润滑油；减小表面粗糙度和提高齿面硬度也能增强抗胶合能力。

4. 齿面磨损

如图 3–24 所示，齿面磨损是在齿轮啮合传动过程中，轮齿接触表面上的材料出现摩擦损耗的现象，通常有磨粒磨损和跑合磨损两种。由于灰尘、硬屑粒等进入齿面间而引起的磨粒磨损是难以避免的。齿面过度磨损后，齿廓显著变形，常导致严重的噪声和振动，最终使传动失效。

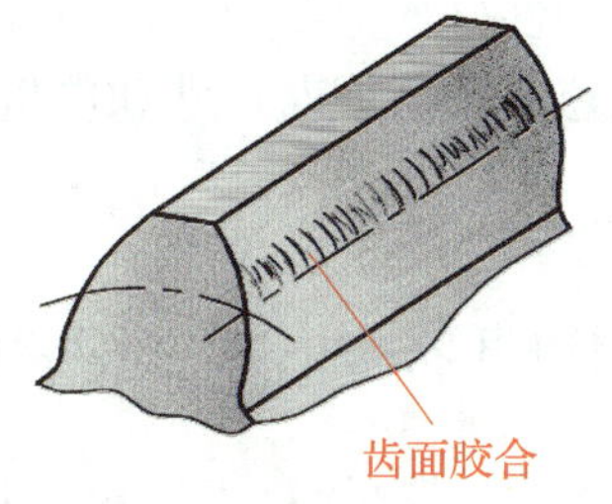

图 3–23　齿面胶合

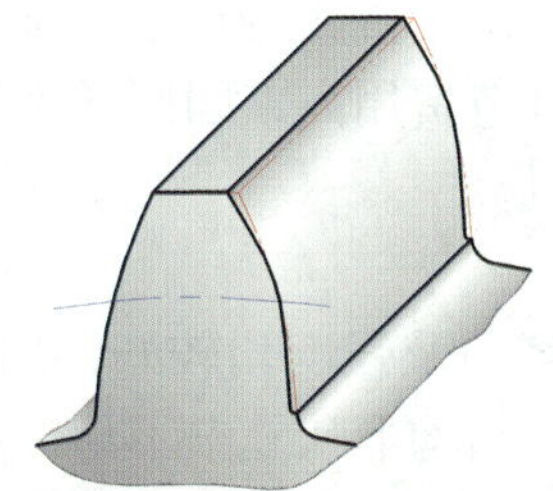

图 3–24　齿面磨损

新的齿轮副由于加工后表面具有一定的粗糙度，受载时实际上只有部分凸起面接触，接触处压强很高，因而在开始运转期间，磨损速度和磨损量都较大；磨损到一定程度后，摩擦面逐渐光洁，压强减小、磨损速度缓慢，这种磨损称为跑合磨损。人们有意地使新齿轮副在轻载下进行跑合，可为随后的正常工作创造有利条件。但应注意，跑合结束后必须清洗和更换润滑油。

防止磨损的措施有：尽量采用闭式齿轮传动，提高齿面硬度，降低表面粗糙度，并采用清洁的润滑油等。

5. 齿面塑性变形

硬度较低的软齿面齿轮，在低速重载时，由于齿面压力过大，在摩擦力作用下，齿面金属产生塑性流动而失去原来的齿形。塑性变形后，主动齿轮沿着分度线形成凹沟，而从动齿轮沿着分度线形成凸棱，如图 3–25 所示。这种损坏常在过载严重和启动频繁的传动中出现。

防止齿面塑性变形的措施有：选用黏度较高的润滑油，提高齿面硬度，避免频繁启动和过载等。

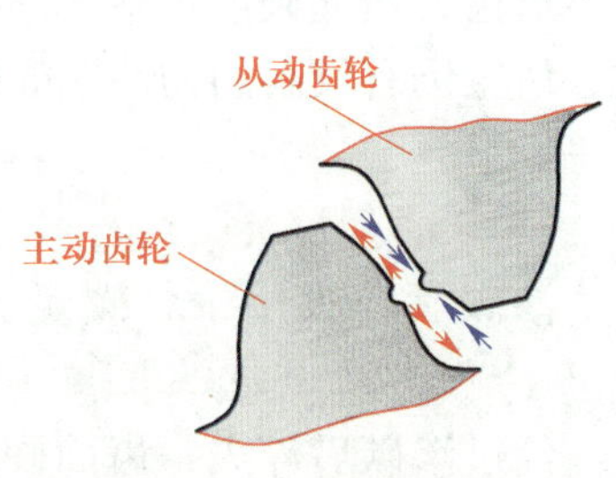

图 3–25　齿面塑性变形

二、齿轮常用材料

由轮齿的失效形式可知，应使齿面具有较高的抗磨损、抗点蚀、抗胶合及抗塑性变形能力。因此，理想的齿轮材料应保证齿面硬度高、齿心韧性好，同时还具有良好的力学性能和热处理性能。

适用于制造齿轮的材料有很多，常用的有锻钢、铸钢和铸铁。

1. 锻钢

锻钢韧性好、耐冲击，还可通过热处理改善其力学性能，提高齿面的硬度，故最适于制造齿轮。

除尺寸过大或结构形状复杂只宜铸造外，一般齿轮毛坯均由锻钢制成。常用锻钢是含碳量为 0.15% ~ 0.6% 的碳钢或合金钢，如 45、40Cr、35SiMn、20Cr、20CrMnTi、12Cr2Ni4A、35CrAlA 和 38CrMoAlA 等。合金钢根据所含金属的成分及性能，可分别使材料的韧性、耐冲击、耐磨及抗胶合性能等获得提高。

根据热处理后齿面硬度的不同，钢制齿轮可分为软齿面齿轮（硬度小于 350HBW 或 38HRC）和硬齿面齿轮（硬度大于 350HBW 或 38HRC）。

硬齿面齿轮齿面抗疲劳点蚀和抗胶合能力高、耐磨性好，但需要专用热处理设备和轮齿精加工设备，制造费用高，因此常用于批量生产的高速、重载或对尺寸和质量有严格控制的传动以及精密机械中。

2. 铸钢

铸钢的耐磨性及强度均较好，用于制造齿轮的材料有 ZG310-570 和 ZG340-640 等，常用于尺寸较大、结构形状复杂不易锻造的齿轮。

3. 铸铁

铸铁性质较脆，抗冲击、耐磨性都较差，但其抗胶合、抗点蚀的能力较好，用于制造齿轮的材料有 QT500-7、QT600-3、HT200、HT300 等。铸铁齿轮常用于低速、轻载和无冲击的场合。

三、齿轮的热处理

根据齿轮材料的不同，齿轮常用的热处理主要有表面淬火、渗碳后淬火、调质、正火、渗氮等。

1. 表面淬火

表面淬火一般用于中碳钢和中碳合金钢，如 45、40Cr 钢等。表面淬火后轮齿变形不大，可不磨齿，齿面硬度可达 50 ~ 55HRC。由于齿面接触强度高、耐磨性好，而轮齿心部未淬硬，齿轮仍有较高的韧性，故能承受一定的冲击载荷。表面淬火的方法有高频淬火和火焰淬火等。

2. 渗碳后淬火

渗碳后淬火用于含碳量为 0.15% ~ 0.25% 的低碳钢和低碳合金钢中，如 20、20Cr 钢等。

经过渗碳后淬火，齿面硬度可达 56 ~ 62HRC，齿面接触强度高、耐磨性好，而轮齿心部仍保持较高的韧性，常用于受冲击载荷的重要齿轮传动。

3. 调质

调质一般用于中碳钢和中碳合金钢，如 45、40Cr 钢等。调质处理后齿面硬度一般为 210 ~ 280HBW。因硬度不高，故可在热处理后精切齿形，且在使用中易于跑合。

4. 正火

正火能消除内应力、细化晶粒、改善力学性能和切削性能。机械强度要求不高的齿轮可用中碳钢正火处理。大直径的齿轮可用铸钢正火处理。

5. 渗氮

渗氮是一种化学热处理。渗氮后不再进行其他热处理，齿面硬度可达 60 ~ 62HRC。因渗氮处理温度低，齿的变形小，因此适用于难以磨齿的场合，如内齿轮。常用的渗氮钢为 38GrMnAlA。

上述五种热处理中，调质和正火两种处理后的齿面硬度较低（≤ 350HBW），为软齿面；其他三种处理后的齿面硬度较高，为硬齿面。软齿面的工艺过程简单，适用于一般传动。当大小齿轮都是软齿面时，考虑到小齿轮齿根较薄，弯曲强度较低，且受载次数较多，故在选择材料和热处理时，一般使小齿轮齿面硬度比大齿轮高 20 ~ 50HBW。硬齿面齿轮的承载能力较强，但需用专门设备磨齿，常用于要求结构紧凑或生产批量大的齿轮。当大小齿轮都是硬齿面时，小齿轮的硬度可略高，也可和大齿轮相等。

§3-5　齿轮的结构与润滑

一、齿轮的结构

齿轮的常用结构形式有齿轮轴式、实心式、腹板式和轮辐式等。

1. 齿轮轴

对于直径较小的钢制齿轮，若其齿根圆直径与轴径相差不大时，应将齿轮与轴制成一体，称为齿轮轴，如图 3–26 所示。

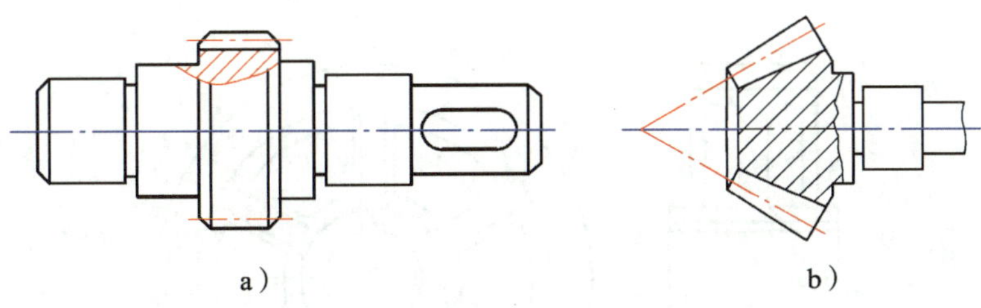

图 3–26　齿轮轴

a）圆柱齿轮　b）锥齿轮

2. 实心式齿轮

当齿轮的齿顶圆直径 $d_a \leqslant 200$ mm，且齿根圆到键槽底部的径向距离 $e>2.5$ mm，可采用实心式结构，如图 3–27 所示。

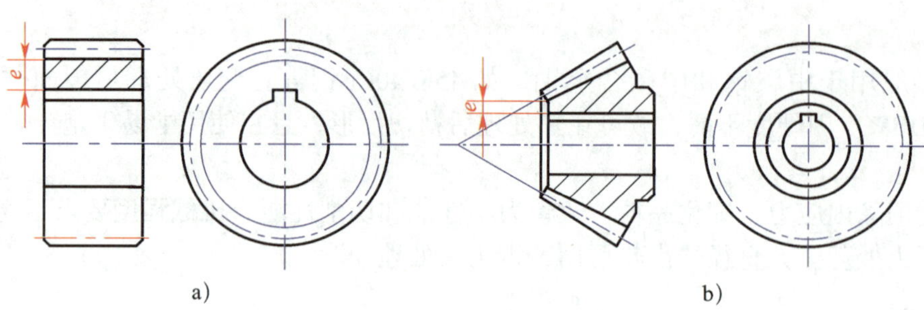

图 3–27　实心式齿轮

a）圆柱齿轮　b）锥齿轮

3. 腹板式齿轮

当齿轮的齿顶圆直径 200 mm ≤ d_a ≤ 500 mm 时，可采用腹板式结构，如图 3–28 所示。

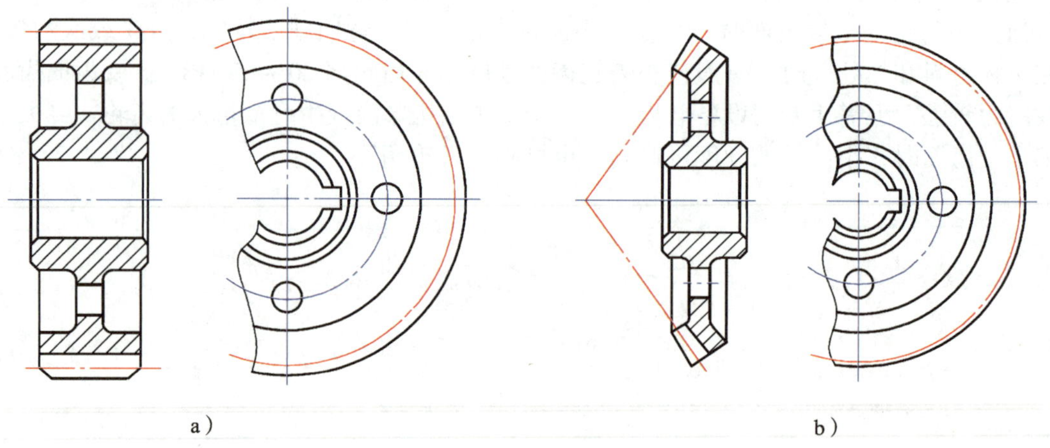

图 3–28　腹板式齿轮

a）圆柱齿轮　b）锥齿轮

4. 轮辐式齿轮

当齿轮的齿顶圆直径 d_a>500 mm 时，可采用轮辐式结构，如图 3–29 所示。

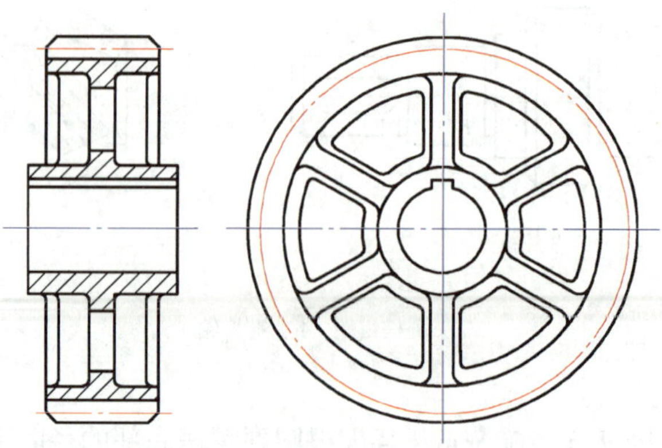

图 3–29　轮辐式齿轮

二、齿轮传动的润滑

齿轮在啮合时会产生摩擦和磨损，造成动力消耗，而使传动效率降低，因此齿轮的润滑十分重要。润滑不仅可以减小齿轮传动啮合时所产生的摩擦、磨损和动力消耗，提高传动效率，还可以起到冷却、防锈、降低噪声、改善齿轮工作状况、延缓轮齿失效、延长齿轮使用寿命等作用。

1. 齿轮传动的润滑方式

开式齿轮传动（传动齿轮没有防尘罩或机壳，齿轮完全暴露在外面）及低速、轻载、不是很重要的闭式齿轮传动，通常采用人工定期润滑，可采用油润滑或脂润滑。

一般闭式齿轮传动（传动齿轮装在经过精确加工而且封闭严密的箱体内）的润滑方式根据齿轮圆周速度 v 的大小而定。当 $v<12$ m/s 时，多采用油池润滑。如图 3–30a 所示，大齿轮浸入油池一定深度，对于圆柱齿轮，浸油深度以 1 ~ 2 个齿高为宜，最大浸油深度不超过大齿轮分度圆半径的 1/3，齿轮运转时就把润滑油带到啮合区，同时也甩到箱壁上，借以散热。当多级传动中低速级大齿轮浸油深度合适，而高速级大齿轮未能浸入油中时，可采用带油轮给高速级大齿轮供油，如图 3–30b 所示。油池深度一般不应小于 30 ~ 50 mm，以防止齿轮转动时将油池底部的杂质搅起，造成润滑油不洁，加剧齿面磨损。油池中应有充足的油量，以保证散热。

当 $v>12$ m/s 时，由于圆周速度大，齿轮搅油剧烈，且黏附在齿面上的油易被甩掉，不能形成合适的润滑油膜，应采用喷油润滑，如图 3–30c 所示。

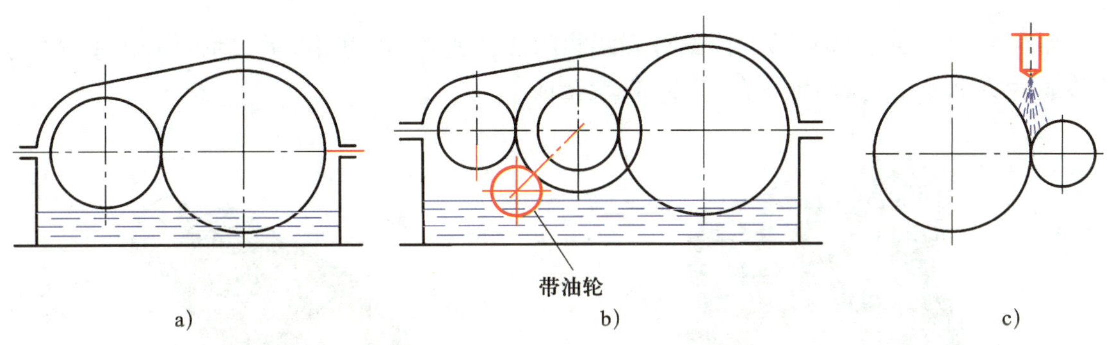

图 3–30　闭式齿轮传动的润滑方式

a）油池润滑　b）带油轮润滑　c）喷油润滑

2. 齿轮润滑剂的选择

齿轮润滑剂的选择应根据齿轮的工作情况、润滑方式以及与其配套使用的其他组件对润滑的要求综合考虑，通常有下列几项原则供选择时参考。

（1）齿轮的载荷是选择润滑油的主要依据。轻负荷可选用不含添加剂的润滑油。负荷较大，滑动较大，如斜齿轮等，可选用含有油性添加剂的油。重负荷而又有强烈冲击的，如双曲线齿轮等，应考虑选用全极压齿轮油。

（2）齿轮的速度是选择润滑油黏度的主要依据。速度高的选用低黏度油，速度低的选用高黏度油。

（3）润滑方式也是选择润滑油的参考条件。循环润滑要求油品的流动性好，含胶质沥青较多的气缸油不宜选用。油浴式润滑则可选用气缸油。

（4）与齿轮共用同一个润滑系统的其他对象对润滑油的要求也是要考虑的一个因素。所选择的润滑油要同时满足齿轮与其他润滑对象的润滑性能要求，而且不得与其他润滑对象的材料发生化学反应。

在使用过程中，必须经常检查齿轮传动润滑系统的状况，油面过低则润滑不良，油面过高则会增加搅油功率的损失。对于压力喷油润滑系统还需检查油压状况，油压过低会造成供油不足，应及时调整油压至正常值；油路不畅通可能会导致油压过高，应及时清理油路。

§3-6 蜗杆传动

蜗杆传动主要用于传递空间垂直交错两轴间的运动和动力。蜗杆传动具有传动比大、结构紧凑等优点，广泛应用于机床、汽车、仪器、起重运输机械、冶金机械等。如图 3–31 所示为蜗杆减速器，由于采用了蜗杆传动，可以实现较大的传动比。

一、蜗杆传动概述

1. 蜗杆传动的组成

如图 3–32 所示，蜗杆传动由蜗杆和蜗轮组成，通常由蜗杆作为主动件带动蜗轮转动，并传递运动和动力，其两轴线在空间一般交错成 90°。

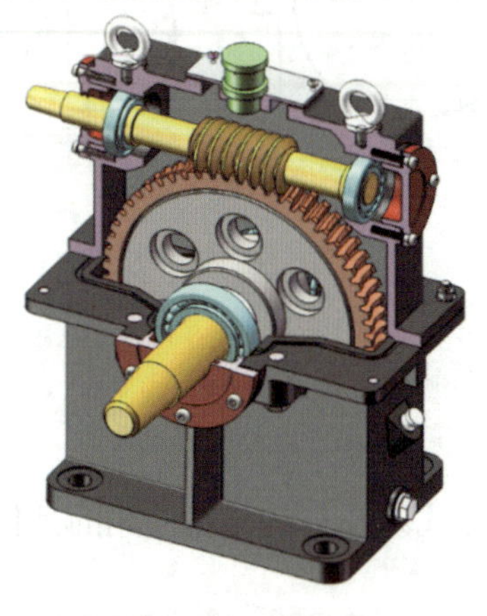

图 3–31　蜗杆减速器

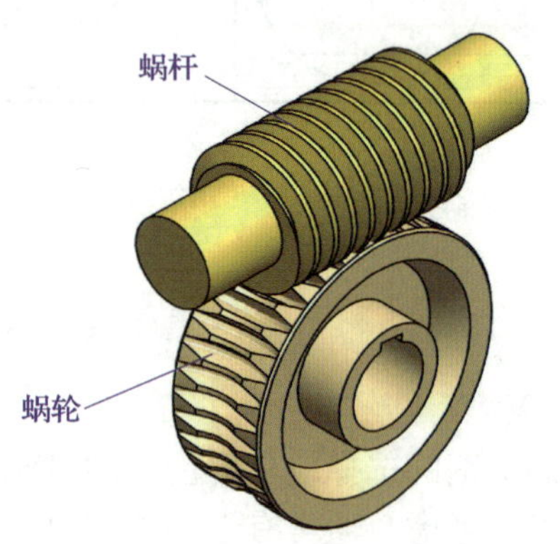

图 3–32　蜗杆传动的组成

2. 蜗杆传动的类型

蜗杆传动的类型有很多，其主要区别在于蜗杆形状的不同。常用的主要有圆柱蜗杆传动、环面蜗杆传动和锥面蜗杆传动，如图 3–33 所示。圆柱蜗杆传动又分为普通圆柱蜗杆传动和圆弧齿圆柱蜗杆传动。按螺旋面形状的不同，普通圆柱蜗杆又有阿基米德蜗杆、渐开线蜗杆、法向直廓蜗杆和锥面包络蜗杆等多种形式，其中阿基米德蜗杆制造方便，应用最为广泛。

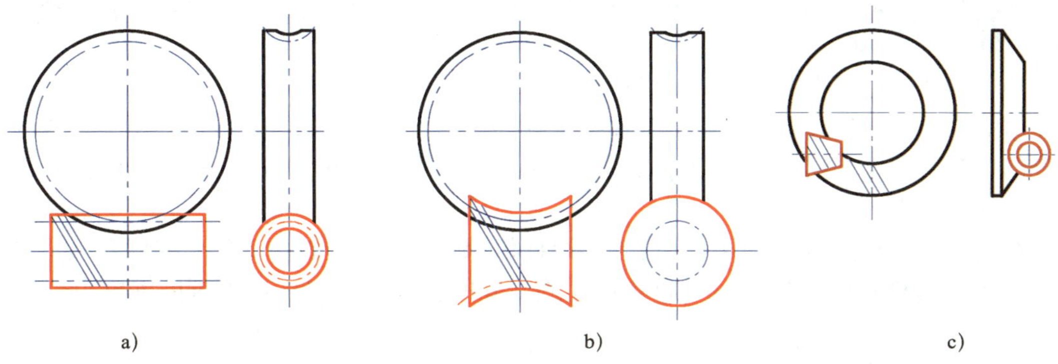

图 3–33　蜗杆传动的类型

a）圆柱蜗杆传动　b）环面蜗杆传动　c）锥面蜗杆传动

3. 蜗杆与蜗轮的形状

蜗杆传动相当于两轴交错成 90° 的螺旋齿轮传动，只是小齿轮的螺旋角很大，而直径却很小，因而在圆柱面上形成了连续的螺旋齿，这种只有一个或几个螺旋齿的斜齿轮就是蜗杆。阿基米德蜗杆的形状如图 3–34 所示，图中 *I—I* 剖切面通过蜗杆的轴线，称为轴向面；*n—n* 剖切面垂直于蜗杆齿廓，称为法面。阿基米德蜗杆的轴向齿廓是直线，法向齿廓是渐开线。

与蜗杆组成交错轴齿轮副且轮齿沿着齿宽方向呈内凹弧形的斜齿轮称为蜗轮，如图 3–35 所示。蜗轮齿廓的形状因蜗杆齿形不同而异。蜗轮一般在滚齿机上用与蜗杆形状和参数相同的滚刀或飞刀加工而成。

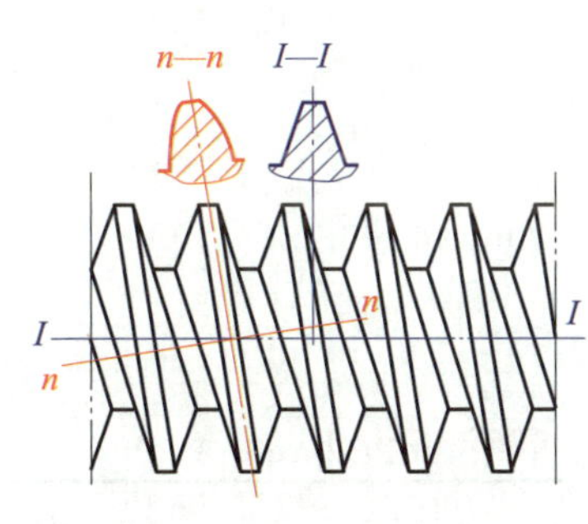

图 3–34　阿基米德蜗杆的形状

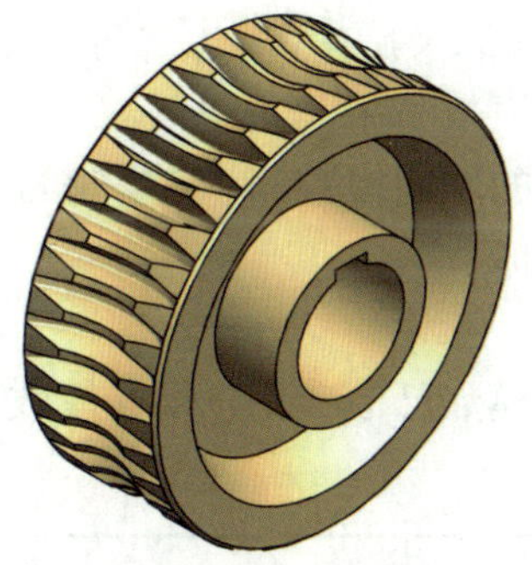

图 3–35　蜗轮

4. 蜗杆传动的特点

（1）传动比大，结构紧凑。单级传动比 i=8 ~ 80，在分度机构中可达 1 000。

（2）传动平稳、噪声小。蜗杆上是连续不断的螺旋齿，蜗轮与蜗杆的啮合是逐渐进入并逐渐退出的，同时啮合的齿数较多，所以传动平稳、噪声小。

（3）在一定条件下可以实现自锁。当蜗杆的螺旋线升角小于啮合面的当量摩擦角时，蜗杆传动具有自锁性。

（4）传动效率低，磨损严重，易发热。由于蜗轮和蜗杆在啮合处有较大的相对滑动，因而磨损严重，发热量大，效率较低。蜗杆机构传动效率一般为 70% ~ 80%，当其具有自锁性时，效率小于 50%。

（5）蜗杆轴向力较大，轴承易磨损，蜗轮造价较高。

由于蜗杆传动具有以上特点，故常用于两轴交错、传动比较大、传递功率不太大或间歇工作的场合。由于当蜗杆导程角 γ 较小时传动具有自锁性，故常用在卷扬机等起重机械中，起安全保护作用。

在制造精度和传动比相同的条件下，蜗杆传动的效率比齿轮传动低。蜗杆和蜗轮齿间发热量较大，会导致润滑失效，引起磨损加剧。同时，蜗轮一般需用贵重的减摩材料（如青铜）制造。

因此，蜗杆传动不适用于大功率、长时间工作的场合。

二、蜗杆传动的主要参数及几何尺寸计算

1. 蜗杆传动的主要参数

垂直于蜗杆轴线并包含相啮蜗轮轴线的平面称为中平面，如图 3–36 所示。在蜗杆传动中，其主要参数及几何尺寸计算均以中平面为准。在此平面内，蜗杆相当于齿条，蜗轮相当于渐开线齿轮，蜗杆与蜗轮的啮合相当于渐开线齿轮与齿条的啮合。国家标准规定，蜗轮和蜗杆都以中平面上的参数为标准参数。

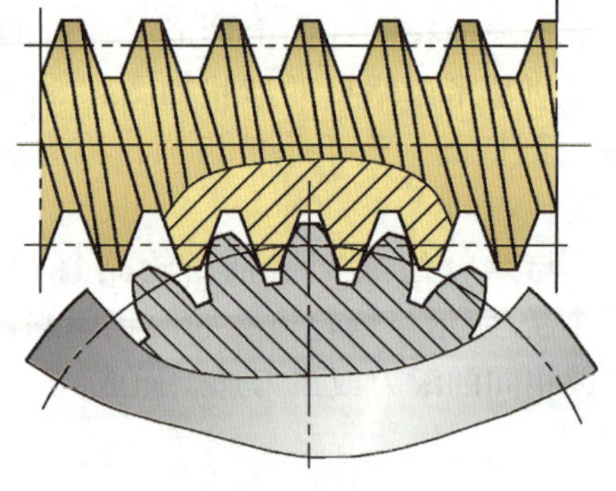

图 3–36　中平面

蜗杆传动的主要参数有模数 m、压力角 α、蜗杆导程角 γ、蜗轮螺旋角 β_2、蜗杆分度圆直径 d_1、蜗杆直径系数 q、蜗杆头数 z_1 与蜗轮齿数 z_2、蜗杆传动的传动比 i 以及旋向等。

（1）模数 m 和压力角 α

蜗杆的轴向模数 m_{x1} 和蜗轮的端面模数 m_{t2} 相等，且为标准值，即：

$$m_{x1}=m_{t2}=m$$

蜗杆模数已标准化，蜗杆模数与直径系数见表 3–9。

表 3–9　蜗杆模数与直径系数（摘自 GB/T 10085—2018）

模数 m/mm	蜗杆直径系数 q	蜗杆分度圆直径 d_1/mm	模数 m/mm	蜗杆直径系数 q	蜗杆分度圆直径 d_1/mm
1.25	16	20	2	11.2	22.4
	17.92	22.4		17.75	35.5
1.6	12.5	20	2.5	11.2	28
	17.5	28		18	45

续表

模数 m/mm	蜗杆直径系数 q	蜗杆分度圆直径 d_1/mm	模数 m/mm	蜗杆直径系数 q	蜗杆分度圆直径 d_1/mm
3.15	11.27	35.5	6.3	10	63
	17.778	56		17.778	112
4	10	40	8	10	80
	17.75	71		17.5	140
5	10	50	10	9	90
	18	90		16	160

蜗杆的轴向压力角 α_{x1} 和蜗轮的端面压力角 α_{t2} 相等，且为标准值，即：

$$\alpha_{x1}=\alpha_{t2}=\alpha=20°$$

（2）蜗杆导程角 γ

蜗杆导程角是指蜗杆分度圆柱螺旋线的切线与端平面之间所夹的锐角。

如图 3–37 所示为右旋蜗杆分度圆柱面及展开图，其头数 z_1=2、z_1p_x 为螺旋线的导程，p_x 为轴向齿距，d_1 为蜗杆分度圆直径，则蜗杆分度圆导程角 γ 为：

$$\gamma=\arctan\frac{z_1p_x}{\pi d_1}=\arctan\frac{z_1m}{d_1}$$

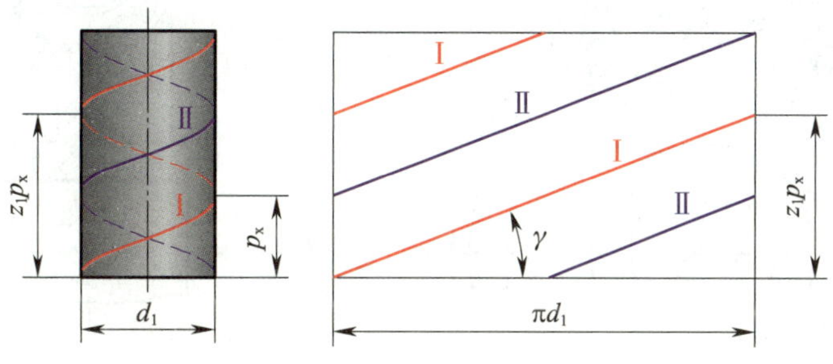

图 3–37　右旋蜗杆分度圆柱面及展开图

导程角的大小直接影响蜗杆的传动效率。导程角大则传动效率高，但自锁性差；导程角小则蜗杆传动自锁性强，但传动效率低。

（3）蜗杆分度圆直径 d_1

为了保证蜗杆传动的正确性，切制蜗轮的滚刀分度圆直径、模数和其他参数必须与该蜗轮相配的蜗杆一致，压力角与相配的蜗杆相同。蜗杆分度圆直径 d_1 不仅与模数 m 有关，还与头数 z_1 和导程角 γ 有关。因此，在加工蜗轮时，即使所加工蜗轮的模数 m 相同，也需要根据不同的蜗杆直径配备相应蜗轮滚刀，这无疑增加了蜗轮滚刀的数量，既不经济，又不便于标准化生产。在实际生产中，为了限制滚刀的数量，对一定模数蜗杆的分度圆直径做了规定，即 d_1 也标准化，见表 3–9。

（4）蜗杆直径系数 q

蜗杆直径系数是蜗杆分度圆直径与轴向模数的比值，用 q 表示，$q=d_1/m$。

（5）蜗杆头数 z_1 和蜗轮齿数 z_2

一般推荐选用蜗杆头数 z_1 为 1、2、4、6。蜗杆头数越少，则蜗杆传动的传动比越大，容易自锁，传动效率较低；蜗杆头数越多，传动效率越高，但加工也越困难。

蜗轮齿数可根据蜗杆头数和传动比来确定，一般推荐 z_2 为 29 ~ 80。

（6）蜗杆传动的传动比 i

当蜗杆为主动件时，蜗杆传动的传动比为：

$$i_{12}=\frac{n_1}{n_2}=\frac{z_2}{z_1}$$

式中 n_1——蜗杆转速，r/min；

n_2——蜗轮转速，r/min；

z_1——蜗杆头数；

z_2——蜗轮齿数。

2. 蜗杆传动几何尺寸的计算

如图 3–38 所示为圆柱蜗杆传动，标准圆柱蜗杆传动几何尺寸计算见表 3–10。

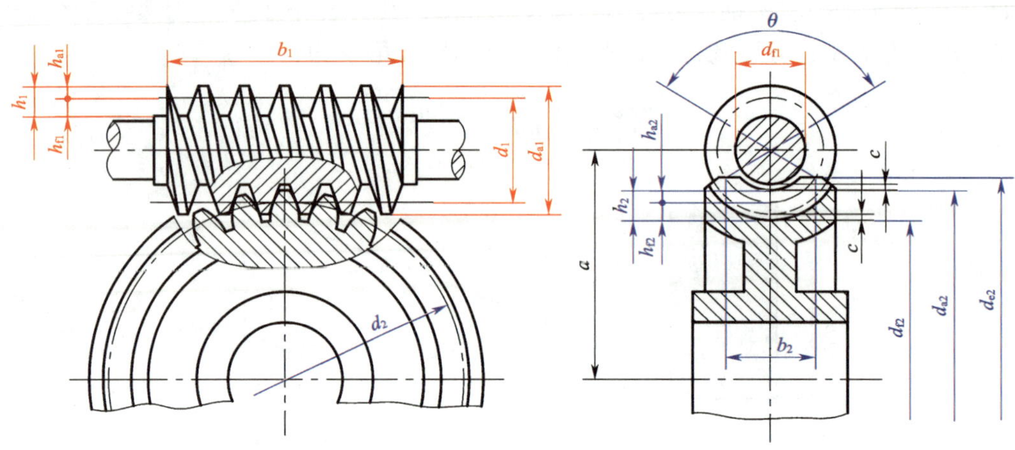

图 3–38 圆柱蜗杆传动

表 3–10 标准圆柱蜗杆传动几何尺寸计算

名称	代号	计算公式	
		蜗杆	蜗轮
齿顶高	h_{a1}	$h_{a1}=h_{a2}=h_a^*m=m$	
齿根高	h_{f1}	$h_{f1}=h_{f2}=(h_a^*+c^*)m=1.2m$	
齿高	h_1	$h_1=h_{a1}+h_{f1}=2.2m$	
顶隙	c	$c=c^*m=0.2m$	
分度圆直径	d_1	$d_1=mq$（按规定选取）	$d_2=mz_2$

续表

名称	代号	计算公式	
		蜗杆	蜗轮
蜗杆齿顶圆直径	d_{a1}	$d_{a1}=d_1+2h_{a1}=m\ (q+2)$	
齿根圆直径	d_f	$d_{f1}=d_1-2h_{f1}=m\ (q-2.4)$	$d_{f2}=d_2-2h_{f2}=m\ (z_2-2.4)$
蜗轮喉圆直径			$d_{a2}=d_2+2h_{a2}=m\ (z_2+2)$
蜗轮顶圆直径	d_{e2}		当 $z_1=1$ 时，$d_{e2} \leqslant d_{a2}+2m$ 当 z_1 为 2 ～ 3 时，$d_{e2} \leqslant d_{a2}+1.5m$ 当 $z_1=4$ 时，$d_{e2} \leqslant d_{a2}+m$
齿宽	b	当 z_1 为 1 ～ 2 时，$b_1 \geqslant (11+0.06\,z_2)\ m$ 当 z_1 为 3 ～ 4 时，$b_1 \geqslant (12.5+0.09\,z_2)\ m$	当 $z_1 \leqslant 3$ 时，$b_2 \leqslant 0.75\,d_{a1}$ 当 $z_1=4$ 时，$b_2 \leqslant 0.67\,d_{a1}$
蜗轮齿宽角	θ		$\theta=2\arcsin\ (b_2/d_1)$
中心距	a	$a=(d_1+d_2)\ /2=0.5m\ (q+z_2)$	

三、蜗轮（或蜗杆）回转方向的判定

与螺纹和斜齿圆柱齿轮一样，蜗杆和蜗轮的旋向也有左旋和右旋之分，其判别方法也相同。在蜗杆传动中，蜗轮、蜗杆齿的旋向应一致，即同为左旋或右旋。

蜗轮（或蜗杆）回转的方向取决于蜗杆（或蜗轮）齿的旋向和蜗杆（或蜗轮）的回转方向，可用左（右）手定则来判定，见表 3–11。

表 3–11　蜗轮、蜗杆齿的旋向及蜗轮回转方向的判定方法

要求	图示	判定方法
判断蜗杆或蜗轮齿的旋向	右旋蜗杆 左旋蜗杆 右旋蜗轮　左旋蜗轮	右手定则： 手心对着自己，四指顺着蜗杆或蜗轮轴线方向摆正，若齿向与右手拇指指向一致，则该蜗杆或蜗轮为右旋，反之则为左旋

续表

要求	图示	判定方法
判断蜗轮或蜗杆的回转方向	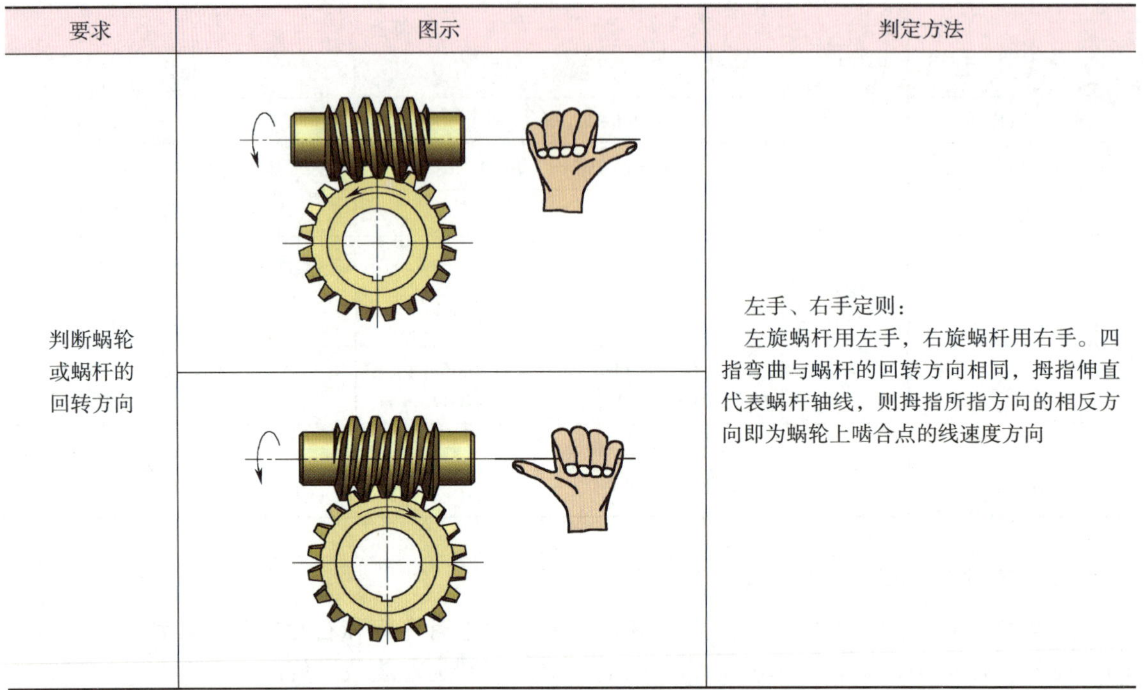	左手、右手定则： 左旋蜗杆用左手，右旋蜗杆用右手。四指弯曲与蜗杆的回转方向相同，拇指伸直代表蜗杆轴线，则拇指所指方向的相反方向即为蜗轮上啮合点的线速度方向

四、蜗杆传动的正确啮合条件

要组成一对正确啮合的蜗杆与蜗轮，应满足一定的条件。蜗杆传动的正确啮合条件如下。

1. 在中平面内，蜗杆的轴面模数 m_{x1} 和蜗轮的端面模数 m_{t2} 相等，即 $m_{x1}=m_{t2}=m$。
2. 在中平面内，蜗杆的轴面压力角 α_{x1} 和蜗轮的端面压力角 α_{t2} 相等，即 $\alpha_{x1}=\alpha_{t2}=\alpha$。
3. 蜗杆和蜗轮的旋向一致。蜗杆导程角 γ 和蜗轮螺旋角 β_2 相等，即 $\gamma=\beta_2$。

五、蜗杆、蜗轮的结构和材料

1. 蜗杆、蜗轮的结构

（1）蜗杆结构

蜗杆通常与轴合为一体，其结构如图 3-39 所示。

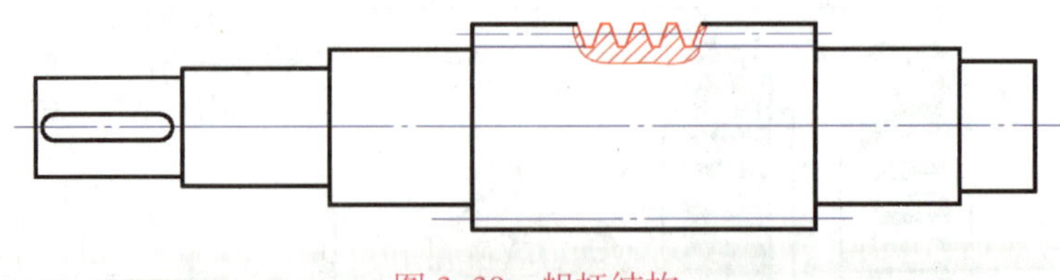

图 3-39　蜗杆结构

（2）蜗轮结构

蜗轮常采用组合结构，连接方式有铸造连接、过盈配合连接和螺栓连接，其结构如图 3-40 所示。

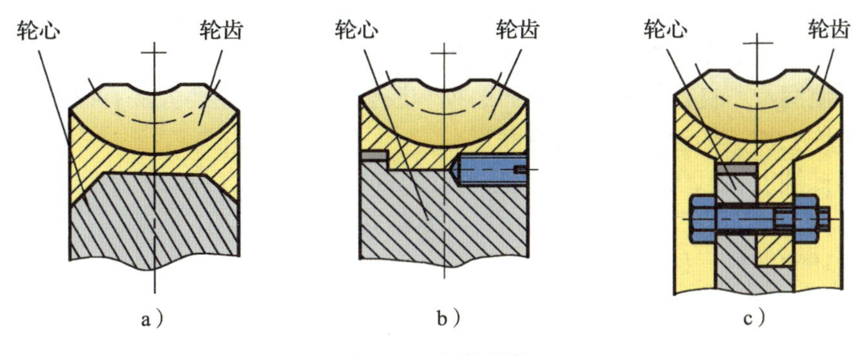

图 3-40 蜗轮结构

a）铸造连接 b）过盈配合连接 c）螺栓连接

2. 蜗轮、蜗杆的材料

蜗杆传动的相对滑动速度大，因摩擦引起的发热量大、效率低，故主要失效形式为胶合，其次才是点蚀和磨损。因此，选用蜗杆、蜗轮材料时不仅要满足强度要求，还要具有良好的减摩性、抗磨性和抗胶合的能力。蜗杆一般用碳素钢或合金钢制造。对于高速重载的蜗杆，可用 15Cr、20Cr、20CrMnTi 和 20MnVB 等合金渗碳钢，经渗碳后淬火至硬度为 56 ~ 63HRC；也可用 40、45 等优质碳素结构钢，40Cr、40CrNi 等合金调质钢，经表面淬火至硬度为 45 ~ 50HRC。对于不太重要的传动及低速中载蜗杆，常用 45、40 钢经调质或正火处理，硬度为 220 ~ 230HBW。

蜗轮轮齿常用锡青铜、铝青铜或铸铁制造。锡青铜用于滑动速度 v_s>3 m/s 的传动，常用牌号有 ZCuSn10Pb1 和 ZCuSn5Pb5Zn5；铝青铜一般用于滑动速度 $v_s \leq 4$ m/s 的传动，常用牌号为 ZCuAl9Mn2；铸铁用于滑动速度 v_s<2 m/s 的传动，常用牌号有 HT150 和 HT200 等。轮芯可采用铸铁或 45 钢等。

六、蜗杆传动的润滑与散热

1. 蜗杆传动的润滑

由于蜗杆传动的传动效率低、发热量大，若润滑不当，容易引起过度磨损和胶合。因此，润滑是蜗杆传动中必须考虑的、至关重要的问题。

为保证蜗杆传动具有良好的润滑，必须合理选择和确定润滑油、润滑方法及润滑油的供油量。

（1）润滑油及添加剂

为提高蜗杆传动的抗胶合性能，常采用黏度较大的矿物油，或在润滑油中加入适量的添加剂，如抗氧化剂、抗磨剂、油性极压添加剂等。

（2）润滑方法

闭式蜗杆传动的润滑方法主要有浸油润滑和喷油润滑两种，可根据齿面相对滑动速度选择。喷油润滑时，应注意控制一定的油压。

采用油池浸油润滑时，蜗杆最好下置，浸油深度以蜗杆一个齿高为宜；若因结构限制蜗杆不得已上置时，浸油深度可取蜗轮半径的 1/6 ~ 1/3。为避免蜗杆工作时带起油池沉渣，并考虑散热问题，油池容量以及蜗杆（或蜗轮）与油池底的距离应适当大一些。

2. 蜗杆传动的散热

由于蜗杆传动的效率较低，工作时将产生大量的热，若散热不良，会引起温升过高而降低油的黏度，使润滑不良，导致蜗轮齿面磨损和胶合。散热的主要方法有以下几种。

（1）在箱体上加散热片以增大散热面积。

（2）在蜗杆轴上装风扇进行吹风散热，如图 3-41a 所示

（3）在箱体油池内装设蛇形水管，用冷却水散热，如图 3-41b 所示。

（4）用循环油散热，如图 3-41c 所示。

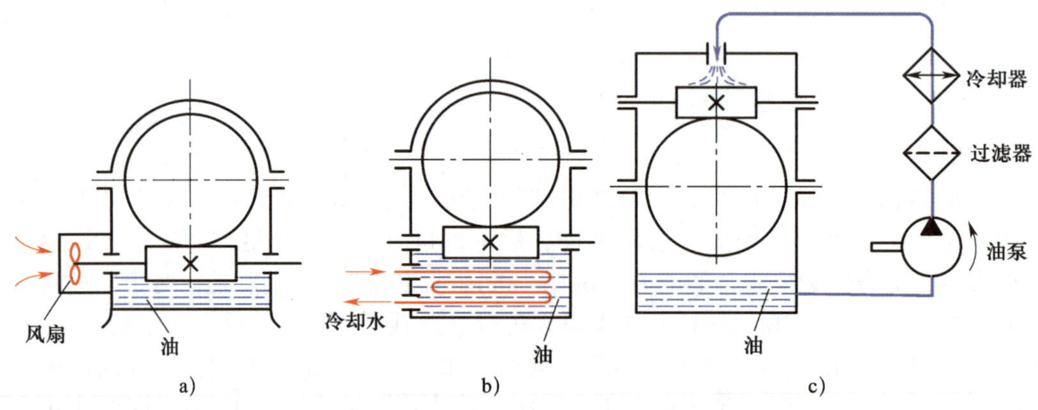

图 3-41　蜗杆传动的散热

a）风扇散热　b）冷却水散热　c）循环油散热

第四章 轮 系

在机械传动中，仅仅依靠一对齿轮进行传动往往是不够的。例如，在各种机床中需要把电动机的高转速变成主轴的低转速，或将一种转速变为多级转速；在汽车动力传动系统中，需要把发动机的一种转速转变为多种转速。这些都要依靠一系列彼此相互啮合的齿轮所组成的齿轮机构来实现。这种为了满足机器的功能要求和实际工作需要，所采用的多对相互啮合齿轮组成的传动系统称为轮系。如图 4–1 所示为三级齿轮减速器，它由一对直齿锥齿轮和两对直齿圆柱齿轮组成。动力由左侧安装小锥齿轮的轴输入，由右侧安装大圆柱齿轮的轴输出。

图 4–1 三级齿轮减速器

§4–1 轮系分类及其应用特点

一、轮系分类

轮系的形式有很多，按照轮系传动时各齿轮的轴线位置是否固定分为定轴轮系、周转轮系和混合轮系三大类。

1. 定轴轮系

当轮系运转时，各齿轮的几何轴线位置均相对固定不变，这种轮系称为定轴轮系，也称为普通轮系，如图 4–2 所示。

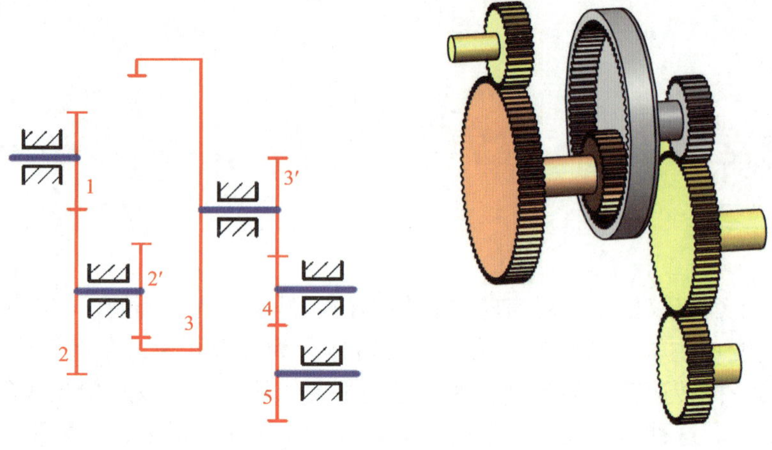

图 4–2 定轴轮系（一）

2. 周转轮系

轮系运转时，至少有一个齿轮的几何轴线的位置是不固定的，并且绕另一个齿轮的固定轴线转动，这种轮系称为周转轮系。如图 4–3 所示，齿轮 3 一方面绕自身轴线 O_1 回转，另一方面又绕固定轴线 O 回转。

周转轮系由太阳轮、内齿圈、行星齿轮和行星架组成。处于中心位置的外齿轮称为太阳轮，处于最外面的内齿轮称为内齿圈，它们统称为中心轮。安装在行星架上的惰轮称为行星齿轮，支承行星齿轮的与太阳轮同轴线的构件称为行星架。

周转轮系分为行星轮系与差动轮系两种。有一个中心轮转速为零的周转轮系称为行星轮系（见图 4–3b），中心轮转速都不为零的周转轮系称为差动轮系（见图 4–3c）。

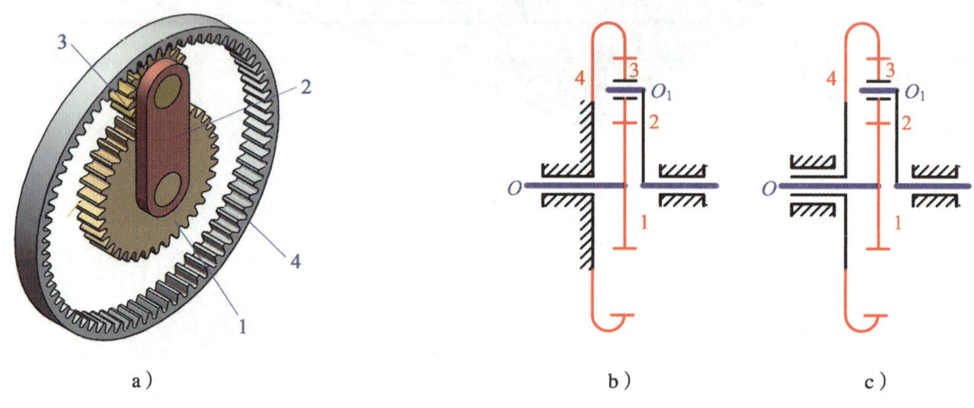

图 4–3 周转轮系

a）立体图 b）行星轮系 c）差动轮系

1—太阳轮 2—行星架 3—行星齿轮 4—内齿圈

3. 混合轮系

在轮系中，既有定轴轮系又有行星轮系的轮系称为混合轮系，如图 4–4 所示。

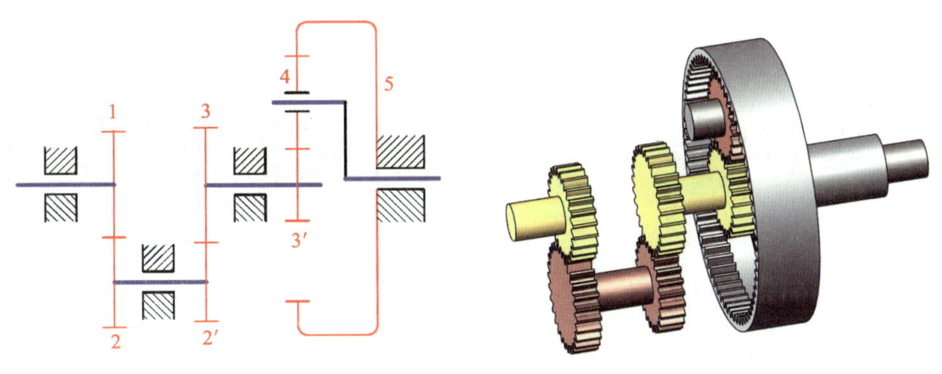

图 4-4　混合轮系

知识链接

齿轮在轴上的固定方式

齿轮在轴上的固定方式有三种，分别是齿轮与轴固连为一体、齿轮与轴空套和齿轮在轴上滑移，见表 4-1。

表 4-1　齿轮在轴上的固定方式

类别	齿轮与轴之间的关系	结构简图	
齿轮与轴固连为一体	齿轮与轴固定为一体，齿轮与轴一同转动，齿轮不能沿轴向移动	单一齿轮与轴固定	双联齿轮与轴固定
齿轮与轴空套	齿轮空套在轴上；齿轮与轴可以各自转动，互不影响；齿轮不能沿轴向移动	单一齿轮与轴空套	双联齿轮与轴空套
齿轮在轴上滑移	齿轮与轴周向固定，齿轮与轴一同转动，但齿轮可沿轴向滑移。这种齿轮又称为滑移齿轮	单一齿轮进行轴向滑移	双联齿轮进行轴向滑移

二、轮系的应用特点

1. 可获得很大的传动比

当两轴之间的传动比较大时，若仅用一对齿轮传动，则两个齿轮的齿数差一定很大，导致小齿轮磨损加快；又因为大齿轮齿数太多，使得齿轮传动结构尺寸增大。为此，一对齿轮传动的传动比不能过大（一般 i_{12}=3 ~ 5，$i_{max} \leqslant 8$）。而采用轮系传动，可以获得很大的传动比，以满足低速工作的要求。如图 4-5 所示，采用轮系获得很大的传动比，$i_{13}=i_{12}i_{23}$。

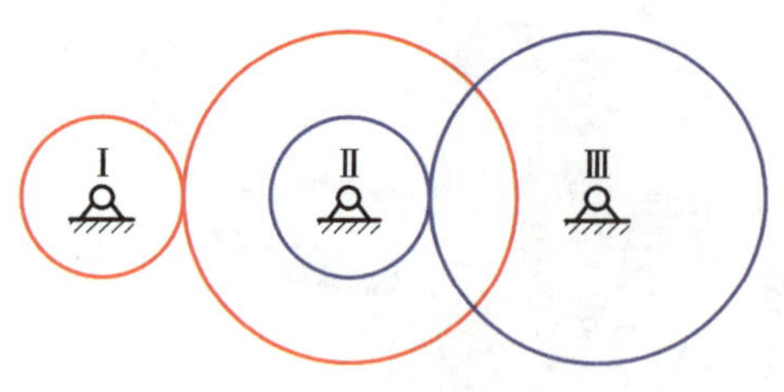

图 4–5　采用轮系获得很大的传动比

2. 可实现较远距离的传动

当两轴中心距较大时，如用一对齿轮传动，则两齿轮结构尺寸必然很大，导致传动机构庞大。而采用轮系传动，可使结构紧凑，缩小传动装置占用的空间，节约材料。采用轮系可实现较远距离的传动如图 4–6 所示。

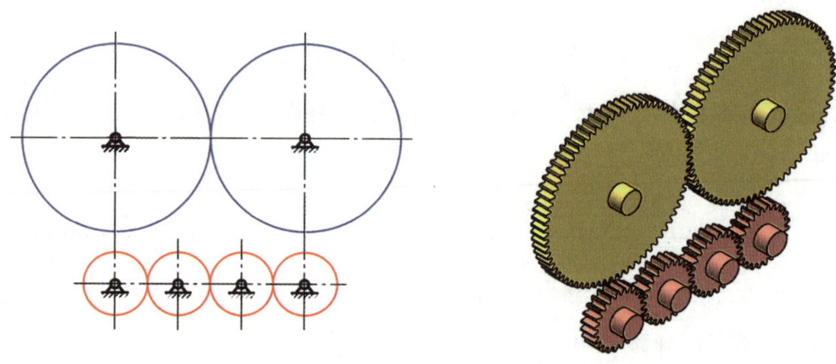

图 4–6　采用轮系可实现较远距离的传动

3. 可以方便地实现变速要求

在金属切削机床、汽车等机械设备中，经过轮系传动，可使输出轴获得多级转速，以满足不同工况的要求。

如图 4–7 所示为滑移齿轮变速机构，齿轮 1、2 是双联滑移齿轮，可在轴 Ⅰ 上滑移。当齿轮 1 和齿轮 3 啮合时，轴 Ⅱ 获得一种转速；当双联滑移齿轮右移，使齿轮 2 和齿轮 4 啮合时，轴 Ⅱ 获得另一种转速（齿轮 1、3 和齿轮 2、4 传动比不同）。

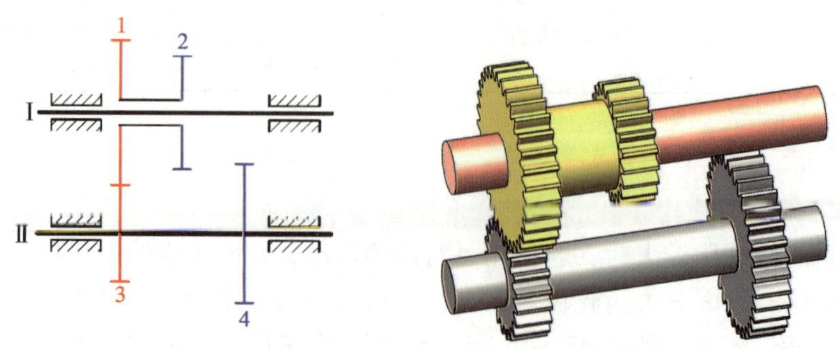

图 4–7　滑移齿轮变速机构

4. 可以方便地实现变向要求

如图 4–8a 所示，当齿轮 1（主动齿轮）与齿轮 3（从动齿轮）直接啮合时，齿轮 3 和齿轮 1 的转向相反。若在两轮之间增加一个齿轮 2（见图 4–8b），则齿轮 3 和齿轮 1 的转向相同。因此，利用中间齿轮（也称惰轮或过桥轮）可以改变从动齿轮的转向。

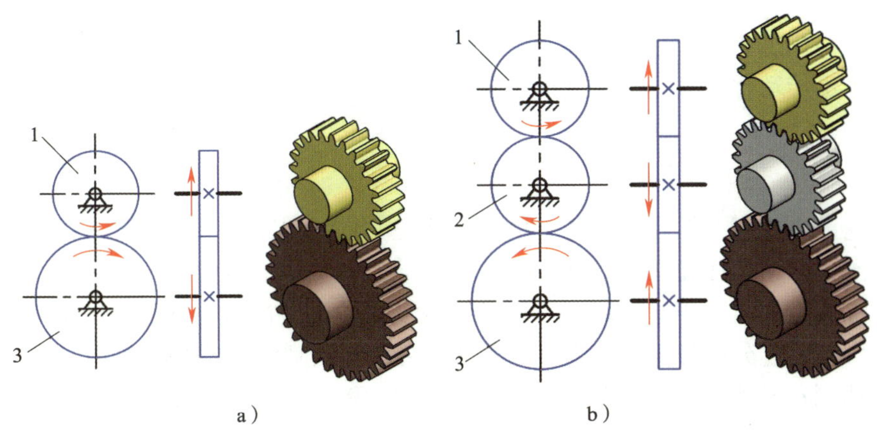

图 4–8 利用中间齿轮的变向机构

a）从动齿轮与主动齿轮转向相反 b）中间齿轮改变从动齿轮转向

5. 可以实现运动的合成与分解

采用行星轮系可以将两个独立的运动合成为一个运动，或将一个运动分解为两个独立的运动。如图 4–9 所示为汽车后桥差速器，它由行星齿轮、行星轮架（差速器壳）、锥齿轮等组成。

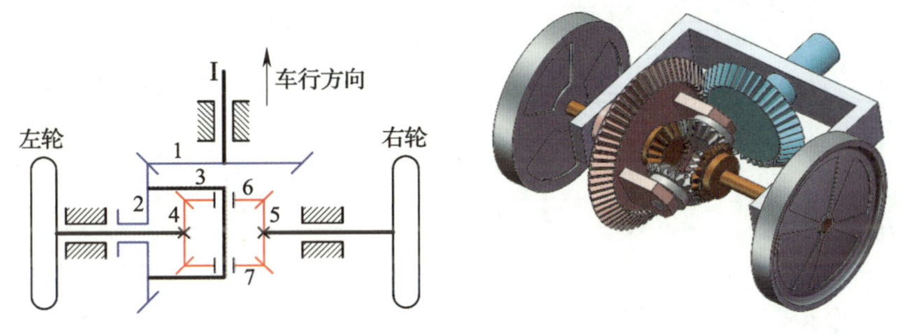

图 4–9 汽车后桥差速器

1、2—锥齿轮 3—行星轮架 4、5—太阳轮 6、7—行星齿轮

发动机的动力经轴 I 带动锥齿轮 3 转动。当汽车直行时，左、右车轮所转过的距离相等，所以两后轮的转速也相同，这时齿轮 3、5、6、7、8 和行星轮架 4 如同一个固定连接的整体一起转动，行星齿轮不绕自身轴线转动。当汽车向左拐弯时，为了使车轮和地面间不发生滑动以减少轮胎的磨损，就要求右轮比左轮转得快，这时齿轮 5 和 6 之间便发生相对转动，齿轮 7 和 8 除随齿轮 3 绕后轮轴线公转外，还绕自身轴线自转，使内侧轮转速减小，外侧轮转速增大。

§4-2 定轴轮系传动比及其计算

轮系的传动比是指第一个主动轮与最末一个从动轮的速度或角速度之比。在传动比的计算中，既要确定传动比的大小，又要确定输入轮与输出轮之间的转向关系。

一、定轴轮系的传动分析

1. 定轴轮系中各齿轮转向的判定（见图 4–10 和图 4–11）

在定轴轮系中，当首轮（或末轮）的转向为已知时，其末轮（或首轮）的转向也就确定了，齿轮转向可以用标注箭头的方法表示。

轮系中各齿轮轴线互相平行时，其任意级从动齿轮的转向可以通过在图上依次标注箭头来确定，也可以通过分析外啮合齿轮的对数来确定。若外啮合齿轮的对数为偶数，则首轮与末轮的转向相同；若为奇数，则转向相反。如图 4–10 所示，齿轮传动装置中共有两对外啮合齿轮（齿轮 1 与齿轮 2、齿轮 3′与齿轮 4），故齿轮 1 和齿轮 5 的转向相同。

若轮系中含有锥齿轮传动、蜗杆传动或齿轮齿条传动时，只能用标注箭头的方法判断旋向，如图 4–11 所示。

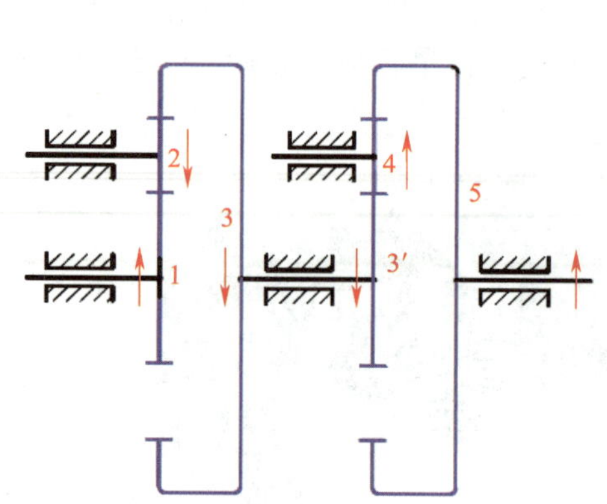

图 4–10 定轴轮系中各齿轮的转向判定（一）

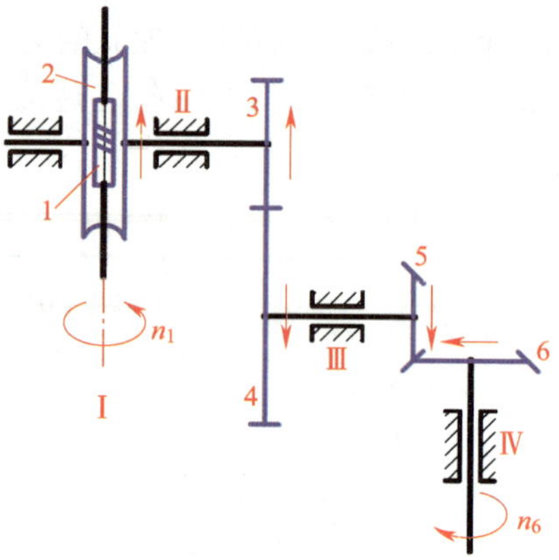

图 4–11 定轴轮系中各齿轮的转向判定（二）

2. 传动路线分析

不论轮系有多么复杂，都应从输入轴至输出轴的传动路线入手进行分析。

如图 4–12 所示为两级齿轮传动装置，运动和动力是由轴Ⅰ经轴Ⅱ传到轴Ⅲ的。

例 分析如图 4–13 所示轮系的传动路线，并判断轴Ⅵ的旋向。

解 该轮系的传动路线为：

$$n_1 \rightarrow \mathrm{I} \rightarrow \frac{z_1}{z_2} \rightarrow \mathrm{II} \rightarrow \frac{z_3}{z_4} \rightarrow \mathrm{III} \rightarrow \frac{z_5}{z_6} \rightarrow \mathrm{IV} \rightarrow \frac{z_7}{z_8} \rightarrow \mathrm{V} \rightarrow \frac{z_8}{z_9} \rightarrow \mathrm{VI} \rightarrow n_9$$

该轮系中含有锥齿轮，所以用标注箭头的方法判断轴Ⅵ的旋向，如图 4–14 所示。

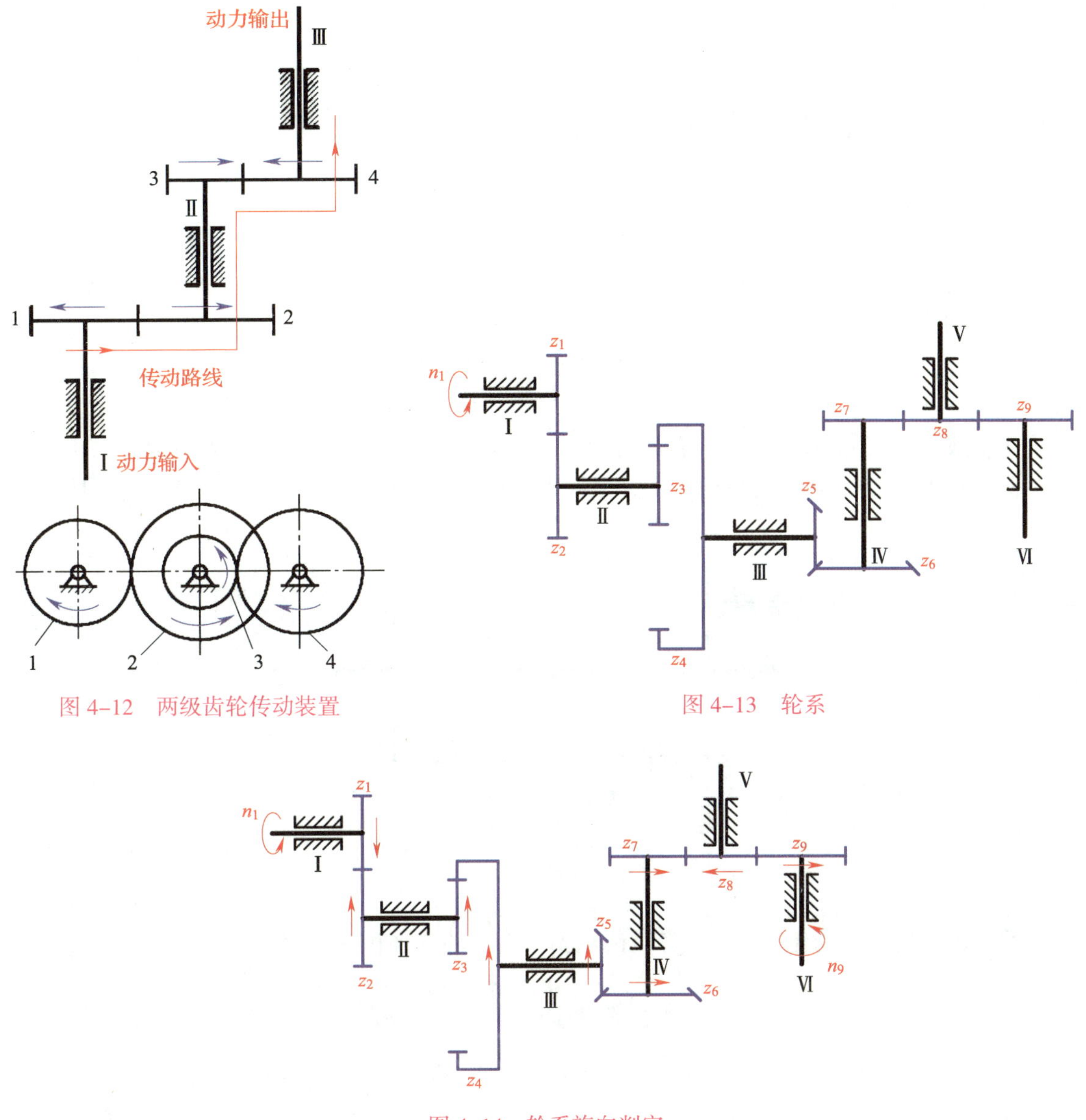

图 4-12 两级齿轮传动装置

图 4-13 轮系

图 4-14 轮系旋向判定

二、定轴轮系的传动比

如图 4-12 所示的两级齿轮传动装置中，轴Ⅰ为动力输入轴，轴Ⅲ为动力输出轴。首轮 1 的转速为 n_1，末轮 4 的转速为 n_4，轴Ⅰ、轴Ⅱ、轴Ⅲ的轴线位置在传动中保持固定不变，轴Ⅰ与轴Ⅲ的传动比即主动齿轮 1 与从动齿轮 4 的传动比，该传动比称为该定轴轮系的总传动比 $i_{总}$。

$$i_{总}=\frac{n_1}{n_4}$$

轮系的传动比等于首轮与末轮的转速之比。

因为 $n_2 = n_3$，所以得

$$i_{总}=\frac{n_1}{n_4}=\frac{n_1}{n_2}\cdot\frac{n_3}{n_4}=i_{12}i_{34}=\frac{z_2z_4}{z_1z_3}$$

式中 i_{12}——齿轮 z_1 和齿轮 z_2 之间的传动比；

i_{34}——齿轮 z_3 和齿轮 z_4 之间的传动比。

该式说明轮系的传动比等于轮系中所有从动齿轮齿数的连乘积与所有主动齿轮齿数的连乘积之比。

由此得出结论：在定轴轮系中，若用 1 表示首轮，用 k 表示末轮，外啮合的次数为 m，则其总传动比为：

$$i_{总}=i_{1k}=(-1)^{m}\frac{各级齿轮副中从动齿轮齿数的连乘积}{各级齿轮副中主动齿轮齿数的连乘积}$$

在上式中，当 i_{1k} 为正值时，表示首轮与末轮转向相同；反之，表示转向相反。

例 在图 4–15 所示的定轴轮系中，已知各齿轮齿数及 n_1 转向，求 i_{19}，并判定轴Ⅵ转向。

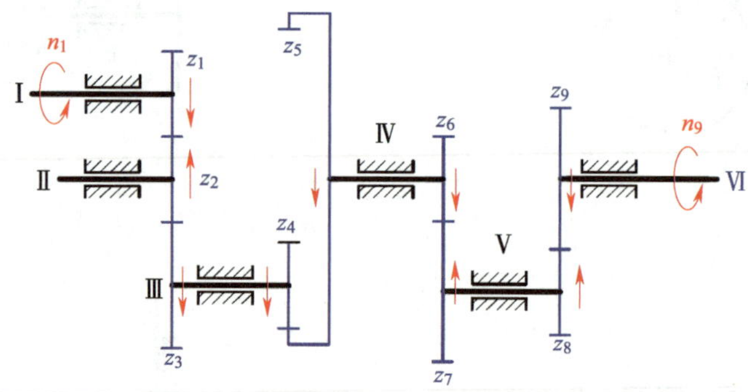

图 4–15 定轴轮系（二）

解 因为轮系传动比 i 总等于各级齿轮副传动比的连乘积，所以

$$i_{19}=i_{12}i_{23}i_{45}i_{67}i_{89}=\frac{n_1}{n_2}\cdot\frac{n_2}{n_3}\cdot\frac{n_4}{n_5}\cdot\frac{n_6}{n_7}\cdot\frac{n_8}{n_9}$$

$$=\left(-\frac{z_2}{z_1}\right)\left(-\frac{z_3}{z_2}\right)\left(+\frac{z_5}{z_4}\right)\left(-\frac{z_7}{z_6}\right)\left(-\frac{z_9}{z_8}\right)$$

即

$$i_{19}=(-1)^{4}\frac{z_2}{z_1}\cdot\frac{z_3}{z_2}\cdot\frac{z_5}{z_4}\cdot\frac{z_7}{z_6}\cdot\frac{z_9}{z_8}$$

i_{19} 为正值，说明定轴轮系中主动齿轮（首轮）1 与末端齿轮（输出轮）9 转向相同。转向也可以通过在图上依次标注箭头来确定。

例 如图 4–16 所示为定轴轮系，已知 z_1=24，z_2=28，z_3=20，z_4=60，z_5=20，z_6=20，z_7=28，齿轮 1 为主动件。分析该轮系的传动路线，并求传动比 i_{17}；若齿轮 1 转向已知，试判定齿轮 7 的转向。

解 （1）分析该轮系的传动路线

该轮系的传动路线为：

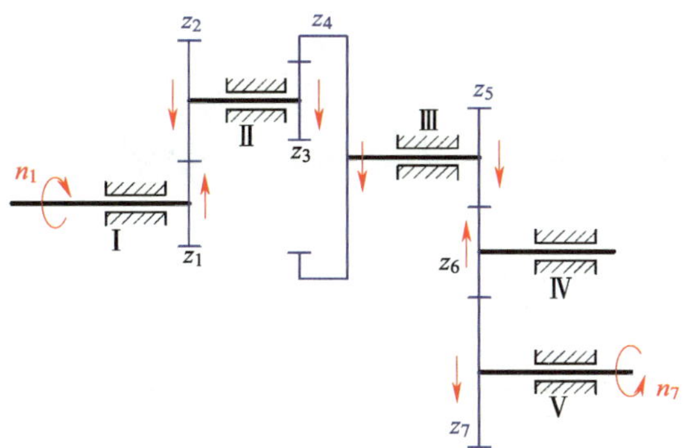

图 4–16　定轴轮系（三）

$$n_1 \rightarrow \text{I} \rightarrow \frac{z_1}{z_2} \rightarrow \text{II} \rightarrow \frac{z_3}{z_4} \rightarrow \text{III} \rightarrow \frac{z_5}{z_6} \rightarrow \text{IV} \rightarrow \frac{z_6}{z_7} \rightarrow \text{V} \rightarrow n_7$$

（2）计算传动比 i_{17}

根据公式可得

$$i_{17} = \frac{n_1}{n_7} = \left(-\frac{z_2}{z_1}\right)\left(+\frac{z_4}{z_3}\right)\left(-\frac{z_6}{z_5}\right)\left(-\frac{z_7}{z_6}\right)$$

$$= -\frac{28 \times 60 \times 20 \times 28}{24 \times 20 \times 20 \times 20} = -4.9$$

结果为负值，说明从动轮 7 与主动轮 1 转向相反。各轮转向如图 4–16 中箭头所示。

三、定轴轮系传动比的应用

1. 任意从动齿轮的转速计算

设轮系中各主动齿轮的齿数为 z_1、z_3、$z_5\cdots$，从动齿轮的齿数为 z_2、z_4、$z_6\cdots$，第 1 个齿轮（首轮）的转速为 n_1，第 k 个齿轮（末轮）的转速为 n_k，由

$$i_{1k} = \frac{n_1}{n_k} = \frac{z_2 z_4 z_6 \cdots z_k}{z_1 z_3 z_5 \cdots z_{k-1}} \text{（不考虑齿轮旋转方向）}$$

得第 k 个齿轮的转速为：

$$n_k = \frac{n_1}{i_{1k}} = n_1 \frac{z_1 z_3 z_5 \cdots z_{k-1}}{z_2 z_4 z_6 \cdots z_k}$$

例　如图 4–17 所示为滑移齿轮变速机构，已知 $z_1=26$，$z_2=51$，$z_3=42$，$z_4=29$，$z_5=49$，$z_6=36$，$z_7=56$，$z_8=43$，$z_9=30$，$z_{10}=90$，轴Ⅰ的转速 $n_{\text{I}}=200$ r/min。试求当轴Ⅲ上的三联齿轮分别与轴Ⅱ上的三个齿轮啮合时，轴Ⅳ的三种转速。

解　（1）该变速机构的传动路线为：

$$\text{I}\ (n_{\text{I}}) \rightarrow \frac{z_1}{z_2} \rightarrow \text{II} \rightarrow \left\{\begin{matrix} \frac{z_5}{z_6} \\ \frac{z_4}{z_7} \\ \frac{z_3}{z_8} \end{matrix}\right\} \rightarrow \text{III} \rightarrow \frac{z_9}{z_{10}} \rightarrow \text{IV}\ (n_{\text{IV}})$$

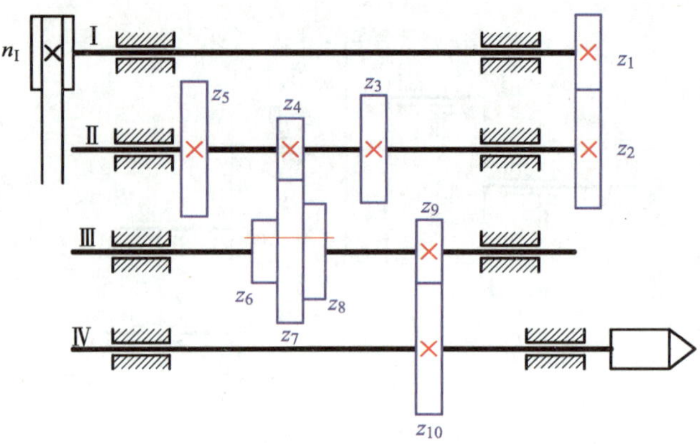

图 4–17　滑移齿轮变速机构

（2）当齿轮 5 与齿轮 6 啮合时：

$$n_{\mathrm{IV}}=n_{\mathrm{I}}\frac{z_1z_5z_9}{z_2z_6z_{10}}=200\times\frac{26\times49\times30}{51\times36\times90}\ \mathrm{r/min}\approx46.26\ \mathrm{r/min}$$

（3）当齿轮 4 与齿轮 7 啮合时：

$$n_{\mathrm{IV}}=n_{\mathrm{I}}\frac{z_1z_4z_9}{z_2z_7z_{10}}=200\times\frac{26\times29\times30}{51\times56\times90}\ \mathrm{r/min}\approx17.60\ \mathrm{r/min}$$

（4）当齿轮 3 与齿轮 8 啮合时：

$$n_{\mathrm{IV}}=n_{\mathrm{I}}\frac{z_1z_3z_9}{z_2z_8z_{10}}=200\times\frac{26\times42\times30}{51\times43\times90}\ \mathrm{r/min}\approx33.20\ \mathrm{r/min}$$

2. 轮系末端是螺旋传动的计算

轮系中，若末端带有螺旋传动，则螺旋传动部分把螺杆的转动转变为螺母的移动。如图 4–18 所示为磨床砂轮架进给机构，螺母（砂轮架）的移动速度 v 及输入轴（手轮）每回转一周的移动距离 L 分别用下式计算：

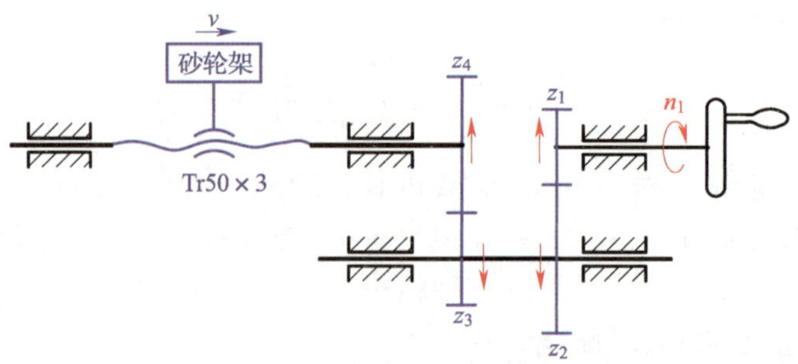

图 4–18　磨床砂轮架进给机构

$$v=n_kP_{\mathrm{h}}=n_1\frac{z_1z_3z_5\cdots z_{k-1}}{z_2z_4z_6\cdots z_k}P_{\mathrm{h}}$$

$$L=\frac{z_1z_3z_5\cdots z_{k-1}}{z_2z_4z_6\cdots z_k}P_{\mathrm{h}}$$

式中　v——螺母（砂轮架）的移动速度，mm/min；

L——输入轴（手轮）每回转一周，螺母（砂轮架）的移动距离，mm；

n_1——主动齿轮的转速，r/min；

P_h——螺杆的导程，mm；

z_1、z_3、$z_5 \cdots z_{k-1}$——轮系中各主动齿轮的齿数；

z_2、z_4、$z_6 \cdots z_k$——轮系中各从动齿轮的齿数。

例　在图 4–18 中，已知 $z_1=28$，$z_2=56$，$z_3=38$，$z_4=57$，丝杠为 Tr50×3。当手轮回转速度 $n_1=50$ r/min，且回转方向如图 4–18 所示时，试计算砂轮架的移动速度，并判断砂轮架的移动方向。

解　根据螺母移动速度 v 的计算公式：

$$v=n_k P_h=n_1 \frac{z_1 z_3 z_5 \cdots z_{k-1}}{z_2 z_4 z_6 \cdots z_k} P_h$$

$$得\ v=n_1 \frac{z_1 z_3}{z_2 z_4} P_h=50 \times \frac{28 \times 38}{56 \times 57} \times 3\ \text{mm/min}=50\ \text{mm/min}$$

丝杠为右旋，根据右手定则判断砂轮架的移动方向向右。

3. 轮系末端是齿轮齿条传动的计算

如图 4–19 所示为简易机床溜板箱传动系统，末端件是齿轮齿条传动，它可以把主动件的回转运动变为直线运动。

齿轮齿条传动的移动速度 v 和输入轴每回转一周的移动距离 L 分别用下式计算：

$$v=n_k \pi mz=n_1 \frac{z_1 z_3 z_5 \cdots z_{k-1}}{z_2 z_4 z_6 \cdots z_k} \pi mz$$

$$L=\frac{z_1 z_3 z_5 \cdots z_{k-1}}{z_2 z_4 z_6 \cdots z_k} \pi mz$$

式中　v——齿轮沿齿条的移动速度，mm/min；

L——输入轴每回转一周，齿轮沿齿条的移动距离，mm；

n_1——输入轴的转速，r/min；

z_1、z_3、$z_5 \cdots z_{k-1}$——轮系中各主动齿轮的齿数；

z_2、z_4、$z_6 \cdots z_k$——轮系中各从动齿轮的齿数；

m——齿轮齿条副中齿轮的模数，mm；

z——齿轮齿条副中齿轮的齿数；

n_k——第 k 个齿轮的转速，r/min。

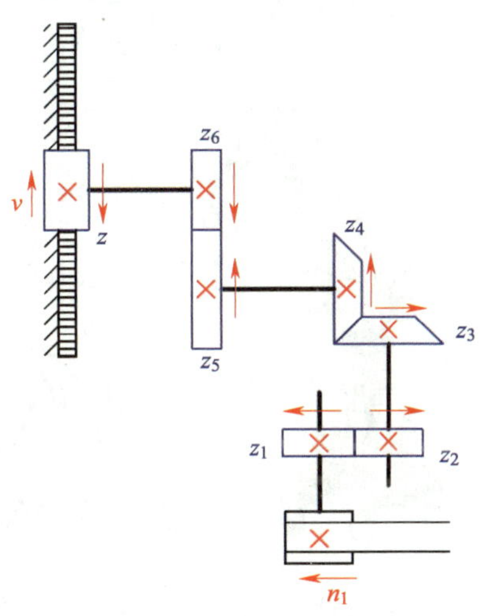

图 4–19　简易机床溜板箱传动系统

第五章　平面连杆机构

§5-1　平面连杆机构概述

一、平面连杆机构的概念

平面连杆机构是指由一些刚性构件用转动副或移动副相互连接而成，在同一平面或相互平行的平面内运动的机构。平面连杆机构能够实现某些较为复杂的平面运动，在生产和生活中广泛用于动力的传递或运动形式的改变。如图 5-1 所示为门座式起重机，它利用平面连杆机构实现货物的水平移动。平面连杆机构构件的形状多种多样，不一定为杆状，但从运动原理来看，均可用等效的杆状构件进行替代，如图 5-2 所示为起重机构的机构运动简图。最常用的平面连杆机构是具有四个构件（包括机架）的机构，称为四杆机构。构件间以四个转动副相连的平面四杆机构称为平面铰链四杆机构，简称铰链四杆机构。

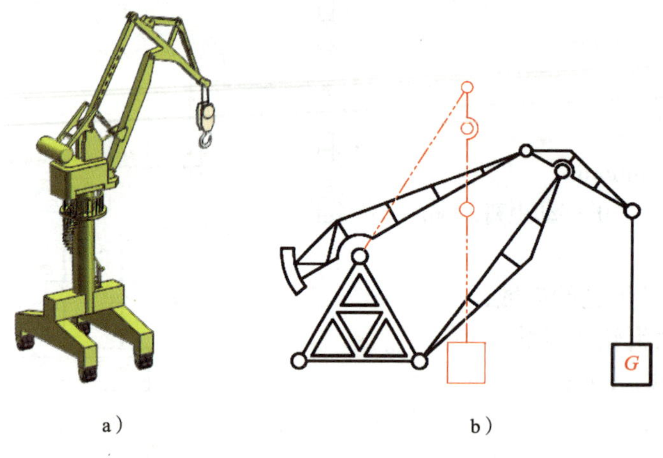

图 5-1　门座式起重机

a）实体图　b）起重机构的结构简图

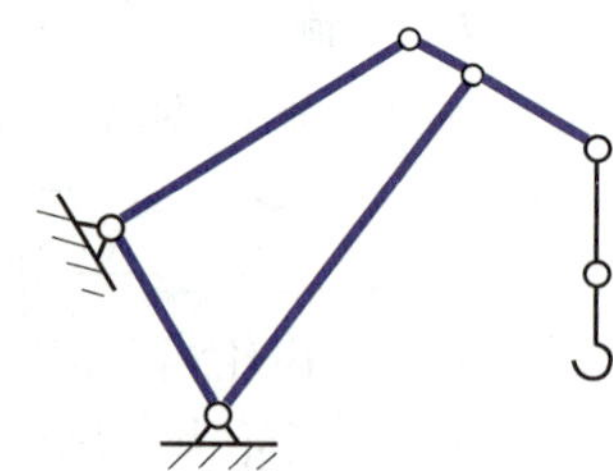

图 5-2　起重机构的机构运动简图

二、平面连杆机构的应用特点

1. 平面连杆机构的优点

（1）由于平面连杆机构是低副连接，为面接触，所以承受压强小，便于润滑，磨损较轻，可承受较大载荷。

（2）平面连杆机构结构简单，加工方便，构件之间的接触是由构件本身的几何约束来保持的，因此构件工作可靠。

（3）可使从动件实现多种形式的运动，满足多种运动规律的要求。

（4）利用平面连杆机构中连杆的变化可满足多种运动轨迹的要求。

2. 平面连杆机构的缺点

（1）设计比较复杂，运动传递的积累误差较大。

（2）运动时产生的惯性难以平衡，不适用于高速运动的场合。

§5-2　铰链四杆机构的组成及分类

一、铰链四杆机构的组成

如图5-3所示，在铰链四杆机构中，固定不动的构件4称为机架，不与机架直接相连的构件2称为连杆，与机架相连的构件1、构件3称为连架杆。能绕固定轴做整周旋转运动的连架杆称为曲柄，只能绕固定轴在一定角度（小于180°）范围内摆动的连架杆称为摇杆。

二、铰链四杆机构的类型

铰链四杆机构按两连架杆的运动形式不同，可分为曲柄摇杆机构、双曲柄机构和双摇杆机构三种基本类型。

1. 曲柄摇杆机构

铰链四杆机构的两个连架杆中，其中一个是曲柄，另一个是摇杆的称为曲柄摇杆机构。如图5-4所示为曲柄摇杆机构，以 AB 为曲柄、CD 为摇杆。

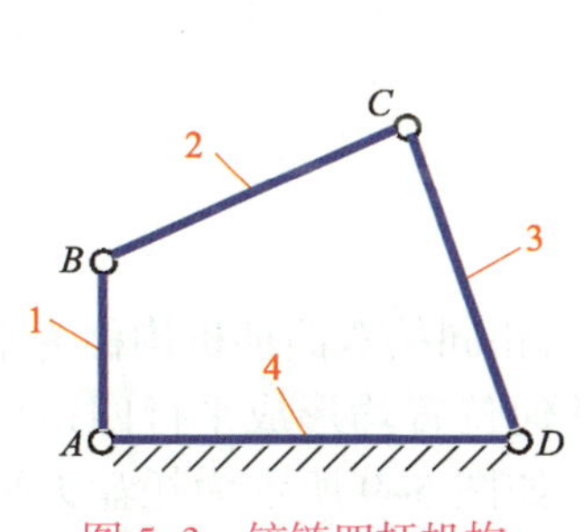

图5-3　铰链四杆机构

1、3—连架杆　2—连杆　4—机架

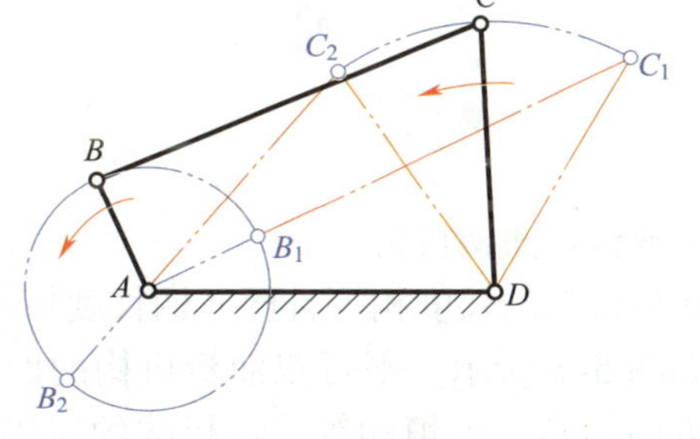

图5-4　曲柄摇杆机构

曲柄摇杆机构的应用十分广泛，如图5-5所示为汽车玻璃窗刮水器，当电动机带动主动曲柄 AB 回转时，从动摇杆 CD 做往复摆动，利用摇杆的延长部分实现刮水动作。

2. 双曲柄机构

铰链四杆机构中两连架杆均为曲柄的称为双曲柄机构。常见的双曲柄机构有不等长双曲柄机构和平行双曲柄机构两种。

（1）不等长双曲柄机构

两曲柄长度不等的双曲柄机构称为不等长双曲柄机构，如图 5–6 所示。双曲柄机构中，通常主动曲柄做等速转动，从动曲柄做变速转动。

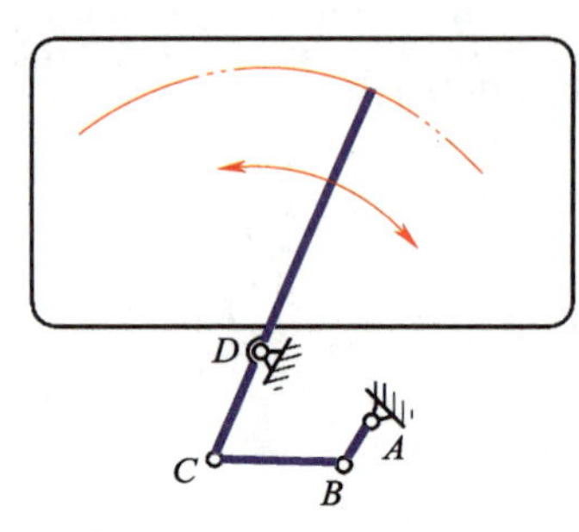

图 5–5　汽车玻璃窗刮水器

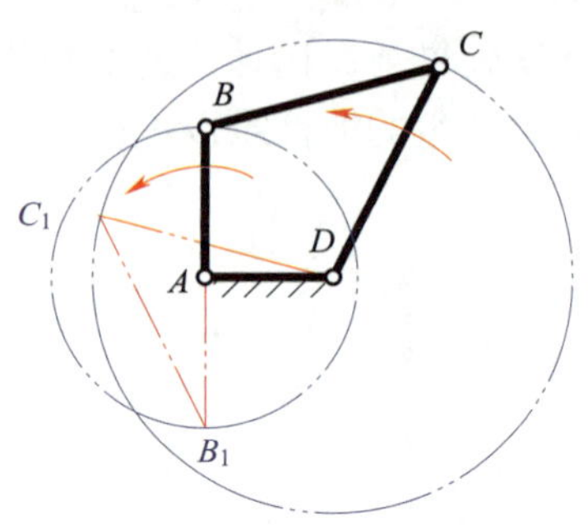

图 5–6　不等长双曲柄机构

如图 5–7 所示，惯性筛是双曲柄机构在生产实践中的典型例子。主动曲柄 *AB* 做匀速转动，从动曲柄 *CD* 做变速转动，通过构件 *CE* 使筛子产生变速直线运动，筛子内的物料因惯性而来回做往复抖动，从而达到筛分物料的目的。

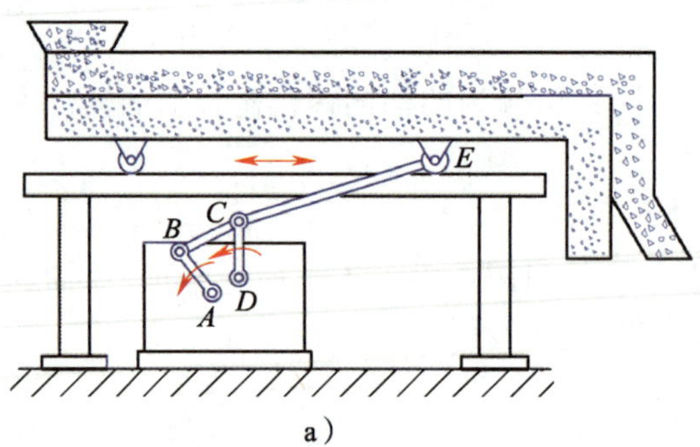

a）

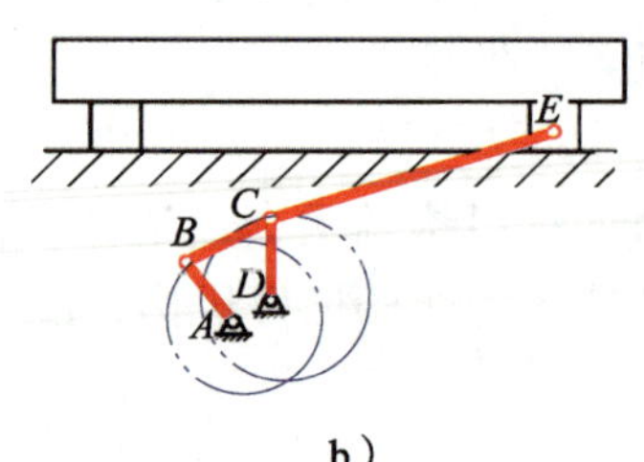

b）

图 5–7　惯性筛

a）示意图　b）机构运动简图

（2）平行双曲柄机构

连杆与机架的长度相等且两曲柄长度相等、曲柄转向相同的双曲柄机构称为平行双曲柄机构，如图 5–8 所示。平行双曲柄机构的四个构件在任何位置均形成平行四边形，两曲柄的旋转方向与角速度恒相等。该机构的应用比较广泛，如图 5–9 所示为托盘天平，它利用了平行双曲柄机构中两曲柄的转向和旋转角度均相同的特性。托盘天平由两组对边等长的杆组成，*A*、*D* 为固定点，*CB* 与 *C′B′* 始终保持在铅垂位置。

图 5–8　平行双曲柄机构

3. 双摇杆机构

如图 5–10 所示，两连架杆均为摇杆的铰链四杆机构称为双摇杆机构，机构中两摇杆都可以分别作为主动杆，当连杆与摇杆共线时为机构的两极限位置。如图 5–11 所示为飞机起落架机构的机构运动简图，飞机着陆前，需

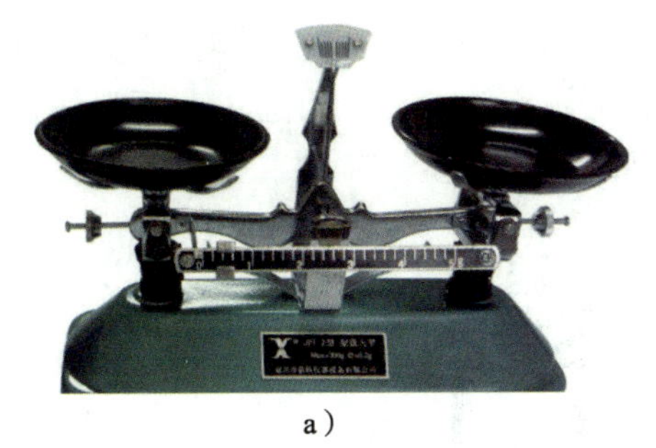

a）

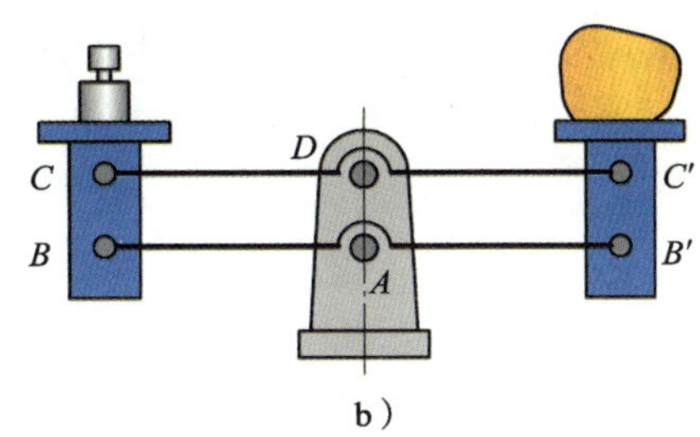

b）

图 5-9　托盘天平

a）实物图　b）示意图

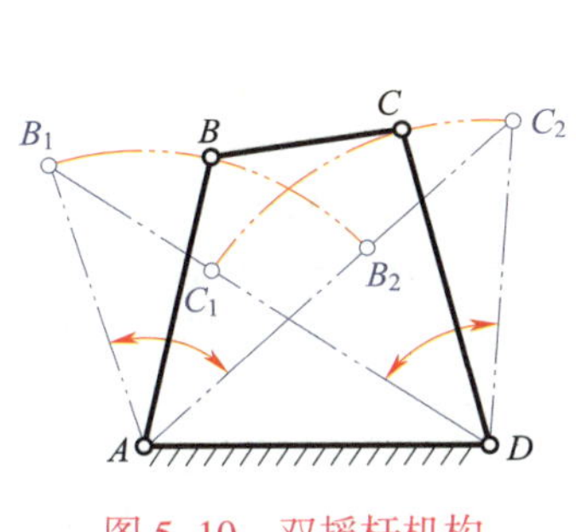

图 5-10　双摇杆机构

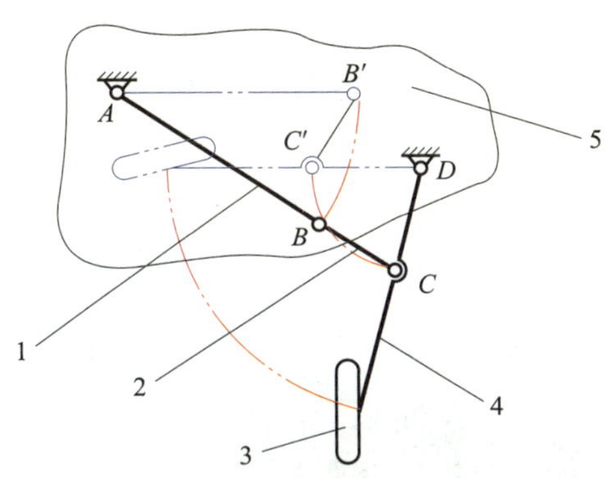

图 5-11　飞机起落架机构的机构运动简图

1—主动摇杆　2—连杆　3—机轮　4—从动摇杆　5—机翼

要将机轮 3 从机翼 5 中推放出来（图 5-11 中粗实线）；起飞后，为了减小空气阻力，又需要将机轮收入机翼中（图 5-11 中细双点画线）。这些动作是由主动摇杆 1，通过连杆 2、从动摇杆 4 带动机轮 3 来实现的。

§5-3　铰链四杆机构的演化

在实际生产中，除了前面介绍的铰链四杆机构类型外，还广泛采用一些其他形式的四杆机构。它们一般是通过改变铰链四杆机构某些构件的形状、相对长度或选择不同构件作为机架等方式演化而来的。

一、曲柄滑块机构

如图 5-12 所示为曲柄滑块机构，它由曲柄摇杆机构演化而来，由曲柄、滑块、连杆和机架组成。当曲柄作为主动件做旋转运动时，滑块做往复直线运动；当滑块作为主动件做往复直线运动时，曲柄做旋转运动。

曲柄滑块机构得到了非常广泛的应用。如图 5-13 所示为内燃机活塞连杆组件，活塞（滑块）、连杆、曲轴（曲柄）等组成了曲柄滑块机构。在做功行程中，活塞承受燃气压力在气缸内做直线运动，通过连杆转换成曲轴的旋转运动，并由曲轴对外输出动力。如图 5–14 所示为冲压机，机械装置带动曲轴（曲柄）做旋转运动，再通过曲柄滑块机构转换成冲压头（滑块）的上下往复直线运动，完成对工件的加工。

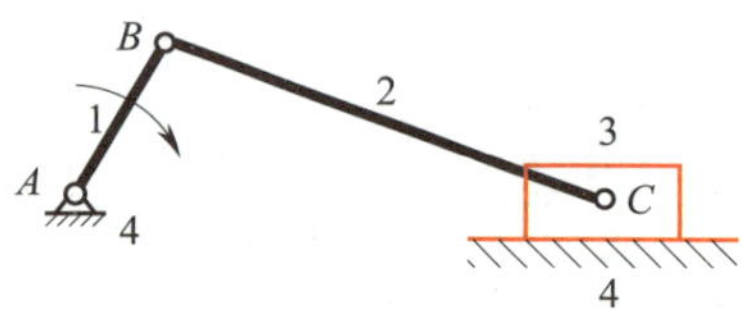

图 5–12　曲柄滑块机构

1—曲柄　2—连杆　3—滑块　4—机架

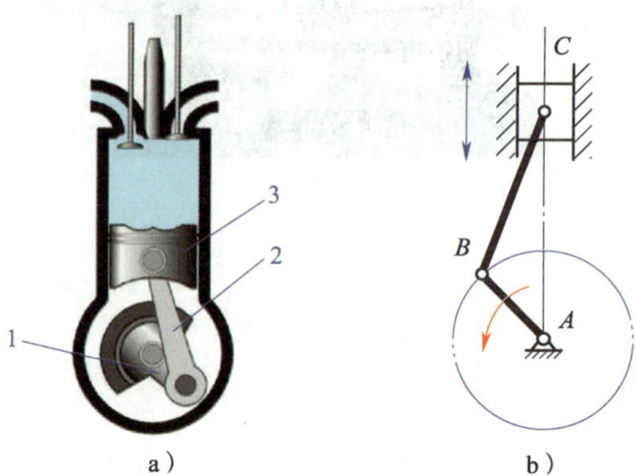

图 5–13　内燃机活塞连杆组件

a）结构示意图　b）机构运动简图

1—曲轴（曲柄）　2—连杆　3—活塞（滑块）

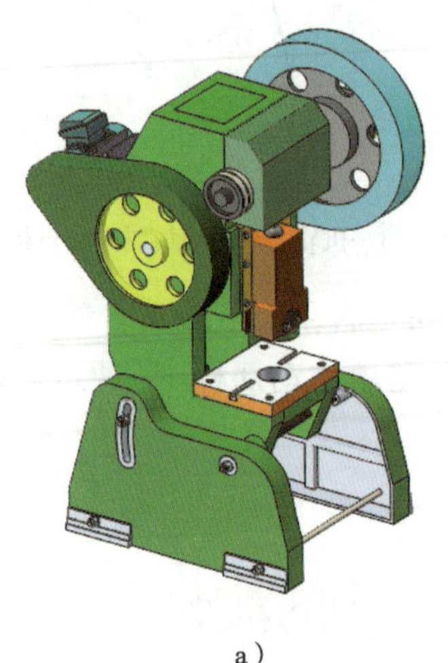

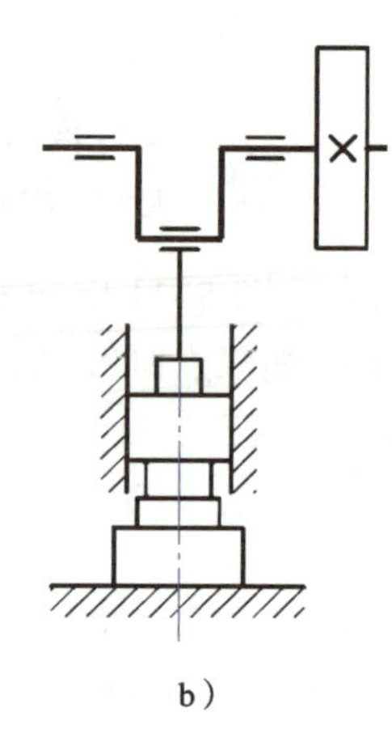

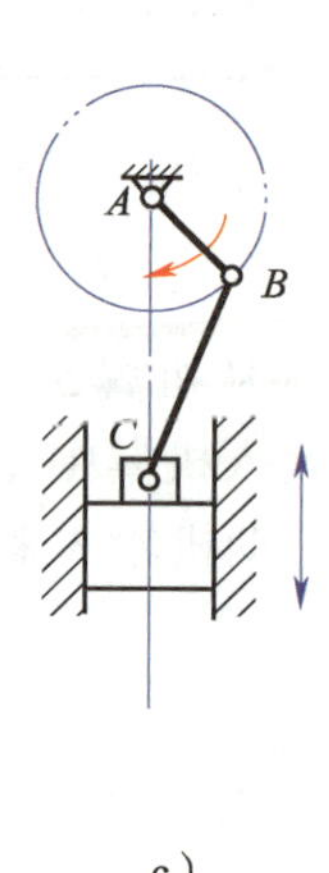

a）　b）　c）

图 5–14　冲压机

a）实物图　b）传动示意图　c）机构运动简图

二、导杆机构

导杆机构可以看作是在曲柄滑块机构中选取不同构件作为机架演化而成的。如图 5–15a 所示为曲柄滑块机构，如将其中的曲柄 2 作为机架，则演化为导杆机构。如图 5–15b 所示，构件 2 为机架，构件 3 为曲柄，当曲柄 3 转动时，构件 1 绕 *A* 点转动，滑块 4 沿构件 1 滑动。由于构件 1 对滑块 4 起导向作用，故构件 1 称为导杆，这种机构称为导杆机构。在导杆机构中，若 $BC>BA$（见图 5–15b），则曲柄杆 3 和导杆 1 均能做整周旋转运动，这种机构称为转动导杆机构；若 $BC<BA$（见图 5–16），当曲柄 3 做整周转动时，导杆 1 只能做往复摆动，这种机构称为摆动导杆机构。

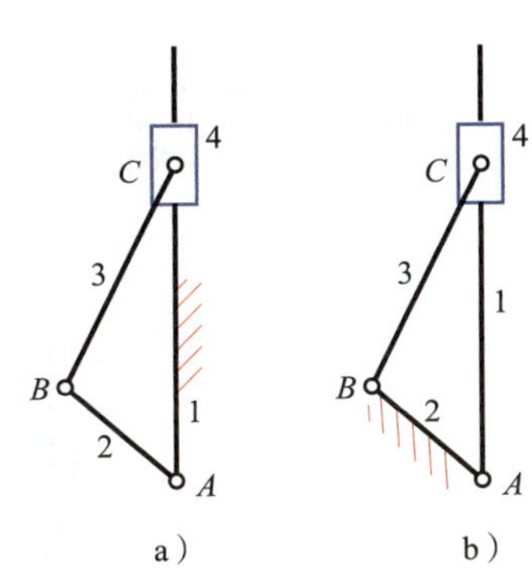

图 5-15　导杆机构的演变

a）曲柄滑块机构

1—机架　2—曲柄　3—连杆　4—滑块

b）转动导杆机构

1—导杆　2—机架　3—曲柄（主动件）　4—滑块

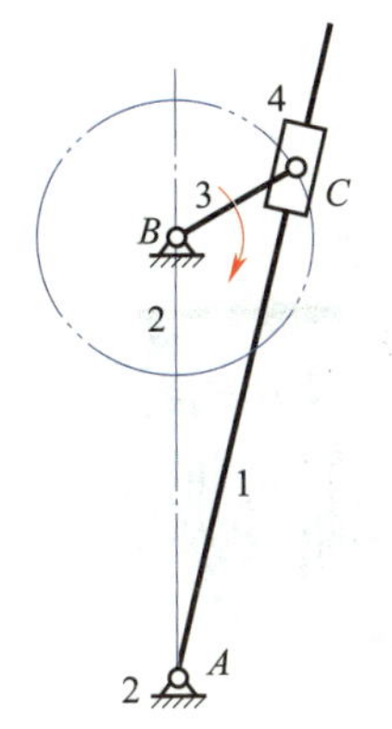

图 5-16　摆动导杆机构

1—导杆　2—机架　3—曲柄　4—滑块

如图 5-17 所示为转动导杆机构在简易刨床上的应用实例，当主动杆 2 做整周旋转运动时，通过滑块 3 带动导杆 4 旋转。导杆 4 的延长臂 *AD* 作为下部曲柄滑块机构的曲柄，通过连杆 5 带动刨刀滑块 6 移动。

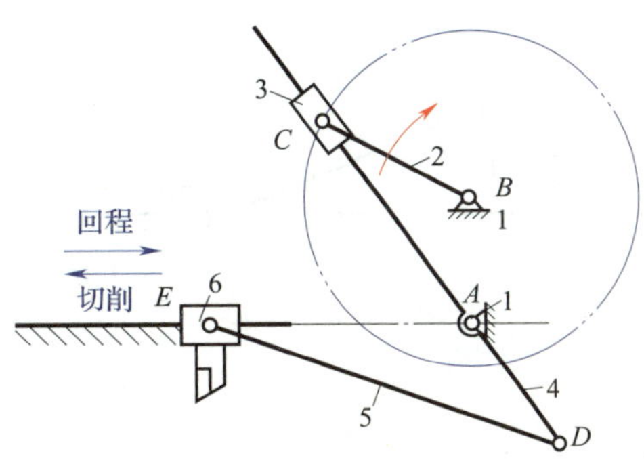

图 5-17　转动导杆机构在简易刨床上的应用实例

1—机架　2—主动杆　3—滑块　4—导杆

5—连杆　6—刨刀滑块

如图 5-18 所示为牛头刨床主运动机构，牛头刨床刨刀的左右切削运动由摆动导杆机构实现，主动件 *BC*（曲柄）做等速回转，从动件导杆 *AC* 做往复摆动，带动滑枕做往复直线运动。

三、固定滑块机构

若将曲柄滑块机构中的滑块固定不动，就得到固定滑块机构，如图 5-19 所示。滑块 4 作为机架固定不动，*BC* 作为摇杆绕 *C* 点摆动，导杆 *AC* 做往复移动。如图 5-20 所示，手压抽水机是固定滑块机构的典型应用。扳动手柄 1（连杆）可以使活塞杆 4（导杆）在唧筒 3（滑块）内上下移动，从而完成抽水动作。

四、曲柄摇块机构

若将曲柄滑块机构的连杆 *BC* 作为机架，滑块只能绕 *C* 点摆动，就得到了曲柄摇块机构，如图 5-21 所示。当曲柄 *AB* 绕着 *B* 点做整周回转运动时，摇块摆动。这种装置广泛应用于液压驱动装置中。如图 5-22 所示为吊车升降机构，液压缸的缸体相当于摇块，活塞杆相当于导杆。当液压油推动活塞杆向上移动时，使起重臂 *AB* 绕 *B* 点旋转，吊钩上升，吊起重物。

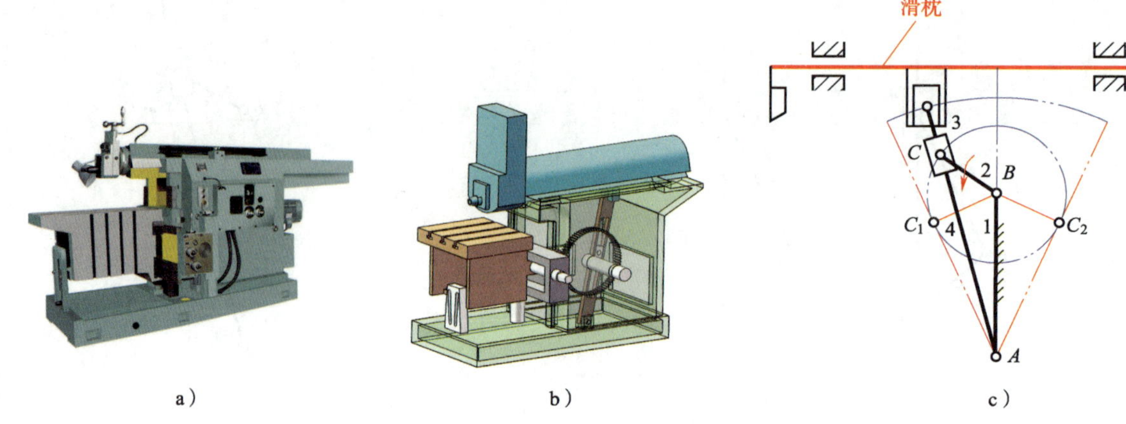

图 5-18　牛头刨床主运动机构

a）实物图　b）传动示意图　c）机构运动简图

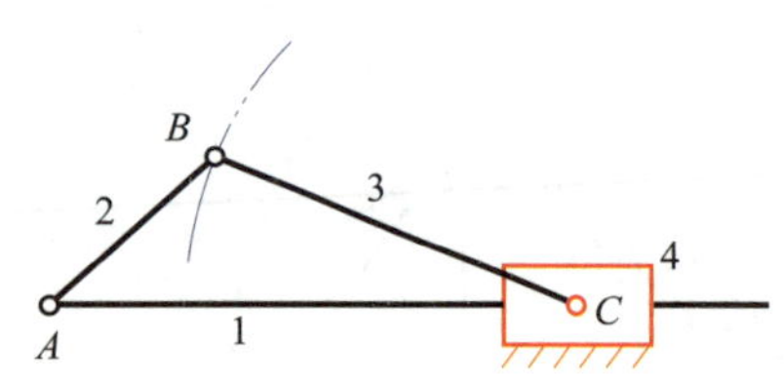

图 5-19　固定滑块机构

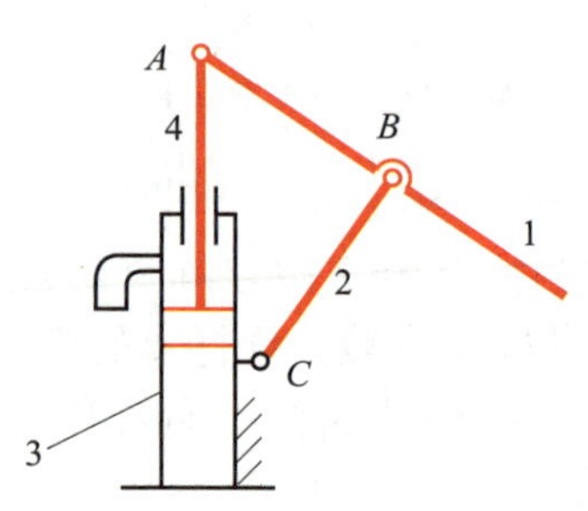

图 5-20　手压抽水机

1—手柄（连杆）　2—曲柄　3—唧筒（滑块）　4—活塞杆（导杆）

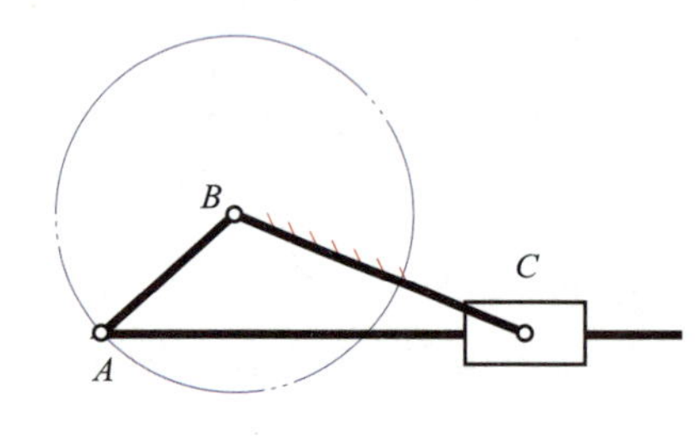

图 5-21　曲柄摇块机构

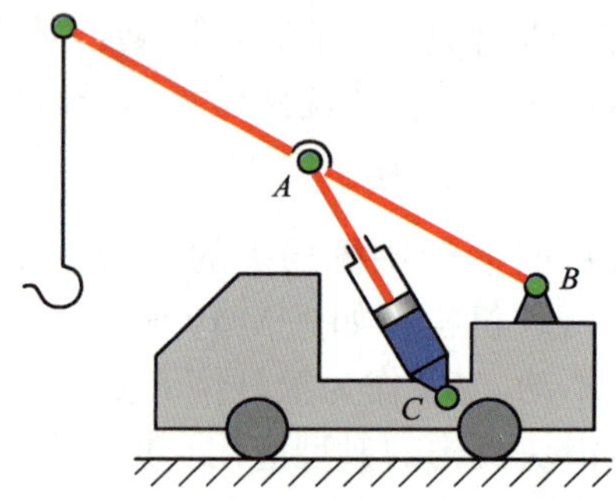

图 5-22　吊车升降机构

知识链接

偏心轮机构

在曲柄摇杆机构和曲柄滑块机构中，当曲柄较短时，往往用一个旋转中心与几何中心不重合的偏心轮代替曲柄，即为偏心轮机构，如图 5-23 所示。偏心轮机构常用于受力较大且滑块行程较短的剪床、冲床、颚式破碎机等机械中。

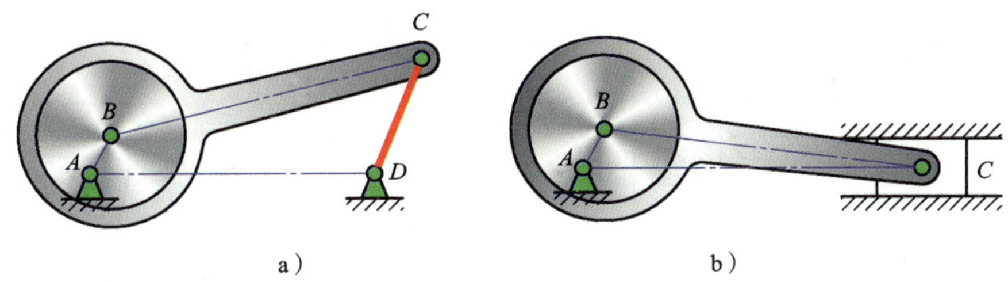

图 5-23 偏心轮机构
a）曲柄摇杆机构 b）曲柄滑块机构

§5-4 平面连杆机构的基本性质及应用特点

一、曲柄存在的条件

曲柄是能做整周旋转的连架杆，只有这种能做整周旋转的构件才能用电动机等连续转动的装置来带动，所以能做整周旋转的构件在平面连杆机构中具有重要地位，即曲柄是平面连杆机构中的关键构件。

铰链四杆机构中是否存在曲柄，主要取决于机构中各杆的相对长度和机架的选择。铰链四杆机构存在曲柄，必须同时满足以下两个条件。

1. 最短杆与最长杆的长度之和小于或等于其他两杆长度之和。

2. 连架杆和机架中必有一杆是最短杆。

根据曲柄存在的条件，可以推论出铰链四杆机构三种基本类型的判别方法，见表 5–1。

表 5–1　　铰链四杆机构三种基本类型的判别方法（*AB* 为最短杆）

类型	说明	条件	图示
曲柄摇杆机构	连架杆之一为最短杆	最短杆与最长杆的长度之和小于等于其他两杆长度之和	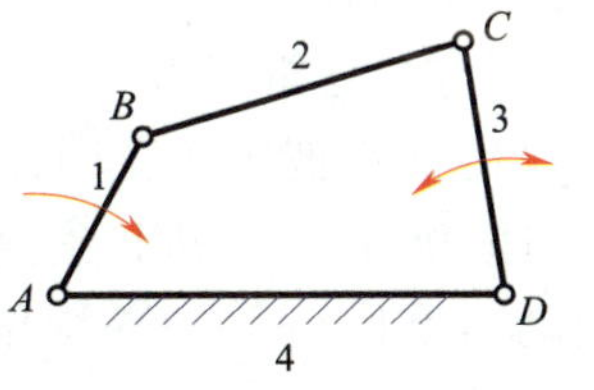 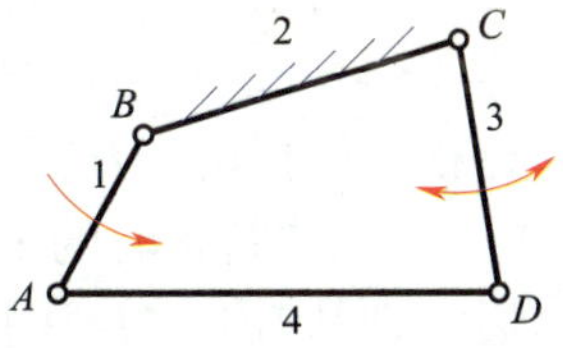
双曲柄机构	机架为最短杆		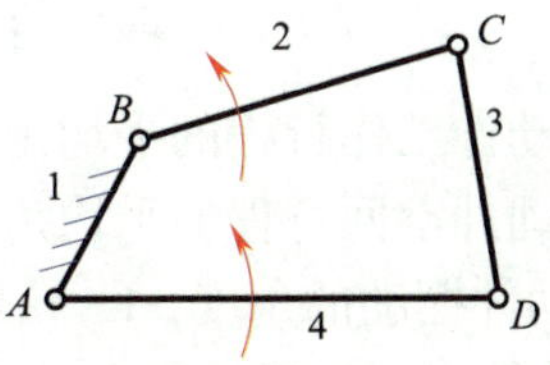

续表

类型	说明	条件	图示
双摇杆机构	连杆为最短杆	最短杆与最长杆的长度之和小于等于其他两杆长度之和	
	不论哪个杆为机架，都无曲柄存在	最短杆与最长杆的长度之和大于其他两杆长度之和	

二、急回特性

如图 5-24 所示曲柄摇杆机构，当曲柄 AB 整周回转时，摇杆在 C_1D 和 C_2D 两极限位置之间做往复摆动。当摇杆处于 C_1D 和 C_2D 两极限位置时，曲柄与连杆共线，曲柄的两个对应位置所夹的锐角称为极位夹角，用 β 表示。

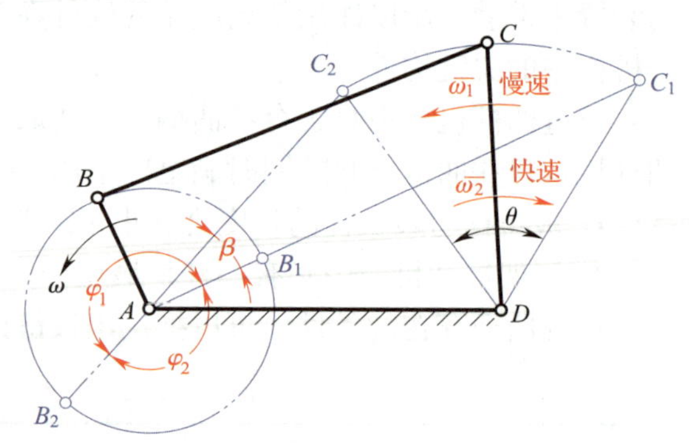

图 5-24　曲柄摇杆机构的急回特性

当曲柄（主动件）沿逆时针方向等角速度连续转动，由 AB_1 位置转到 AB_2 位置时，转角 φ_1 为 $180°+\beta$，摇杆由 C_1D 摆到 C_2D，所用时间为 t_1；当曲柄由 AB_2 位置转到 AB_1 位置时，转角 φ_2 为 $180°-\beta$，摇杆由 C_2D 摆到 C_1D，所用时间为 t_2。摇杆往复摆动所用的时间不等（$t_1>t_2$），平均角速度也不等。通常情况下，摇杆由 C_1D 摆到 C_2D 的过程被用作机器工作行程，摇杆由 C_2D 摆到 C_1D 的过程被用作空回行程。空回行程时摇杆 CD 的平均角速度（$\bar{\omega}_2$）大于工作行程时的平均角速度（$\bar{\omega}_1$），机构的这种性质称为急回特性。

通常把从动件 CD 往复摆动时空回行程的平均角速度（$\bar{\omega}_2$）与工作行程的平均角速度（$\bar{\omega}_1$）的比值称为行程速比系数，即：

$$K=\frac{\bar{\omega}_2}{\bar{\omega}_1}=\frac{\theta/t_2}{\theta/t_1}=\frac{t_1}{t_2}=\frac{180°+\beta}{180°-\beta}$$

式中　$\bar{\omega}_1$——从动件工作行程的平均角速度，rad/s；

$\bar{\omega}_2$——从动件空回行程的平均角速度，rad/s；

θ——从动件摆动的角度，(°)；

t_1——从动件工作行程的所用时间，s；

t_2——从动件空回行程的所用时间，s；

β——从动件的极位夹角，(°)。

上式表明，当机构有极位夹角 β 时，机构具有急回特性；极位夹角 β 越大，机构的急回特性越明显；当极位夹角 $\beta=0°$时，机构往返所用的时间相同，机构无急回特性。利用铰链四杆机构急回特性设计的机构，可以节省非工作时间，提高生产效率。如牛头刨床退刀速度明显高于工作速度，就是利用了这一特性。

三、死点位置

如图 5–25 所示，在曲柄摇杆机构中，如果摇杆 *CD* 为主动件，当摇杆摆动到极限位置 C_1D 或 C_2D 时，连杆 *BC* 与从动曲柄 *AB* 共线，则主动摇杆 *CD* 通过连杆 *BC* 加于从动曲柄 *AB* 上的力将经过从动件的铰链中心 *A*，从而使驱动力对从动曲柄 *AB* 的回转力矩为零，此时无论施加多大的驱动力，都不能使从动件曲柄 *AB* 转动，机构的这个位置称为死点位置。

在曲柄滑块机构中，当以滑块为主动件时，如果连杆与从动曲柄共线，则机构同样处于死点位置，如图 5–26 所示的。

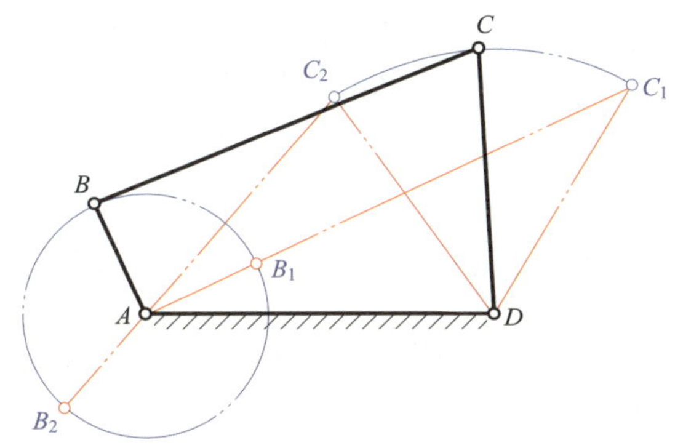

图 5–25　曲柄摇杆机构的死点位置

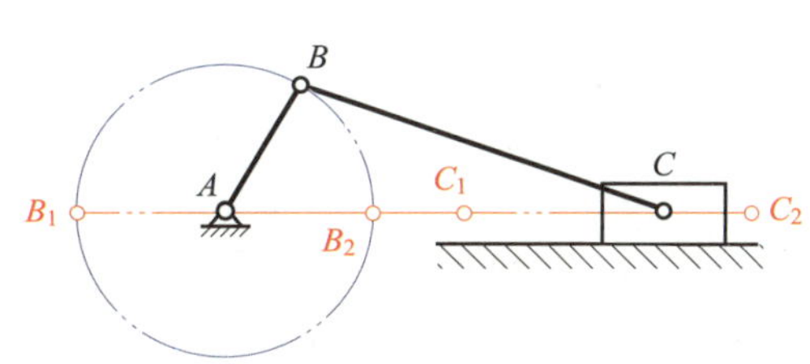

图 5–26　曲柄滑块机构的死点位置

死点位置将使机构的从动件出现卡死或运动不确定等现象。对于传动机构来说，死点位置是应该设法克服的，通常可以利用惯性来保证机构顺利通过死点位置，以避免死机。如图 5–27 所示，内燃机活塞连杆组件是曲柄滑块机构的一个具体应用实例。内燃机在驱动过程中也有两个死点位置，为了使机构能顺利通过死点位置而正常运转，必须采取适当的措施。如采用将两组以上的机构组合使用，从而使各组机构的死点位置相互错开排列；也可安装飞轮加大惯性，借惯性作用闯过死点位置等。在图 5–27 中，是在曲柄上安装了一个飞轮，以增加曲柄的惯性，从而克服死点位置。

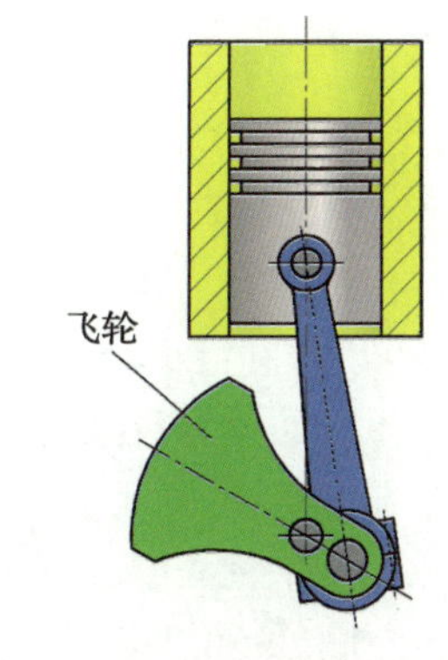

图 5–27　内燃机活塞连杆组件

在工程实际中，也常常利用机构的死点位置来实现特定的工作要求。如图 5–28 所示，折叠桌桌腿的收放机构就是利用了死点位置的自锁性，当桌腿放开时，曲柄 *CD* 和连杆 *BC* 共线，机构处于死点位置。

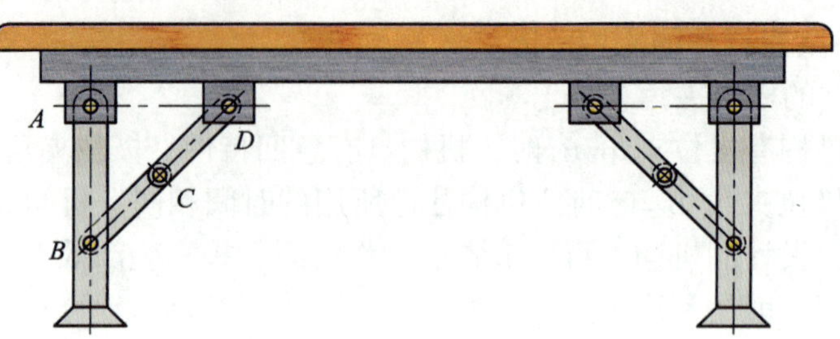

图 5-28　折叠桌桌腿的收放机构

第六章　凸 轮 机 构

在机器或机械装置中，许多场合需要构件做一些特殊的运动。如图 6-1 所示为内燃机配气机构的模型，内燃机工作时需要阀杆 4 有规律地开启或关闭通道，实现这一动作则用到凸轮机构。当凸轮 1 旋转时，其轮廓迫使推杆 2 往复摆动，从而使阀杆 4 往复移动。

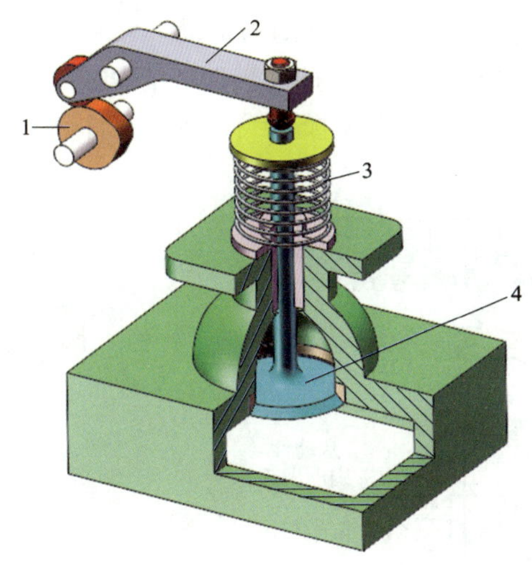

图 6-1　内燃机配气机构的模型

1—凸轮　2—推杆　3—弹簧　4—阀杆

§6-1　凸轮机构概述

一、凸轮机构的组成

凸轮机构是由凸轮、从动件和机架三个基本构件组成的高副机构，如图 6-2 所示。其中，凸轮是一个具有曲线轮廓或凹槽的构件，主动件凸轮通常做等速转动或移动。凸轮机构是通过高副接触使从动件得到所预期的运动规律。

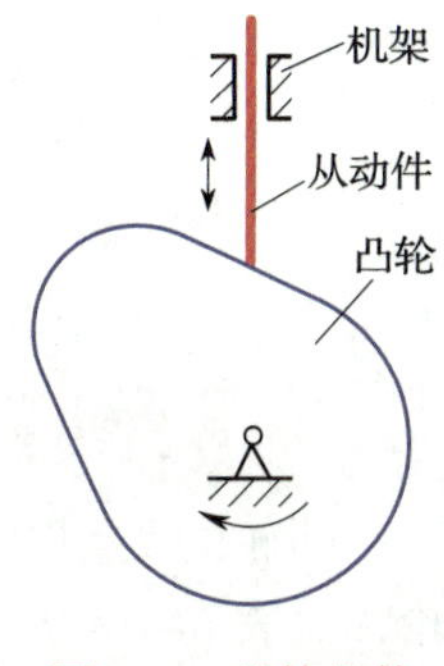

图 6-2　凸轮机构

二、凸轮机构的特点

1. 优点

（1）凸轮机构可以实现各种复杂的运动要求。因为从动杆的运动规律取决于凸轮轮廓曲线，所以几乎对于任何要求的从动件运动规律，都可以设计出相应的凸轮轮廓曲线（凸轮轮廓线）来实现。

（2）凸轮机构结构简单紧凑，工作可靠。这是因为凸轮机构构件数较少，且占据的空间也小。

2. 缺点

凸轮与从动件（杆或滚子）之间以点或线接触，不宜传递较大动力，不便于润滑，容易磨损。

三、凸轮机构的应用

凸轮机构在工程实际中得到了非常广泛的应用，一般多用于要求运动规律复杂且传递动力不大的场合，如自动机械、仪表、控制机构和调节机构等。

如图 6–3 所示为自动车床进给机构。当具有曲线凹槽的凸轮回转时，其曲线凹槽的侧面与从动件末端的滚子接触并驱使从动件绕 *O* 点摆动，从动件另一端的扇形齿轮与刀架下的齿条相啮合，从而使刀架实现进刀运动和退刀运动。

如图 6–4 所示为靠模车削机构。当工件回转时，刀架向左运动，并且在凸轮（靠模板）的推动下做横向运动，从而切削出与靠模板曲线一致的工件。

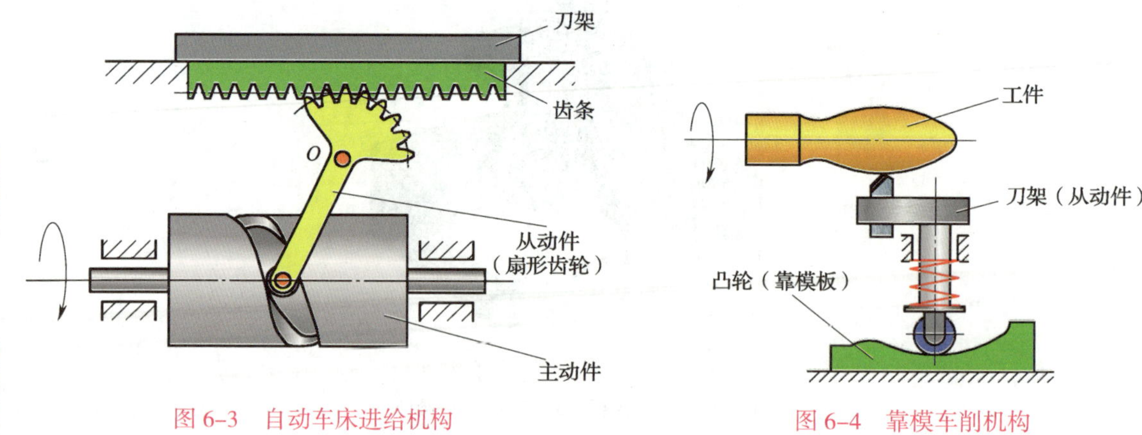

图 6–3　自动车床进给机构　　图 6–4　靠模车削机构

由以上应用实例可知，凸轮机构依靠凸轮轮廓直接与从动件接触，从而迫使从动件做有规律的往复直线运动（直动）或往复摆动。

需要说明的是，工作中凸轮轮廓与从动件之间必须始终保持良好的接触，如借助重力、弹簧力等方法来实现。如果发生脱离现象，凸轮机构将不能正常工作。

§6–2　凸轮机构的类型

一、凸轮的类型

凸轮的类型有很多，按凸轮形状可分为盘形凸轮、移动凸轮、圆柱凸轮和端面圆柱凸轮，见表 6–1。

表 6-1　凸轮的类型

名称	图示	特点及应用
盘形凸轮		凸轮为径向尺寸变化的盘形构件，它绕固定轴做旋转运动。从动件在垂直于回转轴的平面内做往复直线运动或往复摆动。这种机构是凸轮最基本的形式，应用广泛
移动凸轮		凸轮为一个有曲面的直线运动构件，在凸轮往复移动作用下，从动件可做往复直线运动或往复摆动。这种机构在机床上应用较多
圆柱凸轮		凸轮为一个有沟槽的圆柱体，它绕中心轴做回转运动。从动件在平行于凸轮轴线的平面内做直线移动或摆动。这种机构常用于自动机床
端面圆柱凸轮		凸轮是一端带有曲面的圆柱体，它绕中心轴做旋转运动。从动件在平行于凸轮轴线的平面内移动或摆动。这种机构常用于金属切削机床的变速箱

二、从动件端部形状

从动件端部形状主要有尖顶、滚子、平底和曲面等，见表 6-2。

表 6-2　从动件端部形状

名称	图示	特点及应用
尖顶从动件		凸轮与从动件之间为点接触或线接触，能准确地实现任意运动规律，构造最简单，但易磨损，只适用于作用力不大和速度较低的场合，如用于仪表的机构中

续表

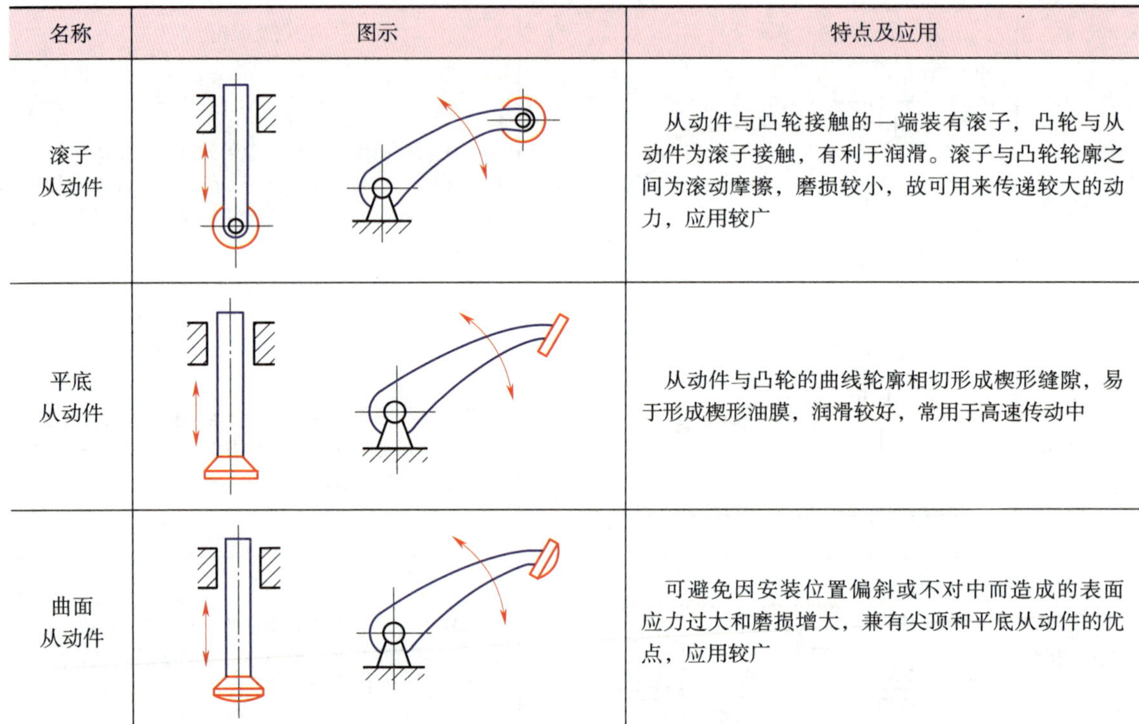

名称	图示	特点及应用
滚子从动件		从动件与凸轮接触的一端装有滚子，凸轮与从动件为滚子接触，有利于润滑。滚子与凸轮轮廓之间为滚动摩擦，磨损较小，故可用来传递较大的动力，应用较广
平底从动件		从动件与凸轮的曲线轮廓相切形成楔形缝隙，易于形成楔形油膜，润滑较好，常用于高速传动中
曲面从动件		可避免因安装位置偏斜或不对中而造成的表面应力过大和磨损增大，兼有尖顶和平底从动件的优点，应用较广

§6-3 凸轮机构工作过程及从动件运动规律

一、凸轮机构工作过程

凸轮机构中最常用的运动形式为凸轮做等速回转运动，从动件做往复移动。表 6-3 所列为对心外轮廓盘形凸轮机构的工作过程，凸轮回转时，从动件做“升—停—降—停”的运动循环。下面以此机构为例，分析从动件的工作过程及特点。

表 6-3　对心外轮廓盘形凸轮机构的工作过程

运动	图示	描述
升		当凸轮逆时针转过 δ_0 时，从动件由最低位置被推到最高位置，从动件运动的这一过程称为推程，凸轮转角 δ_0 称为推程运动角 从动件上升或下降的最大位移 h 称为行程

续表

运动	图示	描述
停		因凸轮的 BC 段轮廓是以 O 为圆心的圆弧，故凸轮转过 δ_s 时，从动件静止不动且停在最高位置，这一过程称为远停程，凸轮转角 δ_s 称为远停程角
降		凸轮继续转过 δ_0' 时，从动件由最高位置回到最低位置，这一过程称为回程，凸轮转角 δ_0' 称为回程运动角
停		凸轮转过 δ_s' 时，从动件处于最低位置且静止不动，这一过程称为近停程，凸轮转角 δ_s' 称为近停程角

二、从动件常用的运动规律

以从动件的位移 s 为纵坐标，对应凸轮的转角 δ 或时间 t（凸轮匀速转动时，转角 δ 与时间 t 成正比）为横坐标，可以绘制出一个运动循环周期的从动件位移曲线图。如图 6–5 所示为凸轮机构从动件的位移曲线。

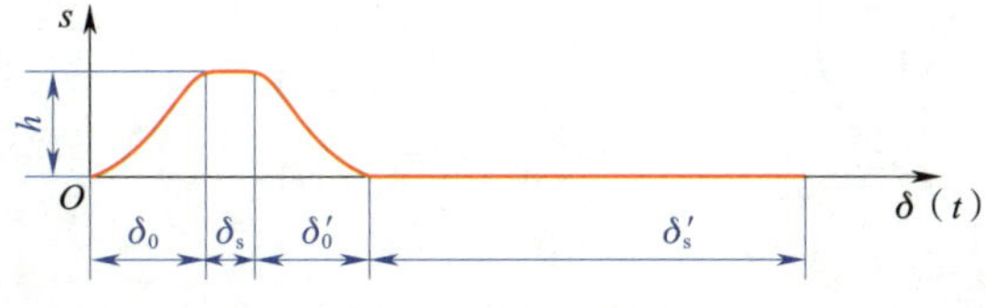

图 6–5 凸轮机构从动件的位移曲线

在图 6–5 中，位移曲线反映了从动件的运动规律，通过对凸轮机构一个运动循环的分析可知，从动件的运动规律取决于凸轮的轮廓形状。因此，在设计凸轮轮廓时，必须首先确定从动件的运动规律。常用的从动件运动规律有等速运动规律和等加速、等减速运动规律。

1. 等速运动规律

凸轮做等角速度转动时，从动件上升或下降的速度为一常数，这种运动规律称为从动件的等速运动规律，如图 6–6 所示。

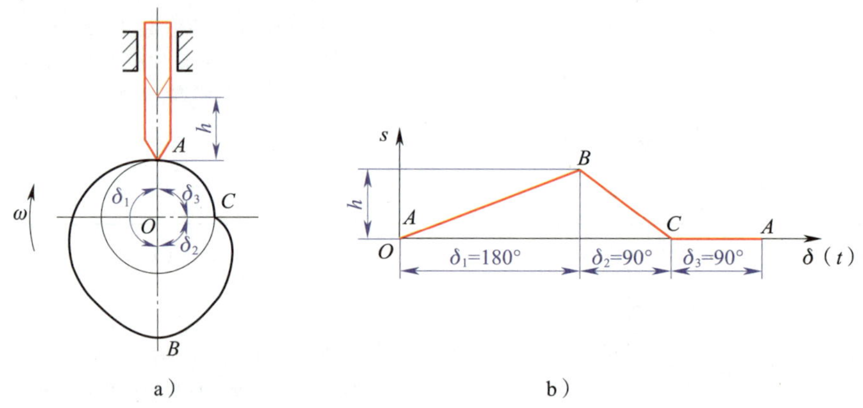

图 6–6　等速运动规律

a）等速运动的凸轮机构　b）位移曲线

如图 6–6b 所示，由位移曲线可以看出，位移和转角成正比关系，所以从动件等速运动的位移曲线为一斜直线。从动件由静止开始，然后以某一速度做上升运动，会产生一次突然冲击；从动件上升到最高点立即转为下降运动，会再次使凸轮机构产生强烈的刚性冲击。因此，等速运动规律只适用于凸轮低速回转、轻载的场合。

2. 等加速、等减速运动规律

从动件运动的整个升程在前半段做等加速上升，后半段做等减速继续上升，这种运动规律称为等加速、等减速运动规律，如图 6–7 所示，位移与转角是二次函数关系，所以位移曲线为一抛物线。如果把前半段（$h/2$）的等加速抛物线与后半段的等减速抛物线结合起来（升程相同），就是从动件的等加速、等减速运动规律的位移曲线。

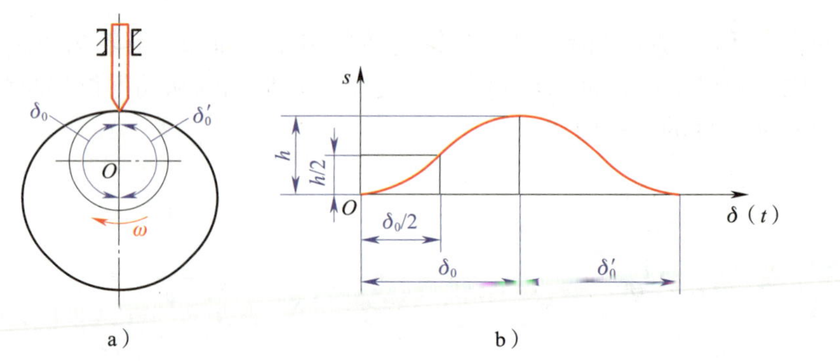

图 6–7　等加速、等减速运动规律

a）等加速、等减速运动的凸轮机构　b）位移曲线

当凸轮沿顺时针方向转动时，从动件等加速上升（$h/2$）后变为等减速上升（$h/2$），到达推程最高点时上升的速度降为零，而后转入回程。回程的运动规律则是前半段行程为等加速下降，后半段行程为等减速下降，到达最低点时速度降为零。在从动件的整个运动过程中，速度没有发生突变，避免了刚性冲击。

等加速、等减速运动规律具有冲击小、运动平稳的优点，适用于凸轮转速较高和从动件质量较大的场合。

§6-4 凸轮机构的常用材料及结构

一、凸轮与滚子的常用材料及热处理

凸轮机构是一种高副机构，其主要失效形式是凸轮与从动件接触表面的疲劳点蚀和磨损，前者是由变化的接触应力引起的，后者是由摩擦引起的。因此，凸轮副材料应具有足够的接触强度和良好的耐磨性，特别是其接触表面应具有较高的硬度。凸轮与滚子的常用材料及热处理见表 6–4。

表 6–4 凸轮与滚子的常用材料及热处理

构件	材料	热处理	使用场合
凸轮	40、45、50	调质	速度较低、载荷不大的场合
	HT200、HT250、HT300	退火	
	QT600–3、QT700–2	退火	
	45、40Cr	表面淬火	速度中等、载荷中等的场合
	15、20Cr、20CrMnTi	渗碳后淬火	
	38CrMoAlA、35 CrAl	氮化	速度较高、载荷较大的场合
滚子	45、40Cr	表面淬火	与铸铁凸轮相配的场合
	T8、T10、GCr15	淬火	与铸铁或钢制凸轮相配的场合
	20Cr、20CrMnTi	渗碳后淬火	与钢制凸轮相配的场合

二、凸轮及滚子的结构

1. 凸轮结构

（1）凸轮轴

当凸轮的基圆较小时，可将凸轮与轴制成一体，称为凸轮轴，如图 6–8 所示。

（2）整体式凸轮

当凸轮尺寸较小、无特殊要求或不经常装拆时，一般采用整体式凸轮，如图 6–9 所示，其加工方便、精度高、刚性好。

（3）组合式凸轮

对于大型低速凸轮机构的凸轮或经常调整轮廓形状的凸轮，常采用凸轮与轮毂分开的组合式凸轮，如图 6–10 所示。

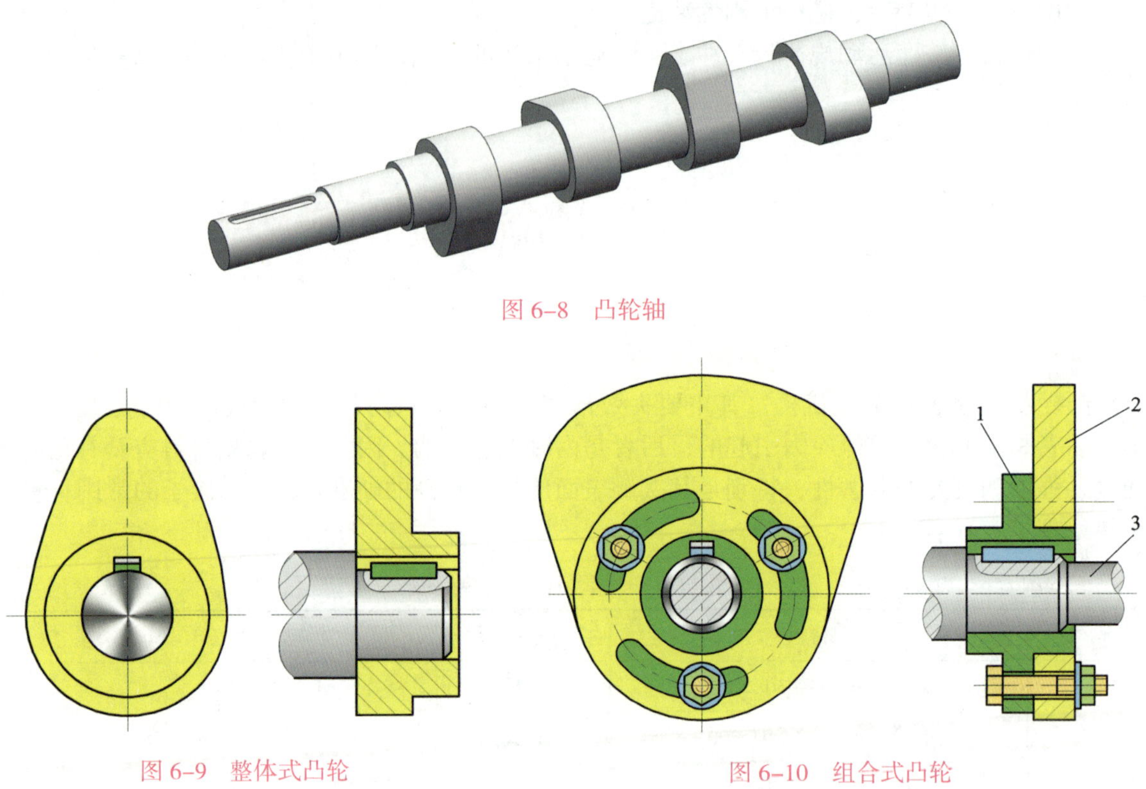

图 6–8　凸轮轴

图 6–9　整体式凸轮

图 6–10　组合式凸轮

1—轮毂　2—凸轮　3—轴

2. 滚子结构

滚子从动件的滚子，可以是专门制造的圆柱体，如图 6–11a、b 所示；也可以采用滚动轴承作为滚子，如图 6–11c 所示。

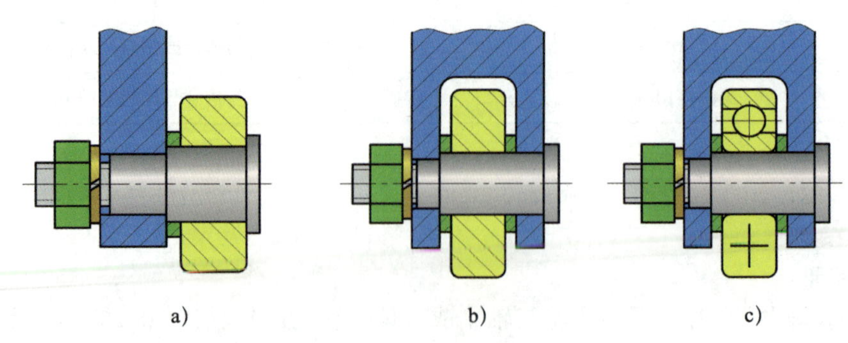

图 6–11　滚子结构

a）偏置的圆柱滚子　b）对称布置的圆柱滚子　c）用滚动轴承作为滚子

第七章 其他常见机构

§7-1 变速机构

在输入轴转速不变的条件下，使输出轴获得不同转速的传动装置称为变速机构。汽车、机床、起重机等都需要变速机构。变速机构分为有级变速机构和无级变速机构。

一、有级变速机构

有级变速机构是在输入轴转速不变的条件下，使输出轴获得一定的转速级数。常用的变速机构有塔轮变速机构、滑移齿轮变速机构、离合式齿轮变速机构、挂轮变速机构等。

1. 塔轮变速机构

常用的塔轮变速机构有塔带轮变速机构和塔齿轮变速机构等。

（1）塔带轮变速机构

如图 7-1 所示为塔带轮变速机构，两个塔带轮分别固定在轴Ⅰ、轴Ⅱ上，传动带可以在塔带轮上转换三个不同的位置。由于两个塔带轮对应各级的直径比值不同，所以当轴Ⅰ以固定不变的转速旋转时，通过转换带的位置可使轴Ⅱ得到三级不同的转速。

这种变速机构的特点是：结构简单，传动平稳，大多采用平带传动，也可以用 V 带传动，但尺寸较大，变速不方便。

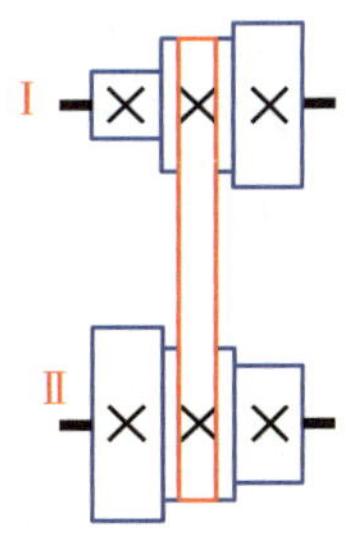

图 7-1 塔带轮变速机构

（2）塔齿轮变速机构

如图 7-2 所示为塔齿轮变速机构，轴Ⅰ上固定安装若干个模数相同、齿数不等的齿轮（塔齿轮）。为了将轴Ⅰ的运动传给轴Ⅱ，设置了一个中间齿轮 4，中间齿轮 4 空套在销轴 3 上，销轴 3 固定在摆动架 1 上。摆动架 1 可带动滑移齿轮 2、中间齿轮 4 轴向移动且绕轴Ⅱ摆动一定角度，以保证滑移齿轮 2 能与塔齿轮 5 上每一个齿轮啮合而得到若干不同的传动比。定位销 6 起固定和锁紧作用（见图 7-2b）。塔齿轮变速机构的变速工作原理是：先拔出定位销 6，转动摆动架 1 使中间齿轮 4 与塔齿轮 5 脱离啮合，然后轴向移动摆动架至所需齿轮的啮合位置，转动摆动架 1 使中间齿轮 4 与塔齿轮 5 啮合，再将定位销插入相应的定位孔中。

这种变速机构的特点是：机构的传动比与塔齿轮的齿数成正比，是一种容易实现传动比为等差数列的变速机构。此外，塔齿轮变速机构空间尺寸最为紧凑，常用于转速不高但需要有多种转速的场合。

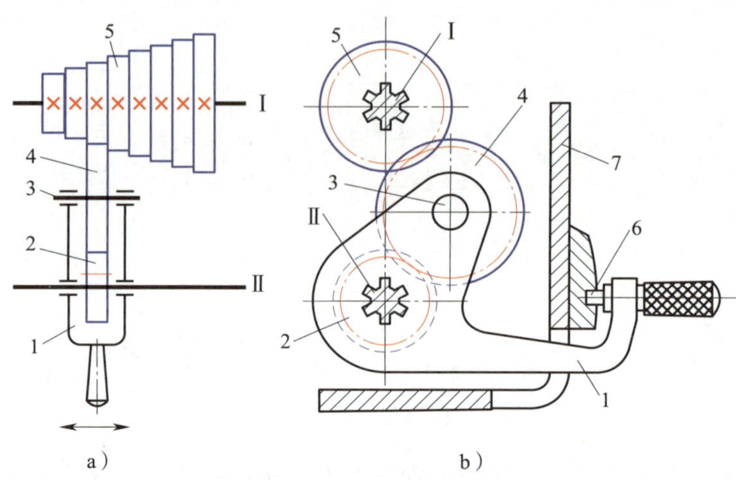

图 7–2　塔齿轮变速机构

a）结构示意图　b）结构简图

1—摆动架　2—滑移齿轮　3—销轴　4—中间齿轮　5—塔齿轮　6—定位销　7—机架

2. 滑移齿轮变速机构

如图 7–3 所示为滑移齿轮变速机构，在主动轴 I 上固定了两个或三个齿轮，相互保持一定距离，双联或三联滑移齿轮用花键与从动轴 II 相连。移动滑移齿轮可以实现不同齿轮副的啮合，从而使轴 II 得到两级或三级转速。

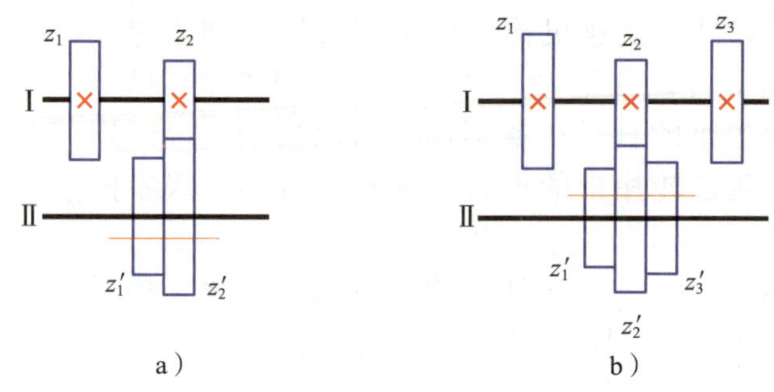

图 7–3　滑移齿轮变速机构

a）双联滑移齿轮变速　b）三联滑移齿轮变速

这种变速机构的特点是：改变滑移齿轮的啮合位置就可改变轮系的传动比，具有变速可靠、传动比准确等优点，但其零件种类和数量较多，变速有噪声。

滑移齿轮变速机构在机床变速中得到广泛应用。如图 7–4 所示为某车床主轴变速箱的传动系统。在轴 II 上安装了一个三联滑移齿轮和一个双联滑移齿轮，在轴 III 上安装了一个双联滑移齿轮，其传动机构可以实现 12 级变速。第一变速组由轴 II 上的三联滑移齿轮分别与轴 I 上的固连齿轮啮合实现，可以实现三级传动比；第二变速组由轴 II 上的双联滑移齿轮与轴 III 上的两个固连齿轮啮合实现，可以实现两级传动比；第三变速组由轴 III 上的双联滑移齿轮与轴 IV 上的固连齿轮实现，可以实现两级传动比。因此，轴 IV 的转速共有 $3\times2\times2=12$ 级。

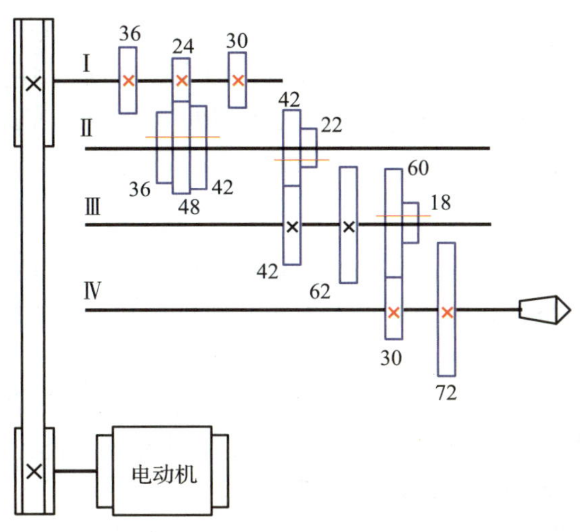

图 7–4　某车床主轴变速箱的传动系统

3. 离合式齿轮变速机构

如图 7–5 所示为离合式齿轮变速机构，固定在轴 I 上的两个齿轮与空套在轴 II 上的两个齿轮保持啮合状态。轴 II 装有双向牙嵌离合器（用导向型平键或花键与轴相连），空套在轴 II 上的两个齿轮在靠近离合器一端的端面上有能与离合器相啮合的牙齿。当轴 I 转速不变时，通过双向离合器的中间滑块向左或向右移动，并与齿轮上的半离合器接合，轴 II 即可得到两种不同的转速。

这种变速机构的特点是：可以采用斜齿轮或人字齿轮，使传动平稳；若采用摩擦式离合器，则可以在运转中变速；其齿轮处在经常啮合的状态，磨损较快；离合器所占空间较大。

4. 挂轮变速机构

如图 7–6 为挂轮变速机构，其工作原理是：轴 I 、轴 II 上装有一对可以拆卸更换的齿轮（也称挂轮或交换齿轮、配换齿轮）*A* 和 *B*，从设备的备用齿轮中挑选不同齿数的两个挂轮换装在轴 I 和轴 II 上，就得到不同的传动比。这种变速机构的变速级数取决于备用齿轮中能相互啮合且满足中心距要求的齿轮副的对数。在模数相同时，要求配换的各对挂轮的齿数和应相等。

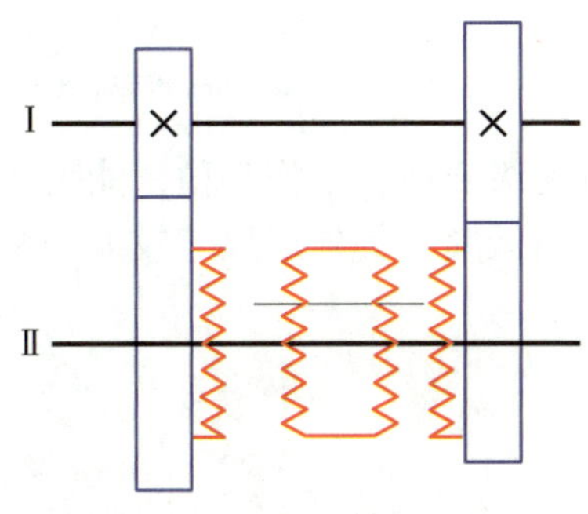

图 7–5　离合式齿轮变速机构

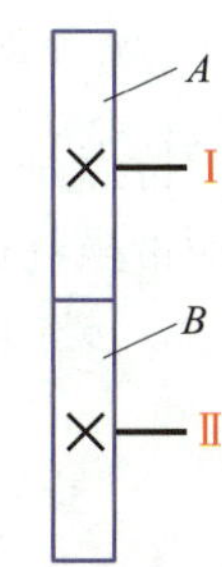

图 7–6　挂轮变速机构

这种变速机构的特点是：结构简单、紧凑，由于用作主动轮、从动轮的齿轮可以颠倒其位置，所以用较少的齿轮可获得较多的变速级数；但变速麻烦，调整齿轮费时费力。这种变速机构主要用于不需要经常变速的场合，如加工齿轮的插齿机、车床车削螺纹时的丝杠变速机构、铣床万能分度头等设备中。

二、无级变速机构

有些机械为了适应工作条件的变化，需要连续地改变工作速度，这就需要无级变速机构。无级变速机构的常用类型有滚子平盘式无级变速机构和分离锥轮式无级变速机构等。

1. 滚子平盘式无级变速机构

如图 7–7 所示为滚子平盘式无级变速机构，主动轮、从动轮靠接触处产生的摩擦力传动，传动比 $i=R_2/R_1$。若将滚子沿轴向移动，R_2 改变，传动比也随之改变。由于 R_2 可在一定范围内任意改变，所以从动轴Ⅱ可以获得无级变速。

这种变速机构的特点是：结构简单、制造方便，但存在较大的相对滑动，磨损严重。

2. 分离锥轮式无级变速机构

如图 7–8 所示为分离锥轮式无级变速机构，在主动轴Ⅰ和从动轴Ⅱ上分别装有锥轮 1a、1b 和 2a、2b，其中锥轮 1b 和 2a 分别固定在轴Ⅰ、Ⅱ上，锥轮 1a 和 2b 可以沿轴Ⅰ、Ⅱ同步同向移动。宽 V 带 3 套在两对锥轮之间，工作时如同 V 带传动。通过轴向同步移动锥轮 1a 和 2b，可改变传动半径的大小，从而实现无级变速。

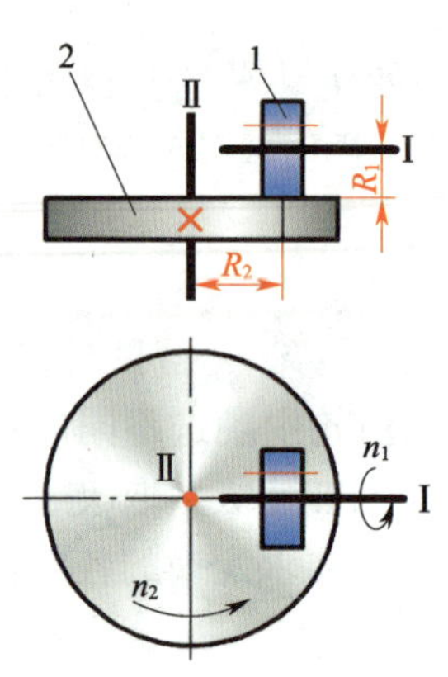

图 7–7　滚子平盘式无级变速机构

1—滚子　2—平盘

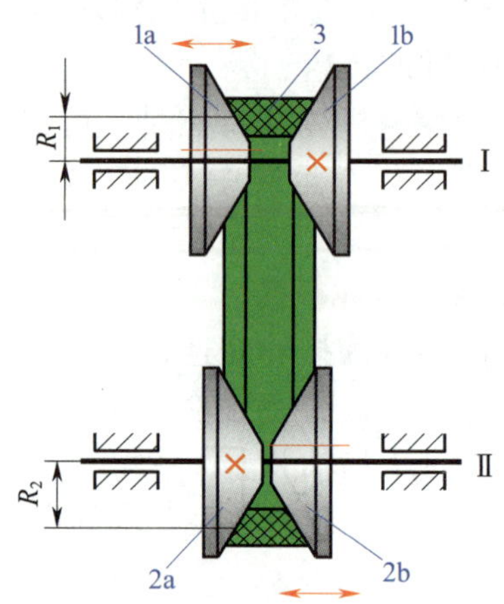

图 7–8　分离锥轮式无级变速机构

1a、1b、2a、2b—锥轮　3—宽 V 带

这种变速机构的特点是：结构简单，容易进行无级变速；工作平稳，能吸收振动，具有过载保护作用；传动带虽易磨损，但更换方便，价格低廉；其外形尺寸较大，变速范围相对较小。

§7-2　换向机构

汽车既能前进又能倒退，机床主轴既能正转又能反转，这些运动形式的改变通常是由换向机构来完成的。换向机构是在输入轴转向不变的条件下，可使输出轴转向改变的机构，其常见类型有三星轮换向机构和锥齿轮换向机构等。

一、三星轮换向机构

三星轮换向机构是利用惰轮来实现从动轴回转方向的变换，如图 7-9 所示。转动手柄可使三角形杠杆架 5 绕从动齿轮 4 的轴线Ⅱ回转。处于如图 7-9a 所示位置时，惰轮 2 参与啮合，从动齿轮 4 与主动齿轮 1 的回转方向相同。处于如图 7-9b 所示位置时，惰轮 2、惰轮 3 同时参与啮合，从动齿轮 4 与主动齿轮 1 的回转方向相反。卧式车床进给系统就采用了三星轮换向机构进行换向。

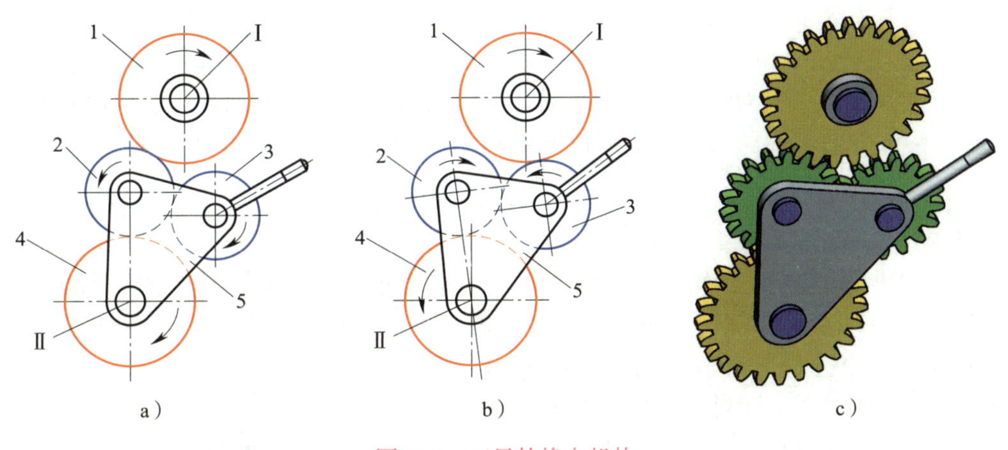

图 7-9　三星轮换向机构

a）从动、主动齿轮转向相同　b）从动、主动齿轮转向相反　c）实体图

1—主动齿轮　2、3—惰轮　4—从动齿轮　5—杠杆架

二、锥齿轮换向机构

锥齿轮换向机构有离合锥齿轮换向机构和滑移锥齿轮换向机构两种形式。离合锥齿轮换向机构如图 7-10a 所示，主动锥齿轮 1 与空套在轴Ⅱ上的从动锥齿轮 2、4 啮合，离合器 3 与轴Ⅱ用花键连接。当离合器向左移动与齿轮 4 接合时，从动轴的转向与齿轮 4 相同；当离合器向右移动与齿轮 2 接合时，从动轴的转向与齿轮 2 相同。如图 7-10b 所示为滑移锥齿轮换向机构，两个锥齿轮与套连接为一体组成锥齿轮套，并用滑键与轴相连。通过向左或向右滑移锥齿轮套，从动轴上左右两个锥齿轮分别与主动轴上锥齿轮的左右侧轮齿相啮合，从而实现换向。

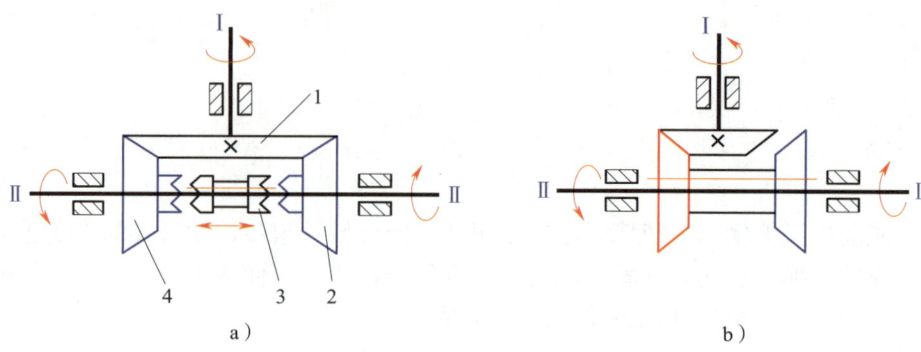

图 7-10　锥齿轮换向机构

a）离合锥齿轮换向机构　b）滑移锥齿轮换向机构

1—主动锥齿轮　2、4—从动锥齿轮　3—离合器

§7-3　间歇运动机构

在某些机器中，当主动件做连续运动时，常常需要从动件做周期性运动或停歇，实现这种运动的机构称为间歇运动机构。常用的间歇运动机构有棘轮机构和槽轮机构等。

一、棘轮机构

1. 棘轮机构的组成和工作原理

如图 7-11 所示为齿式棘轮机构，由棘轮、主动棘爪和止回棘爪等组成。当主动摇杆 1 逆时针方向摆动时，主动棘爪 2 便插入棘轮 4 的齿槽中，驱动棘轮 4 转过一定角度，此时止回棘爪 6 在棘轮齿背上滑过；当主动摇杆 1 顺时针方向摆动时，止回棘爪 6 阻止棘轮 4 顺时针转动，而主动棘爪 2 则只能在棘轮齿背上滑过，这时棘轮 4 静止不动。因此，当主动件做连续往复摆动时，棘轮做单向间歇运动。

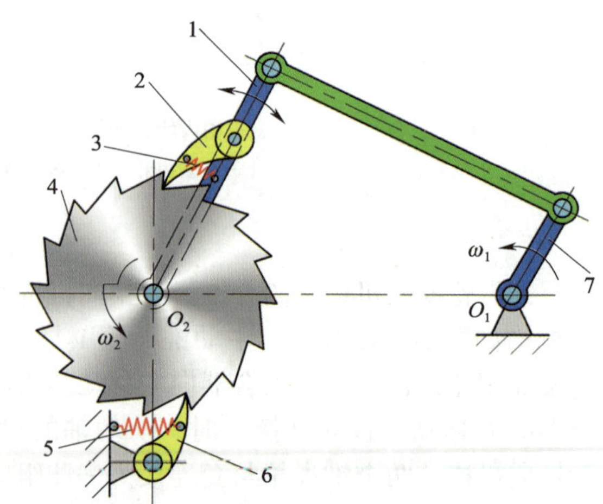

图 7-11　齿式棘轮机构

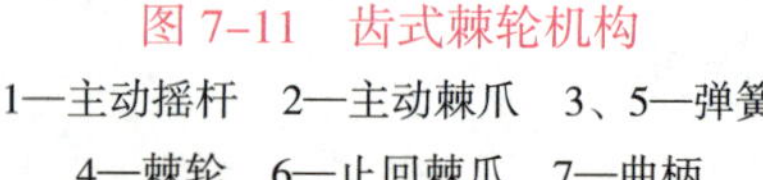

1—主动摇杆　2—主动棘爪　3、5—弹簧

4—棘轮　6—止回棘爪　7—曲柄

2. 常见棘轮机构

棘轮机构按照工作原理可分为齿式棘轮机构和摩擦式棘轮机构。

（1）齿式棘轮机构

齿式棘轮机构是通过装于定轴摆动摇杆上的棘爪推动棘轮做一定角度间歇转动的机构。齿式棘轮机构有外啮合式和内啮合式两种。

1）外啮合齿式棘轮机构。外啮合齿式棘轮机构常见类型及特点见表 7-1。

表 7-1 外啮合齿式棘轮机构常见类型及特点

类型	图示	特点
单动式棘轮机构	主动件 主动棘爪 棘轮 止回棘爪	它有一个主动棘爪，只有当主动件朝着某一方向摆动时才能驱动棘轮转动，而反向摆动则无法驱动棘轮转动
双动式棘轮机构	直棘爪 钩头棘爪	它有两个主动棘爪，当主动件做往复摆动时，两个棘爪交替带动棘轮朝着同一方向做间歇运动
可变向棘轮机构	棘爪 棘轮	棘爪可以绕销轴翻转，棘爪爪端外形两边对称，棘轮的齿形制成矩形或梯形。使用时，如果将棘爪翻转，则棘轮反向转动。这种棘轮机构可以方便地实现两个方向的间歇运动 

2）内啮合齿式棘轮机构。如图 7–12 所示为内啮合齿式棘轮机构，棘轮的轮齿加工在轮子的内壁上，棘爪安装在内部的主动轮上，当主动轮逆时针转动时，棘爪推动棘轮转动；当主动轮顺时针转动时，棘爪在棘轮上滑过，不能推动棘轮转动。

（2）摩擦式棘轮机构

摩擦式棘轮机构是用偏心扇形楔块代替齿式棘轮机构中的棘爪，以无齿摩擦轮代替棘轮。摩擦式棘轮机构又分为外摩擦式棘轮机构和内摩擦式棘轮机构。

1）外摩擦式棘轮机构。如图 7–13 所示为外摩擦式棘轮机构，棘轮 5 上无棘齿，它靠棘爪 1 和棘轮 5 之间的摩擦力传递动力，该机构可将摇杆的往复摆动转换为棘轮 5 的单向间歇运动。

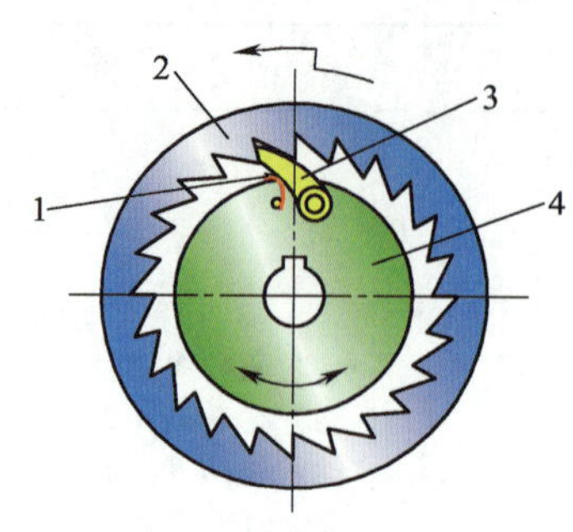

图 7-12　内啮合齿式棘轮机构

1—弹簧　2—棘轮　3—棘爪　4—主动轮

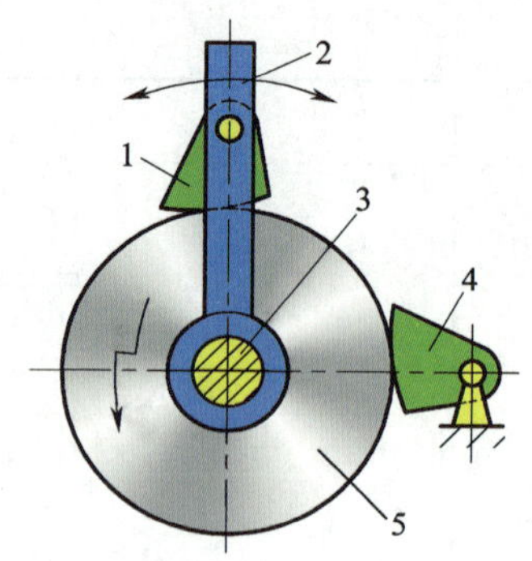

图 7-13　外摩擦式棘轮机构

1—主动棘爪　2—摇杆　3—轴
4—止回棘爪　5—棘轮

2）内摩擦式棘轮机构。如图 7-14 所示为内摩擦式棘轮机构，当摆轴 1 带动棘爪 2 逆时针方向转动时，由于摩擦力的作用使棘爪 2 楔紧在摆轴 1 与棘轮 3 之间的狭隙处，从而带动棘轮 3 一起逆时针方向转动；当摆轴 1 带动棘爪 2 顺时针方向转动时，棘爪 2 松开，棘轮 3 静止不动。

3. 棘轮机构转角的调节

在棘轮机构中，根据实际需要，可以对棘轮转角进行调节，其调节方法有以下两种。

（1）通过改变棘爪的运动范围来调节棘轮的转角

如图 7-15 所示为可变棘爪运动范围的棘轮机构。它利用曲柄摇杆机构带动棘轮做间歇运动，通过调节曲柄长度以实现摇杆摆角大小和棘爪运动范围的改变，从而改变棘轮的转角。当曲柄长度减小时，摇杆和棘爪的摆角也就相应减小，此时棘爪推动棘轮转过的角度也相应减小；反之，当曲柄长度增大时，棘轮转过的角度也相应增大。

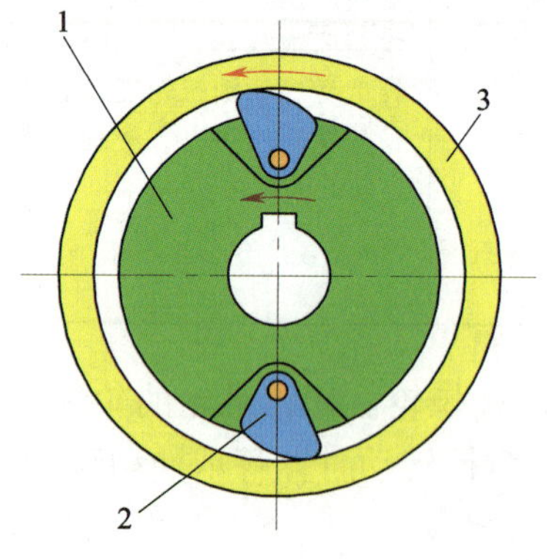

图 7-14　内摩擦式棘轮机构

1—摆轴　2—棘爪　3—棘轮

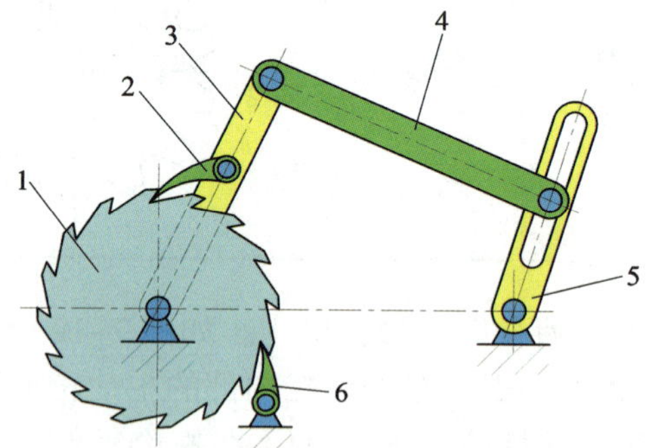

图 7-15　可变棘爪运动范围的棘轮机构

1—棘轮　2—主动棘爪　3—摇杆
4—连杆　5—曲柄　6—止回棘爪

（2）用覆盖罩调节棘轮的转角

如图 7-16 所示为用覆盖罩调节棘轮转角的棘轮机构，在棘轮的外面罩上一个带有缺口的覆盖罩，它不随棘轮一起转动。在摇杆转动角度不变的前提下，变更覆盖罩缺口的位置，遮挡部分棘齿，可使棘爪的行程有一部分在覆盖罩上滑过，而不能与棘齿相接触，从而不会推动棘轮转动。这样利用覆盖罩遮挡棘齿的多或少，就可达到调节棘轮转角大小的目的。

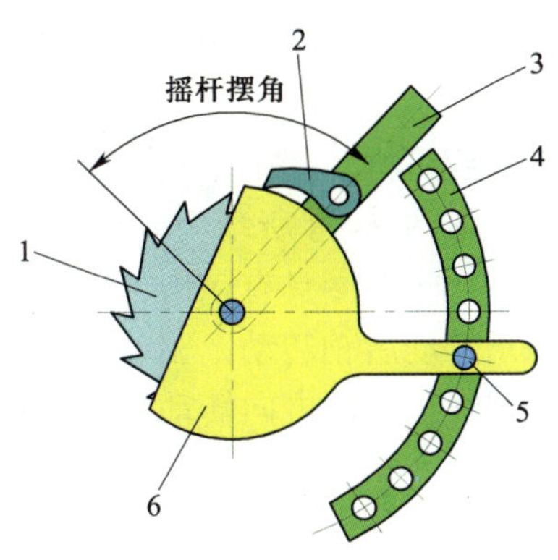

图 7–16　用覆盖罩调节棘轮转角的棘轮机构

1—棘轮　2—棘爪　3—摇杆　4—定位盘　5—插销　6—覆盖罩

4. 棘轮机构的特点

（1）棘轮机构结构简单、容易制造、运动可靠，常用作防止转动件反转的附加保险机构。

（2）棘轮的转角和动停时间比可调，常用于机构工况经常改变的场合。

（3）由于齿式棘轮机构是在主动棘爪的突然撞击下启动的，在接触瞬间，理论上是刚性冲击，平衡性较差。此外，棘爪在棘轮齿背上滑行时会产生噪声并使齿尖磨损。故棘轮机构只能用于主动件速度不大、从动件行程需要改变的步进运动场合，如机床的自动进给、送料、自动计数、制动、超越等。

（4）当需要无级调节棘轮的转角时，则应采用摩擦式棘轮机构。摩擦式棘轮机构的优点是转角大小的变化不受轮齿限制，在一定范围内可任意调节转角，传动平稳、无噪声，动程可无级调节。但因这种机构靠摩擦力传动，会出现打滑现象，虽然可起到安全保护作用，但是传动精度不高，常用作超越离合器。摩擦式棘轮机构适用于低速轻载的场合。

5. 棘轮机构的应用实例

棘轮机构的主要用途有间歇送进、制动和超越等。如图 7–17 所示，牛头刨床工作台的间歇移动就是采用了棘轮机构。牛头刨床在工作时，装有刀架的滑枕做直线往复运动，带动刀具对工件进行切削。装夹着工件的工作台做间歇横向移动，实现切削过程的进给运动。牛

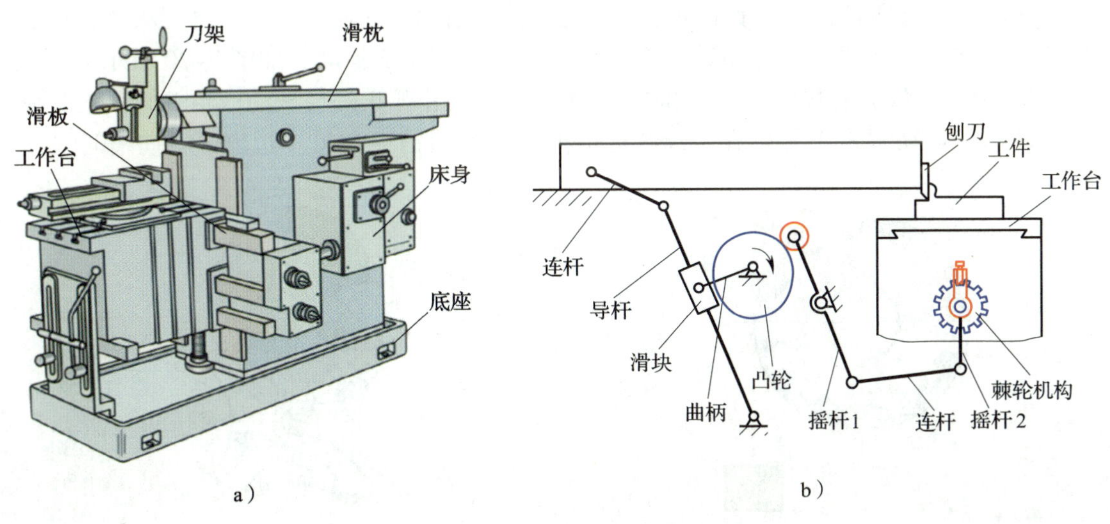

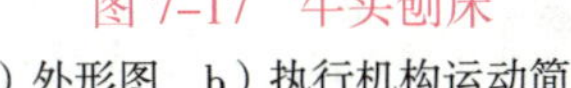
图 7–17　牛头刨床

a）外形图　b）执行机构运动简图

头刨床横向进给机构由凸轮机构、双摇杆机构和双向棘轮机构组成。在刨刀进行刨削时（工作行程），工作台不动；在刨刀空回程时，凸轮通过双摇杆机构带动棘轮机构，棘轮机构带动螺旋机构（图中未画出）使工作台做一次进给运动，以便刨刀继续切削。

如图 7–18 所示为自行车飞轮机构。自行车后轴上安装的飞轮机构为内啮合齿式棘轮机构，链轮内圈具有棘齿，棘爪安装在飞轮上。当链条带动链轮转动时，链轮内侧的棘齿通过棘爪带动后轴转动，驱动自行车前行；当自行车下坡或脚不蹬踏板时，链轮不动，但后轴由于惯性仍按原方向转动，此时棘爪在棘轮齿背上滑过，自行车继续前行。

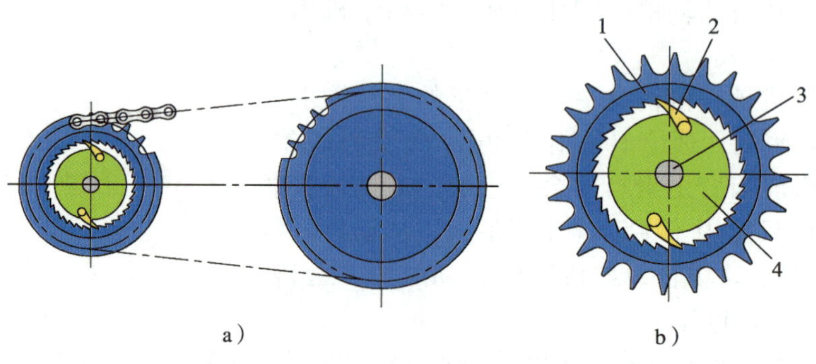

图 7–18　自行车飞轮机构

a）自行车传动系统　b）自行车后轴飞轮结构

1—链轮（棘轮）　2—棘爪　3—后轴　4—飞轮

如图 7–19 所示为提升机棘轮停止机构，可以有效防止卷筒倒转。

二、槽轮机构

1. 槽轮机构的组成和工作原理

如图 7–20 所示，槽轮机构由主动拨盘 1、从动槽轮 2、圆销 3 和机架组成。主动拨盘 1 以等角速度做连续回转，当其上的圆销 3 未进入从动槽轮 2 的径向槽时，由于从动槽轮 2 的内凹锁止弧被主动拨盘 1 的外凸锁止弧卡住，故从动槽轮 2 不动。如图 7–20 所示为圆销 3 刚进入从动槽轮径向槽时的位置，此时主动拨盘上的锁止弧正好与从动槽轮 2 的锁止弧脱离接合。此后，从动槽轮 2 受圆销 3 的驱使而转动。当圆销 3 在另一边离开径向槽时，锁止

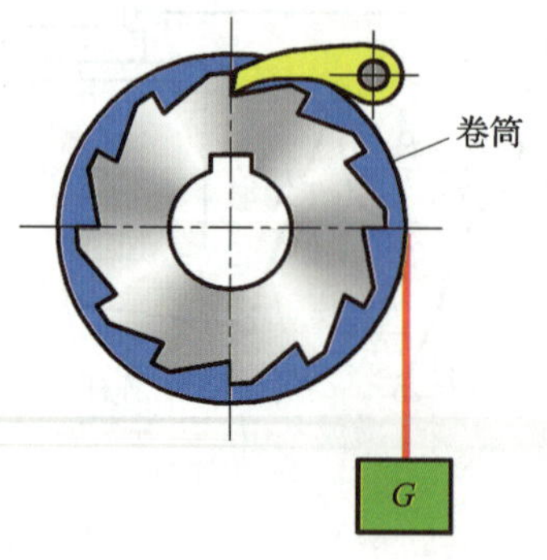

图 7–19　提升机棘轮停止机构

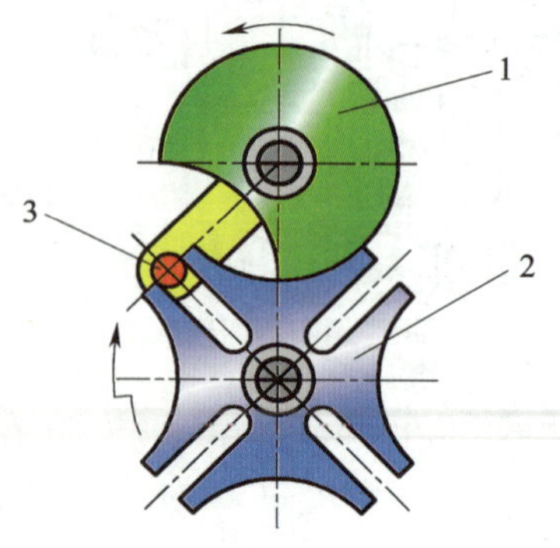

图 7–20　槽轮机构

1—主动拨盘　2—从动槽轮　3—圆销

弧又被卡住，从动槽轮 2 又静止不动。直至圆销 3 再次进入从动槽轮 2 的另一个径向槽时，又重复上述运动。所以，从动槽轮 2 做时动时停的间歇运动。

2. 槽轮机构的常见类型及运动特点

槽轮机构的常见类型及运动特点见表 7–2。

表 7–2　　槽轮机构的常见类型及运动特点

类型	图示	运动特点
单圆销外槽轮机构		主动拨盘每旋转一周，圆销拨动槽轮运动一次，且槽轮与主动拨盘的转向相反。槽轮静止不动的时间很长
双圆销外槽轮机构		主动拨盘每旋转一周，槽轮运动两次，减少了静止不动的时间。槽轮与主动拨盘的转向相反。增加圆销个数，可使槽轮运动次数增多，但圆销数量不宜太多
内啮合槽轮机构		主动拨盘旋转一周，槽轮间歇地转过一个槽口，槽轮与主动拨盘的转向相同。内啮合槽轮机构结构紧凑，传动较平稳，槽轮停歇时间较短

3. 槽轮机构的应用特点

槽轮机构结构简单，转位方便，工作可靠，传动平稳性好，能准确控制槽轮转角；但其转角的大小受到槽数限制，不能调节。在槽轮转动的始末位置处，机构存在冲击现象，且随着转速的增加而加剧，故不适用于高速场合。

第八章　键、销及过盈配合连接

机器都是由各种零件装配而成的，零件与零件之间存在着不同形式的连接。键连接和销连接是两种常用的连接形式。如图 8-1 所示，在轴上安装了 V 带轮，带轮的周向固定用键连接，套的固定用销连接。

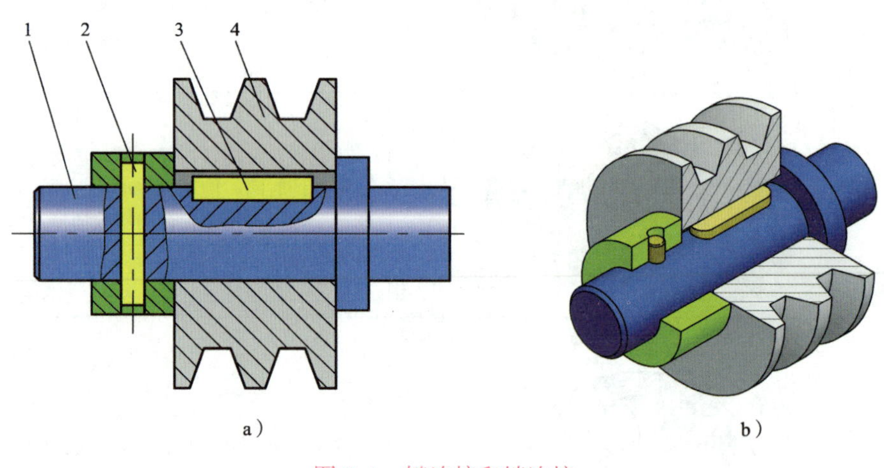

图 8-1　键连接和销连接

a）视图　b）立体图

1—轴　2—销　3—键　4—V 带轮

§ 8-1　键　连　接

键连接可以实现轴与轴上零件（如齿轮、带轮等）之间的周向固定，并传递运动和转矩。键连接具有结构简单、拆装方便、工作可靠、可实现标准化等特点，故在机械中应用极为广泛。

键连接的分类如下：

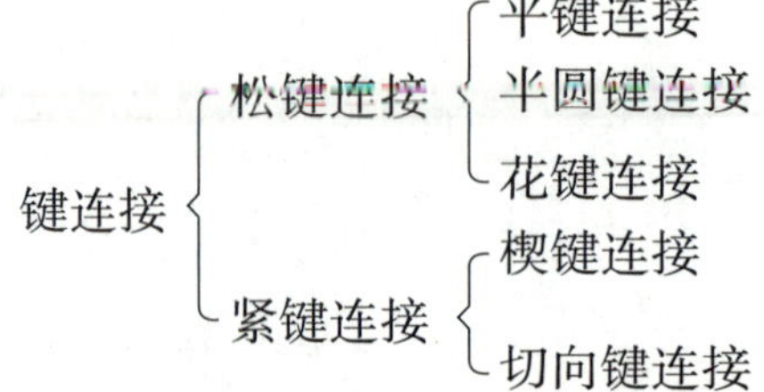

一、平键连接

平键连接的特点是：靠平键的两侧面传递转矩，因此，键的两侧面是工作面，对中性好；而键的上表面与轮毂上的键槽底面之间留有间隙，以便于装配。根据用途不同，平键分为普通型平键、导向型平键和滑键等。

1. 普通型平键连接

（1）普通型平键

如图 8–2 所示，普通型平键按键的端部形状不同，分为圆头（A 型）、方头（B 型）和单圆头（C 型）三种形式。圆头普通型平键（A 型）在键槽中不会发生轴向移动，因而应用最广。单圆头普通型平键（C 型）则多应用于轴的端部。

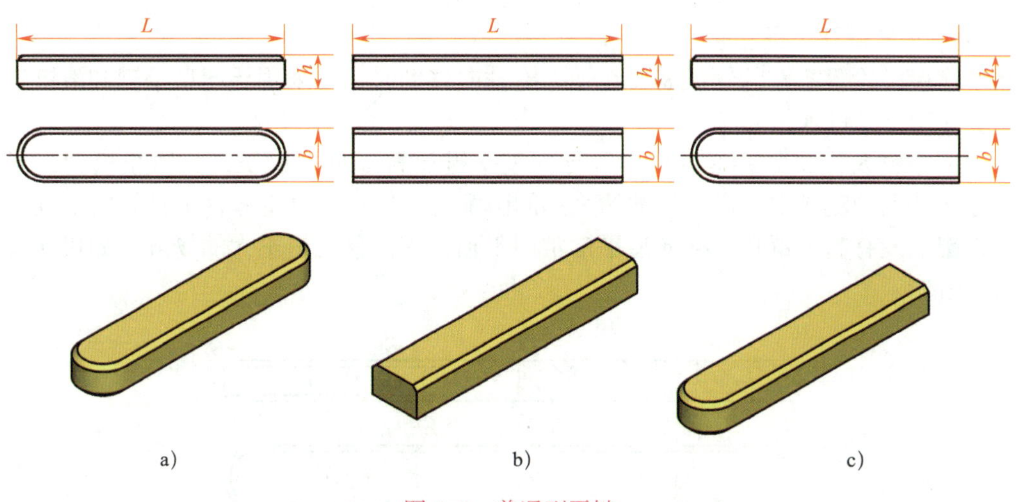

图 8–2　普通型平键

a）A 型　b）B 型　c）C 型

（2）普通型平键连接

普通型平键连接如图 8–3 所示。普通型平键的两侧面是工作表面，连接时与键槽接触；键的顶端与孔上的键槽底面之间有间隙。

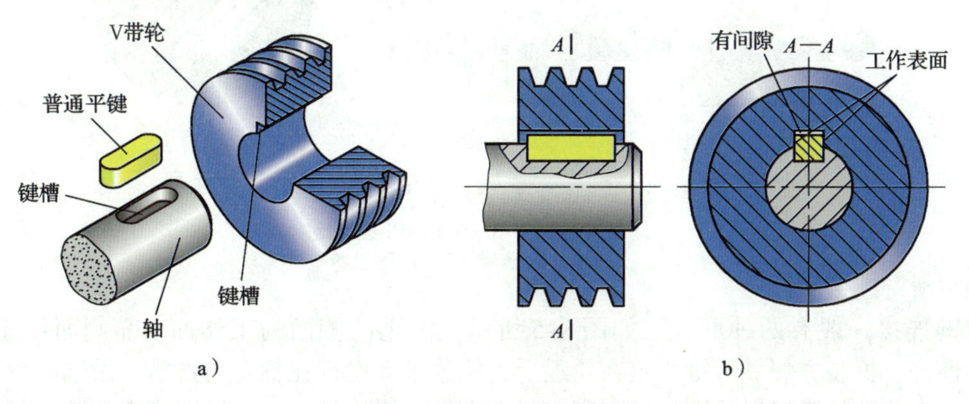

图 8–3　普通型平键连接

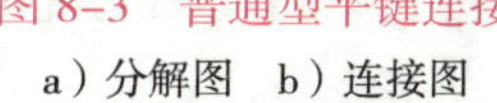

a）分解图　b）连接图

普通型平键的材料通常选用 45 钢。当轮毂为有色金属或非金属时，键可用 20 钢或 Q235 钢制造。普通型平键工作时，轴和轴上零件沿轴向不能有相对移动。

普通型平键是标准件，应用时可根据用途、轮毂长度等选取键的类型和尺寸。普通型平键的主要尺寸有键宽 b、键高 h 和键长 L。

普通型平键的标记示例如下。

“GB/T 1096　键　16×10×100”表示圆头普通型平键、b=16 mm、h=10 mm、L=100 mm。

“GB/T 1096　键　B16×10×100”表示平头普通型平键、b=16 mm、h=10 mm、L=100 mm。

“GB/T 1096　键　C16×10×100”表示单圆头普通型平键、b=16 mm、h=10 mm、L=100 mm。

国家标准规定：在普通型平键标记中，圆头普通型平键（A 型）省略代表型号的字母 A，方头（B 型）和单圆头（C 型）必须标出代表型号的字母。

2. 导向型平键和滑键连接

当被连接齿轮等零件的轮毂需要在轴上沿轴向移动时，可采用导向型平键和滑键连接。

（1）导向型平键连接

导向型平键及连接如图 8–4 所示。导向型平键比普通型平键长，为防止松动，通常用螺钉固定在轴上的键槽中，键与轮毂槽采用间隙配合，因此，轴上零件能做轴向滑动。为便于拆卸，键上设有起键螺孔。导向型平键常用于轴上零件移动量不大的场合，如机床变速箱中的滑移齿轮。

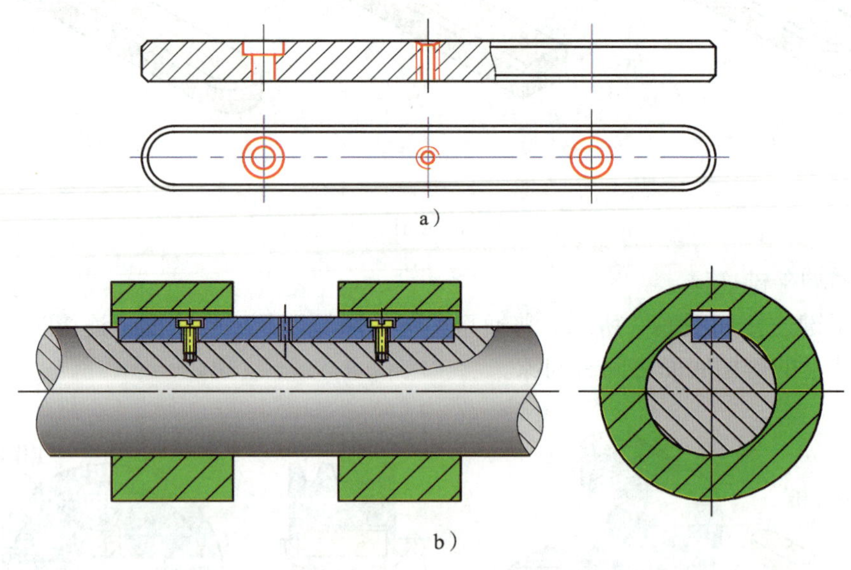

图 8–4　导向型平键及连接

a）导向型平键　b）导向型平键连接

（2）滑键连接

滑键连接一般有两种形式，如图 8–5 所示。滑键的侧面为工作面，靠侧面传递动力，其对中性好，拆装方便。滑键固定在轮毂上，轮毂带动滑键在轴上的键槽中做轴向滑移。滑键可长可短，键长不受滑动距离的限制，只需在轴上铣出较长的键槽即可实现轴上零件较长距离的滑移。

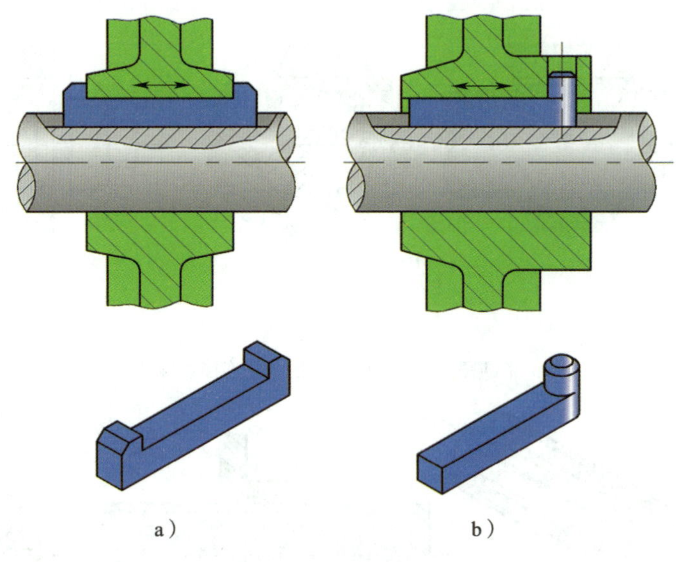

图 8–5　滑键连接
a）钩头滑键连接　b）圆柱头滑键连接

3. 平键连接的配合种类和应用

平键连接采用基轴制配合，按键宽与槽宽配合的松紧程度不同，分为松连接、正常连接和紧密连接三种。平键连接的配合种类和应用见表 8–1。

表 8–1　平键连接的配合种类和应用

<table>
<tr><th rowspan="2">平键连接的配合种类</th><th colspan="3">尺寸 b 的公差带</th><th rowspan="2">应用范围</th></tr>
<tr><th>键宽</th><th>轴槽宽</th><th>轮毂槽宽</th></tr>
<tr><td>松连接</td><td rowspan="3">h8</td><td>H9</td><td>D10</td><td>主要用于导向型平键</td></tr>
<tr><td>正常连接</td><td>N9</td><td>JS9</td><td>用于传递载荷不大的场合，在一般机械制造中应用广泛</td></tr>
<tr><td>紧密连接</td><td colspan="2">P9</td><td>用于传递重载荷、冲击载荷及双向传递转矩的场合</td></tr>
</table>

二、其他键连接

1. 半圆键连接

半圆键连接如图 8–6 所示。半圆键的工作面是键的两侧面，因此与平键一样具有较好的对中性。半圆键可在轴上的键槽中绕槽底圆弧摆动，可用于锥形轴与轮毂的连接。其缺点是键槽对轴的强度削弱较大，只适用于轻载连接的场合。

2. 花键连接

如图 8–7 所示，由沿轴和轮毂孔周向均布的多个键齿相互啮合而形成的连接称为花键连接。花键分为外花键和内花键。花键连接的特点如下。

（1）花键连接是多齿传递载荷，故承载能力高。

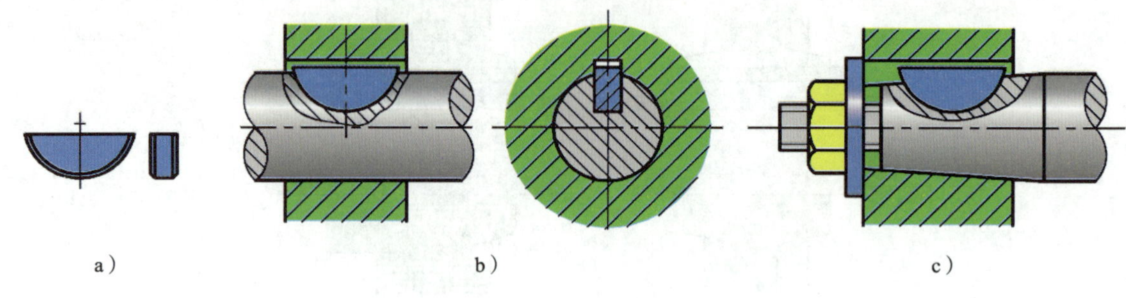

图 8-6　半圆键连接

a）半圆键　b）连接圆柱轴　c）连接圆锥轴

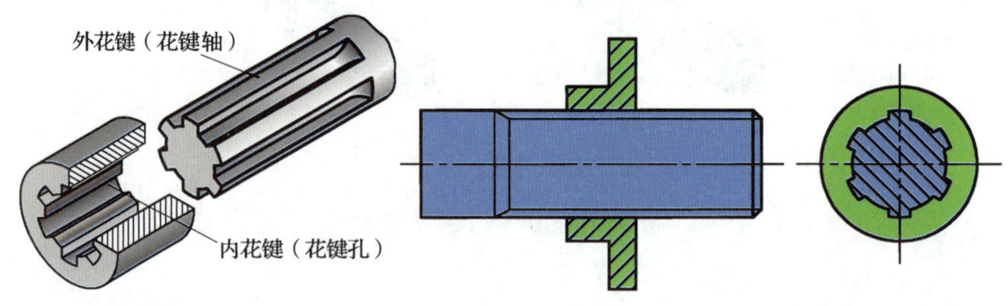

图 8-7　花键连接

（2）花键的齿浅，对轴的强度削弱较小。

（3）对中性及导向性好。

（4）加工需用专用设备，成本高。

花键连接多用于重载和要求对中性好的场合，尤其适用于经常滑动的连接。按齿形不同，花键连接分为矩形花键连接（见图 8-8）和渐开线花键连接（见图 8-9）。

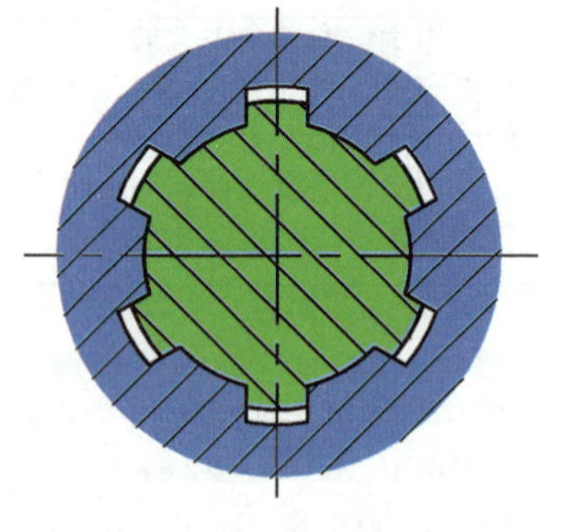

图 8-8　矩形花键连接

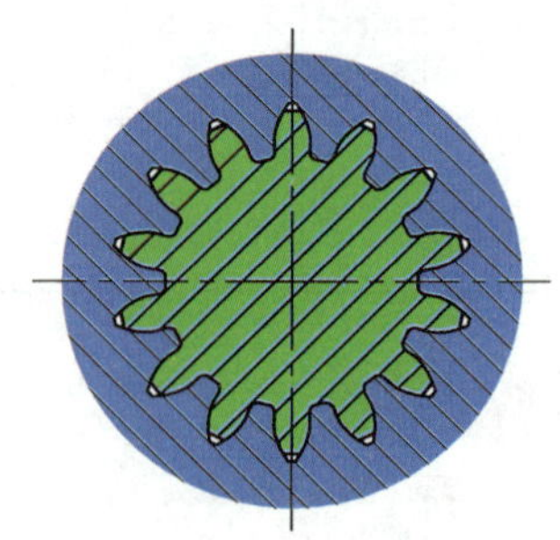

图 8-9　渐开线花键连接

矩形花键齿的两侧面为平面，形状简单，加工方便。由于制造时轴和轮毂上的接合面都要经过磨削，因此能消除热处理所产生的变形。它具有定心精度高、定心稳定性好、应力集中较小、承载能力较大等特点，应用较为广泛。

渐开线花键的齿廓为渐开线，其制造精度高、齿根强度高、应力集中小、承载能力大、定心精度高，因此，常用于载荷较大、定心精度要求较高、尺寸较大的连接。

3. 楔键连接

楔键连接分为普通型楔键连接和钩头型楔键连接，如图 8–10 所示。普通型楔键用于可以从小端将楔键打出的场合；钩头型楔键用于不能从一端将楔键打出的场合，钩头供拆卸用。键的上表面和轮毂槽都有 1 : 100 的斜度，安装时打入、楔紧。楔键的上、下表面与轴、轮毂接触，为工作表面；楔键与键槽的两个侧面不接触（采用公称尺寸相同的间隙配合），为非工作面。楔键连接能使轴上零件周向固定，并能使零件承受单方向的轴向力。由于楔键侧面为非工作面，因此，楔键连接的对中性差，在冲击和变载荷的作用下容易发生松脱现象。楔键连接常用于定心精度要求不高、载荷平稳和低速的场合。根据国家标准规定，由于槽和键宽度方向为间隙配合，其公称尺寸相同，所以在图样上间隙表现不出来。

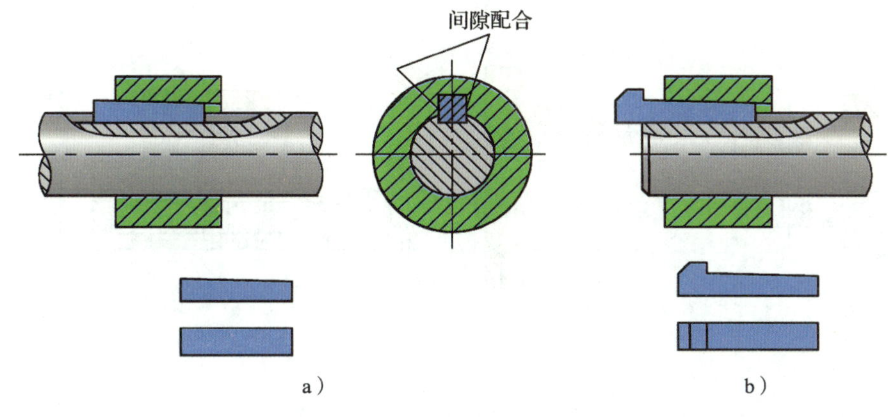

图 8–10 楔键连接

a）普通型楔键连接 b）钩头型楔键连接

4. 切向键连接

切向键连接由一对具有 1 : 100 斜度的楔键沿斜面拼合而成，其上、下两工作面互相平行，轴和轮毂上的键槽底面没有斜度，如图 8–11 所示。装配时，一对切向键分别自轮毂两边打入，使两工作面分别与轴、轮毂的键槽底面压紧。工作时，靠工作面的压紧作用传递转矩。切向键用于传递转矩大、对中性要求不高的场合，如大型带轮、大型飞轮、大型绞车卷筒等。采用一组切向键只能传递单方向的转矩。传递双向转矩时必须采用两组切向键，两组键相隔 120°，如图 8–11a 所示。

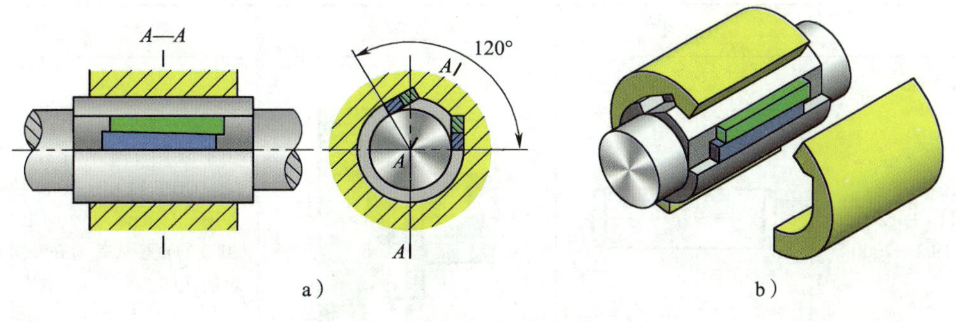

图 8–11 切向键连接

a）结构图 b）实物图

§8-2 销连接

一、销的用途

销连接主要用于定位（作为组合加工和装配时的辅助零件，用于确定零件间的相对位置，如图 8-12a 所示），也可用于轴与毂的连接或其他零件的连接（见图 8-12b），还可以作为安全装置中的过载保护零件（见图 8-12c）。

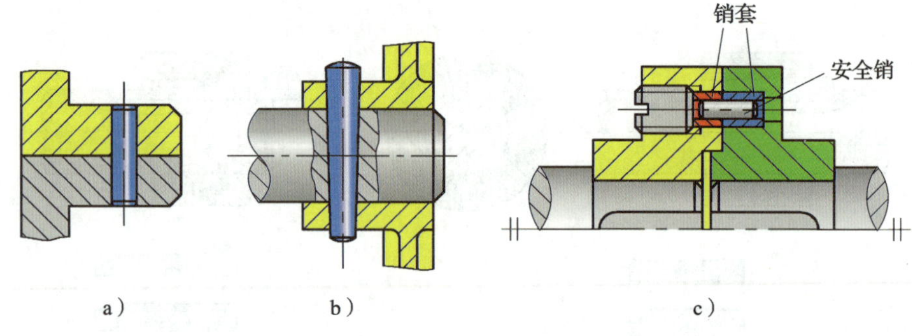

图 8-12　销连接的类型

a）定位　b）连接　c）过载保护

安全销在机器过载时应被剪断，因此，销的直径应按过载时被剪断的条件确定。为了确保安全销被剪断前不发生挤压破坏，通常可在安全销上安装销套。销套有两个，分别安装在两个被连接件上的孔内，如图 8-12c 所示。

二、销的类型、结构、特点及应用

销的形式有很多，基本类型有圆柱销和圆锥销两种，它们均有带螺纹和不带螺纹两种形式。销的结构和参数已标准化，常用圆柱销和圆锥销的类型、结构、特点及应用见表 8-2。

表 8-2　常用圆柱销和圆锥销的类型、结构、特点及应用

类型	简图	应用图例	特点及应用
圆柱销 （GB/T 119.1—2000、GB/T 119.2—2000）			主要用于定位，也可用于连接。GB/T 119.1—2000 的直径公差有 m6 和 h8 两种，GB/T 119.2—2000 的直径公差为 m6。与销相配合的孔的加工方法有配钻、铰等

续表

类型	简图	应用图例	特点及应用
内螺纹圆柱销 （GB/T 120.1—2000）	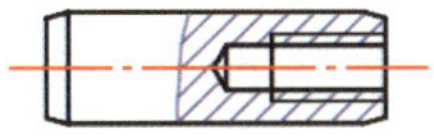	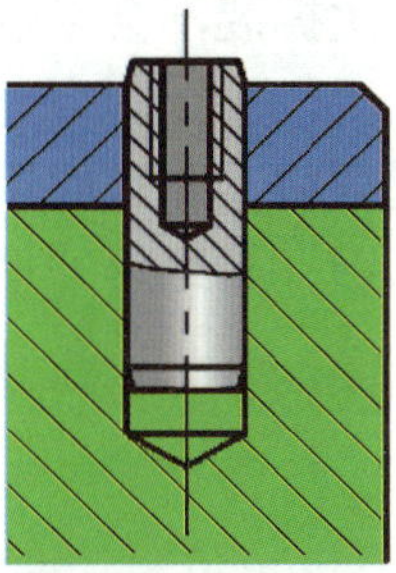	主要用于定位，也可用于连接。内螺纹供拆卸用。公差带只有m6一种，常用的定位或连接孔的加工方法有配钻、铰等
圆锥销 （GB/T 117—2000）		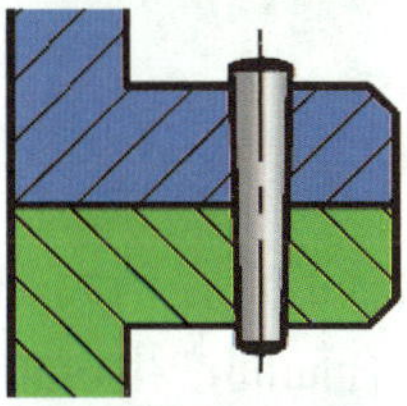	有1∶50的锥度，与相同锥度的铰制孔相配合。圆锥销安装方便，主要用于定位，也可用于固定零件、传递动力，多用于经常拆卸的场合。定位精度比圆柱销高，在受横向力时能自锁
内螺纹圆锥销 （GB/T 118—2000）	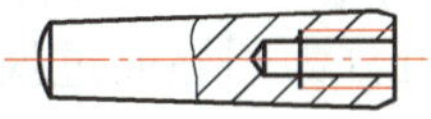	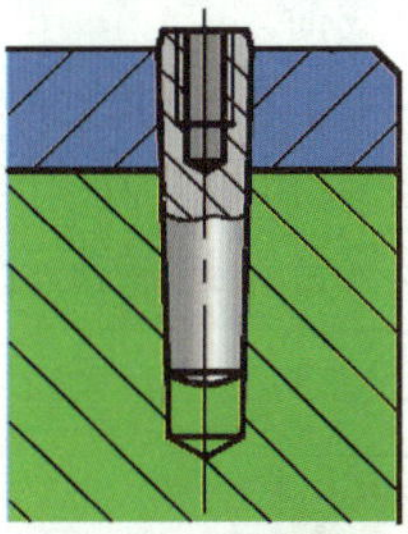	螺孔用于拆卸，可用于不通孔。有1∶50的锥度，与相同锥度的铰制孔相配合。拆装方便，可多次拆装，定位精度比圆柱销高，能自锁
开尾圆锥销 （GB/T 877—1986）	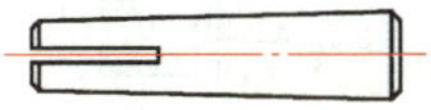	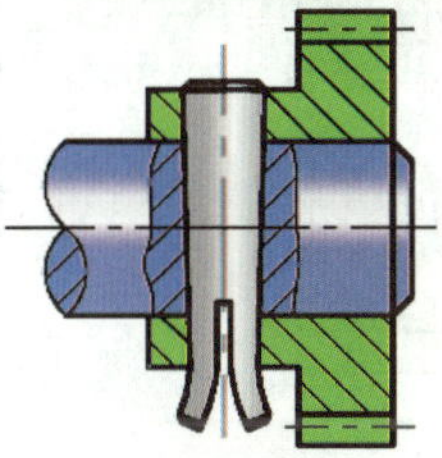	有1∶50的锥度，与相同锥度的铰制孔相配合。打入销孔后，可使末端稍张开，避免松脱，用于有冲击、振动的场合
螺尾锥销 （GB/T 881—2000）		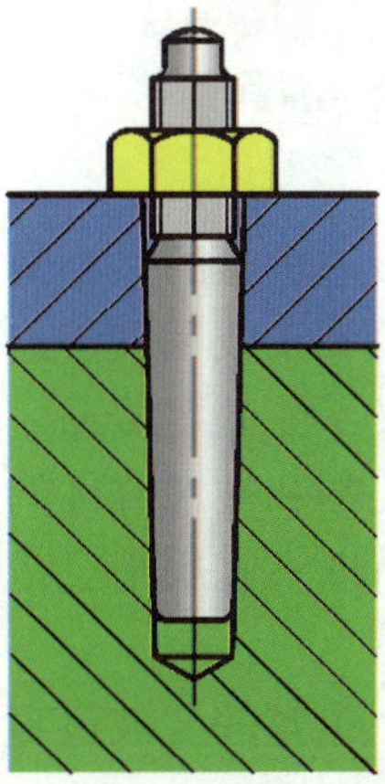	螺纹用于拆卸，有1∶50的锥度，与相同锥度的铰制孔相配合。拆装方便，可多次拆装，定位精度比圆柱销高，能自锁

三、销的选用与材料

圆柱销利用较小的过盈量固定在销孔中，多次拆装会降低定位精度和可靠性；圆锥销的定位精度和可靠性较高，并且多次拆装不会影响定位精度。因此，需要经常拆装的场合不宜采用圆柱销，而应采用圆锥销。

销起定位作用时一般不承受载荷，并且使用的数量不得少于两个。

销的材料常选用 35 钢或 45 钢，并经热处理达到一定硬度。

§8-3 过盈配合连接

一、过盈配合连接的类型、特点和应用

过盈配合连接是使相配合的轴的直径稍大于孔的直径，把轴装入孔以后，由于材料的弹性变形，在包容件和被包容件配合面间产生压力。工作时，依靠此压力产生的摩擦力传递转矩、轴向力或者两者都有的复合载荷。

过盈配合连接的特点是：结构简单，同轴性好，轴上不开孔或槽，对轴强度削弱小，承载能力高，耐冲击性能好，能承受变载和冲击力；但配合表面的加工精度要求高，且装拆不方便。

按过盈配合连接的配合面形状分，过盈配合连接可分为圆柱面过盈配合连接和圆锥面过盈配合连接两种，如图 8-13 所示。

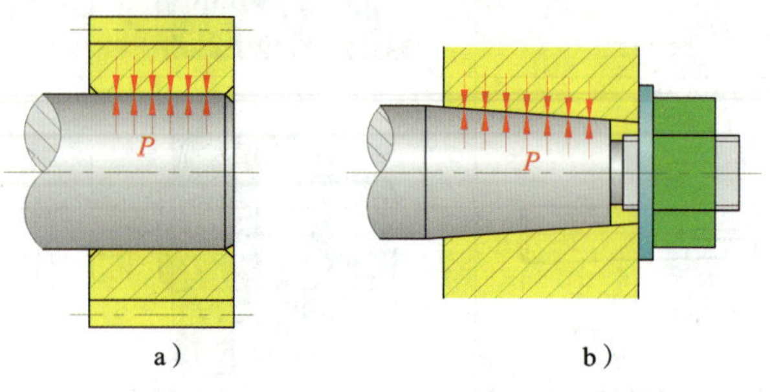

图 8-13　过盈配合连接

a）圆柱面过盈配合连接　b）圆锥面过盈配合连接

1. 圆柱面过盈配合连接

圆柱面过盈配合连接配合后过盈值的大小是按连接要求的紧固程度确定的。在确定配合种类时，一般应选择其最小过盈等于或稍大于连接所需要的最小过盈量。因为过盈量过大会增加装配困难，而过盈量过小又不能满足传递一定转矩的要求。在确定其精度等级时也要适当。为了便于装配，包容件的孔端和被包容件的进入端都应该倒角。圆柱面过盈配合连接装拆不便，且接合面容易损伤，所以不宜用于经常装拆的场合。

2. 圆锥面过盈配合连接

圆锥面过盈配合连接是利用包容件与被包容件相对轴向位移后相互压紧而获得过盈的连

接。采用液压装拆的，其配合面锥度通常为 1∶50 ~ 1∶30；采用螺纹连接实现轴向压紧的，其配合面的锥度通常为 1∶30 ~ 1∶8。

圆锥面过盈配合连接的压合距离短，装拆方便，装拆时配合面不容易损伤，可用于多次装拆的场合，但其配合面加工困难。

二、过盈配合的装配方法

1. 压入法

当配合尺寸和过盈量较小时，可采用常温下的压入法，如锤击、使用压力机等。

2. 热胀法

利用金属材料热胀冷缩的物理特性，将包容件（孔）加热胀大，再将常温状态的被包容件（轴）压入，达到过盈配合连接。加热温度和加热方法应根据过盈量及轮毂尺寸大小来选择。常用的加热方法有沸水加热（80 ~ 100 ℃）、蒸汽加热（120 ℃）、油加热（90 ~ 230 ℃）、电阻炉加热、红外线辐射加热和感应加热等。

3. 冷缩法

利用热胀冷缩的特性，将轴冷却，轴颈缩小后装入常温的孔中。常用的方法是采用干冰冷缩（−78 ℃）和液氮冷缩（−195 ℃）。

4. 液压套合法

装配时将高压油压入配合面间，使包容件内径涨大，被包容件外径缩小，同时施加一定的轴向力，使之互相压紧，当压紧到预定的轴向位置后，排出高压油，即可形成过盈配合连接。但采用这种方法时，需在包容件或被包容件上制出油孔和油沟。

利用液压套合法装卸过盈配合连接，既不需要很大轴向力，又不损伤配合表面，多用于承载较大且需多次装拆的场合，尤其适用于大型零件。

三、过盈配合连接的拆卸与修理

过盈配合连接的零件一般不进行拆卸，拆卸时容易损伤或破坏连接零件。过盈配合连接的损坏形式是过盈量丧失而使配合松动。对于简单的包容件一般采取更换的方法重新建立过盈配合连接。若采用修复时，一般先修复孔，然后以孔为基准改变修复后的轴的尺寸，使轴、孔重新产生需要的过盈量。

轴的修复方法较多，可采用喷涂、刷镀、补焊后进行加工等。经修复后的孔、轴配合面，必须具有合格的尺寸精度、表面粗糙度及同轴度。

第九章 轴与轴承

轴是机器中最基本、最重要的零件之一。各种做回转运动的零件（如带轮、齿轮等）都必须安装在轴上才能传递运动和动力。轴在生产、生活中随处可见，如减速器中的转轴、自行车中的轮轴、汽车中的传动轴，以及内燃机中的曲轴等。轴承的作用是支承转动的轴及轴上零件，用以保证轴的旋转精度，减少轴与轴座之间的摩擦和磨损，轴承性能的好坏直接影响机器的使用性能。根据摩擦性质不同，轴承分为滚动轴承和滑动轴承两大类。如图 9-1 所示为单级齿轮减速器上的输出轴，其上安装了齿轮、滚动轴承、定位套、键等零件。

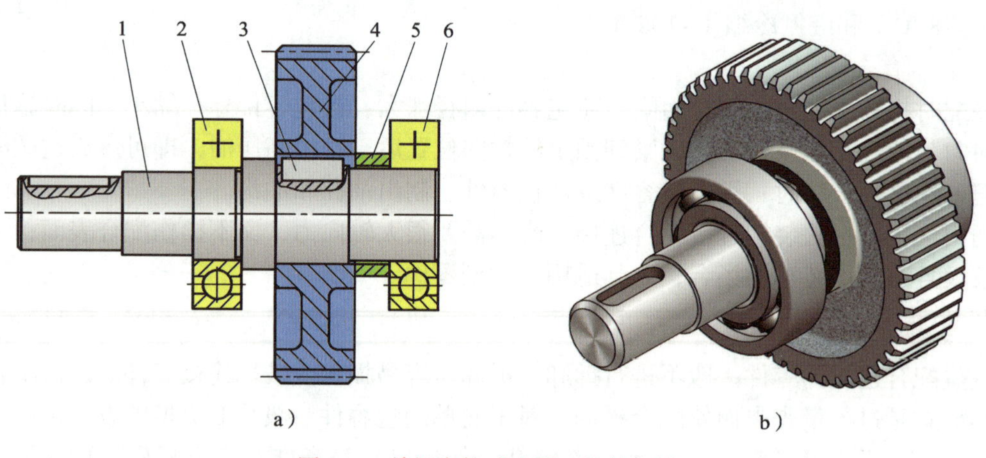

图 9-1 单级齿轮减速器上的输出轴

a）视图 b）实体图

1—输出轴 2、6—滚动轴承 3—键 4—齿轮 5—定位套

§9-1 轴

一、轴的主要类型及应用特点

轴的主要功用是支承回转零件（如齿轮、带轮等）、传递运动和动力。根据轴线形状的不同，轴可以分为直轴、曲轴和挠性钢丝软轴（简称挠性轴），见表 9-1。

表 9–1 轴的主要类型及应用特点

轴的类型		外形图	应用特点
直轴	光轴		光轴形状简单，加工容易，应力集中源较少；轴上零件不易定位。主要应用于自行车心轴、车床光杠等
	阶梯轴		阶梯轴加工复杂，应力集中源较多，容易实现轴上零件定位。主要应用于减速器、机床中的轴等
曲轴			曲轴常用于将回转运动转变为直线往复运动，或将直线往复运动转变为回转运动。主要用于内燃机、空气压缩机、活塞泵及冲床等
挠性钢丝软轴（挠性轴）		被驱动装置 接头 钢丝软轴（外层为护套） 动力源 接头	挠性轴由几层紧贴在一起的钢丝构成，可以把回转运动灵活地传到任何位置，适用于连续振动的场合，具有缓和冲击的作用。主要用于医疗器械、电动手持小型机具（如铰孔机、刮削机）等

二、直轴的分类及应用特点

根据承载情况不同，直轴又可以分为心轴、传动轴和转轴三类，见表 9–2。

表 9–2 直轴的分类及应用特点

类型		举例	应用特点
心轴	转动心轴	转动心轴 火车轮轴	工作时只承受弯矩，起支承作用

续表

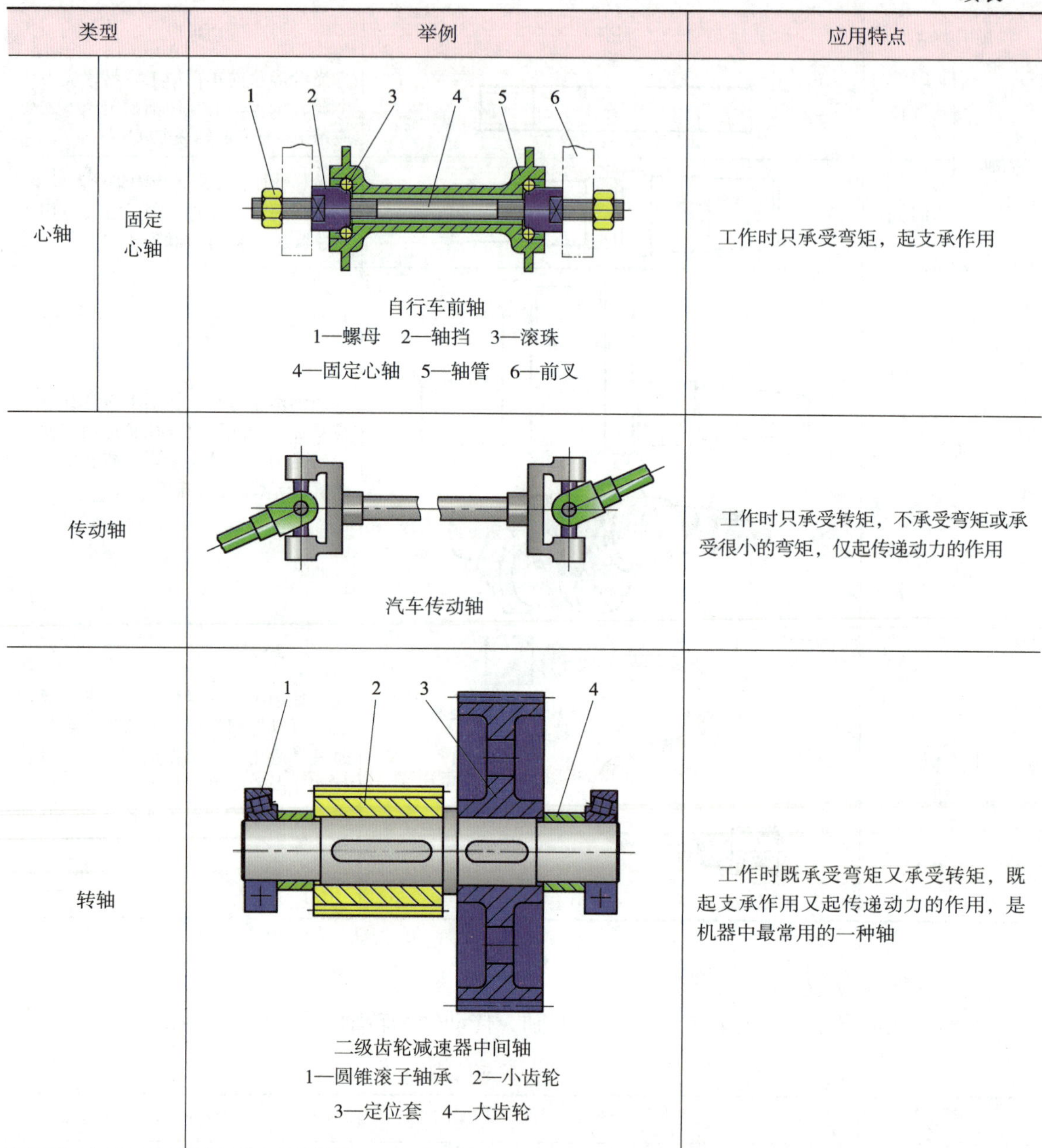

类型		举例	应用特点
心轴	固定心轴	自行车前轴 1—螺母　2—轴挡　3—滚珠 4—固定心轴　5—轴管　6—前叉	工作时只承受弯矩，起支承作用
传动轴		汽车传动轴	工作时只承受转矩，不承受弯矩或承受很小的弯矩，仅起传递动力的作用
转轴		二级齿轮减速器中间轴 1—圆锥滚子轴承　2—小齿轮 3—定位套　4—大齿轮	工作时既承受弯矩又承受转矩，既起支承作用又起传递动力的作用，是机器中最常用的一种轴

三、轴的结构

1. 轴的结构名称

如图 9–2 所示为二级齿轮减速器中输出轴（转轴）的结构。轴上各段按其作用可分别称为轴头、轴颈、轴身、轴肩和轴环等。轴上被支承的部位称为轴颈；安装轮毂的部位称为轴头；连接轴颈和轴头的部位称为轴身；轴径变化处形成的环形面称为轴肩；轴环是指给轴上零件轴向定位的环状圆柱凸台，其作用和轴肩相同。

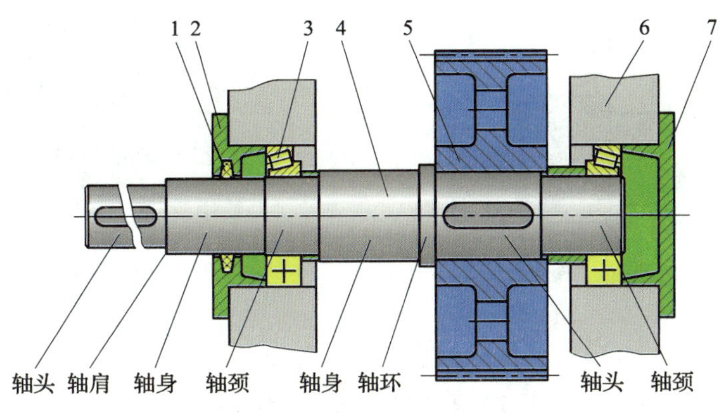

图 9–2 二级齿轮减速器中输出轴（转轴）的结构

1—密封圈 2—透盖 3—滚动轴承 4—轴 5—齿轮 6—箱体 7—闷盖

2. 轴上常见的工艺结构（见图 9–3）

轴的结构形式应便于加工，便于轴上零件的装配和维修，并且能提高生产率、降低成本。一般来说，轴的结构越简单，工艺性越好，所以在满足使用要求的前提下，轴的结构形式应尽量简化。在进行轴的设计时应注意以下几点。

（1）轴的结构和形状应便于加工、装配和维修。

（2）阶梯轴的直径应中间大、两端小，以便于轴上零件的拆装。

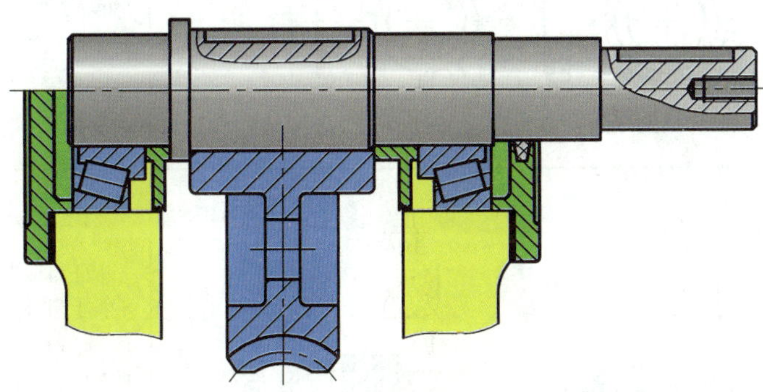

图 9–3 轴上常见的工艺结构

（3）轴端、轴颈与轴肩（或轴环）的过渡部位应有倒角或过渡圆角，以便于轴上零件的装配，避免划伤配合表面，减小应力集中。应尽可能使倒角（或圆角半径）一致，以便于加工。

（4）若轴上需要车螺纹或进行磨削时，应有螺纹退刀槽（见图 9–4）或砂轮越程槽（见图 9–5），图中 a 为槽的宽度，b 为槽的深度。

（5）当轴上有两个以上的键槽时，槽宽应尽可能相同，并布置在同一方向上，以便于加工。

四、轴上零件的固定

1. 轴上零件的轴向固定

轴上零件轴向固定的目的是保证零件在轴上有确定的轴向位置，防止零件做轴向移动，并能承受轴向力。轴上零件的轴向固定方法及应用见表 9–3。

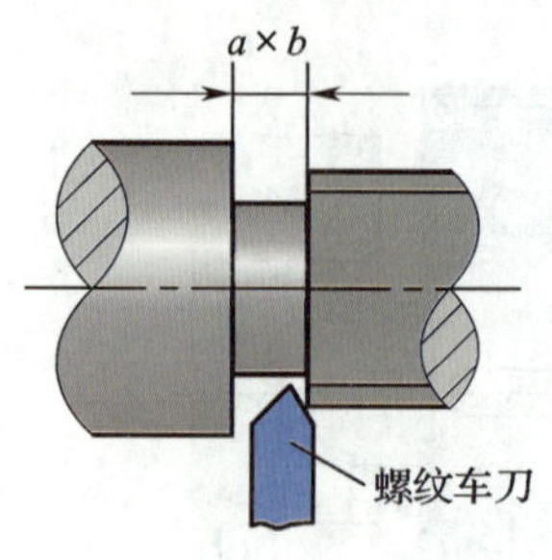

图 9–4　螺纹退刀槽

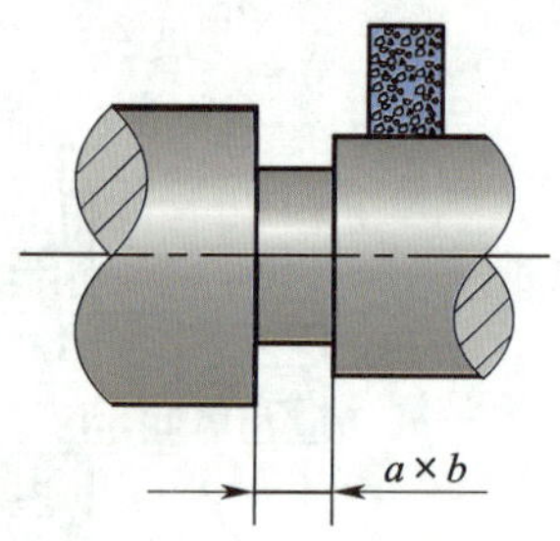

图 9–5　砂轮越程槽

表 9–3　　轴上零件的轴向固定方法及应用

类型	固定方法及简图	结构特点及应用
圆螺母	止动垫圈 圆螺母 圆螺母　止动垫圈	固定可靠、拆装方便，可承受较大的轴向力。为防止松脱，可加止动垫圈或使用双螺母。由于在轴上切制了螺纹，使轴的强度有所降低。常用于轴上零件距离较大处及轴端零件的固定
轴肩与轴环	I/3:1　II/3:1	应使轴肩、轴环的过渡圆角半径 r 小于轴上零件孔端的圆角半径 R 或倒角 C（$r<R$ 或 $r<C$），这样才能使轴上零件的端面紧靠定位面。其特点是结构简单、定位可靠，能承受较大的轴向力，广泛应用于各种轴上零件的定位
套筒		结构简单、定位可靠，适用于轴上零件间距离较短的场合，当轴的转速很高时不宜采用

续表

类型	固定方法及简图	结构特点及应用
轴端挡圈	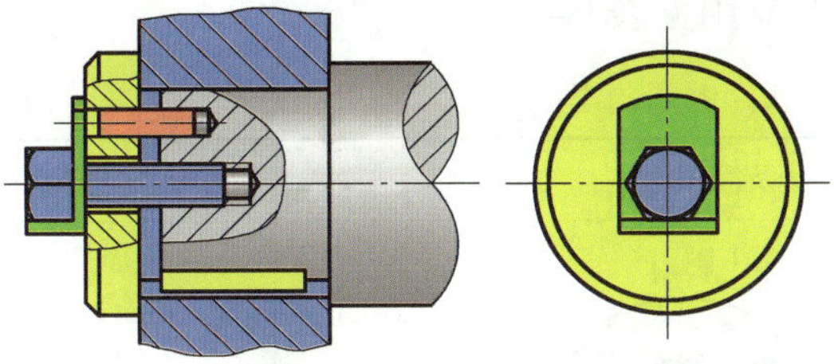	工作可靠、结构简单，可承受剧烈振动和冲击载荷。使用时，应采取止动垫片、防转螺钉等防松措施。该方法应用广泛，常用于固定轴端零件
弹性挡圈	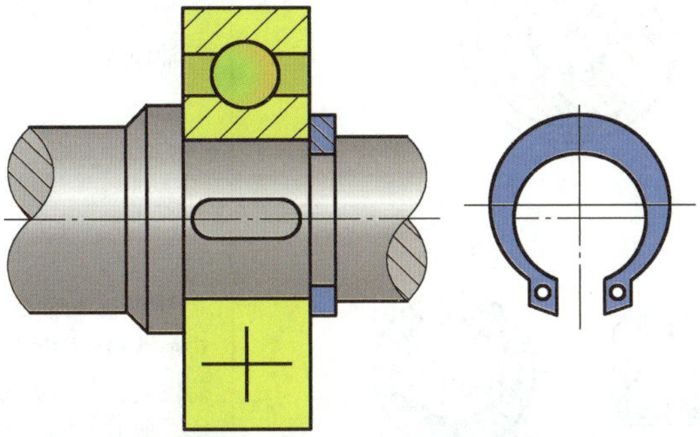	结构简单、紧凑，拆装方便，只能承受很小的轴向力。需要在轴上切槽，这将引起应力集中。常用于滚动轴承的固定
轴端挡板	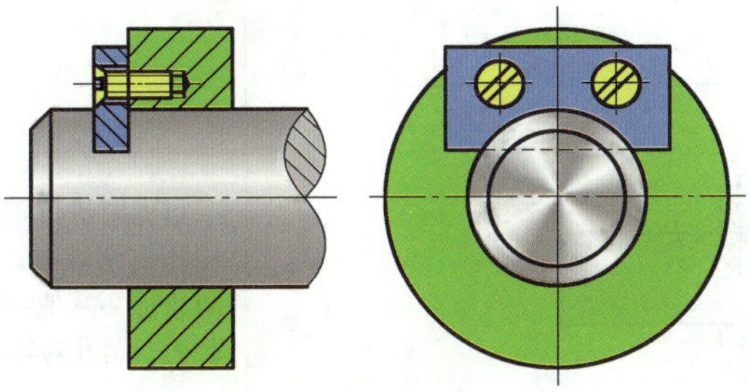	结构简单，常用于心轴上零件的固定和轴端固定
紧定螺钉与挡圈	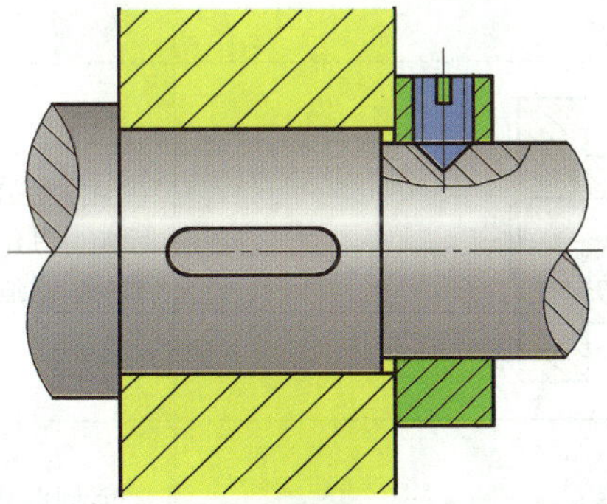	结构简单，能同时起周向固定作用，但承载能力较低，且不适用于高速场合
圆锥面	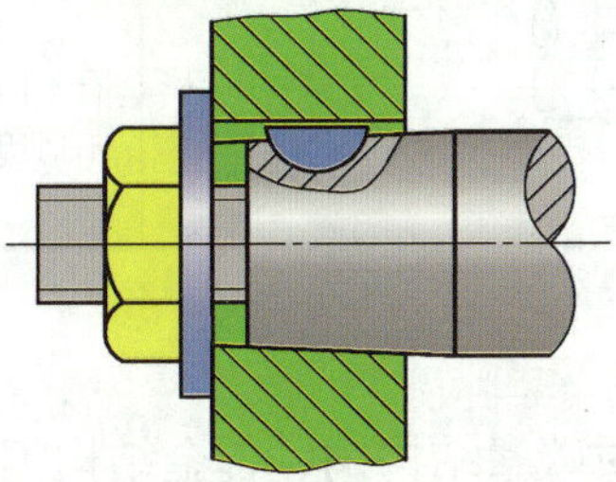	能消除轴与轮毂间的径向间隙，拆装方便，可兼作周向固定。常与轴端挡圈联合使用，实现零件的双向固定。适用于有冲击载荷和对中性要求较高的场合，常用于轴端零件的固定

2. 轴上零件的周向固定

轴上零件周向固定的目的是保证轴能可靠地传递运动和转矩，防止轴上零件与轴产生相对转动。轴上零件的周向固定方法及应用见表 9–4。

表 9–4　　轴上零件的周向固定方法及应用

类型	固定方法及简图	结构特点及应用
平键连接	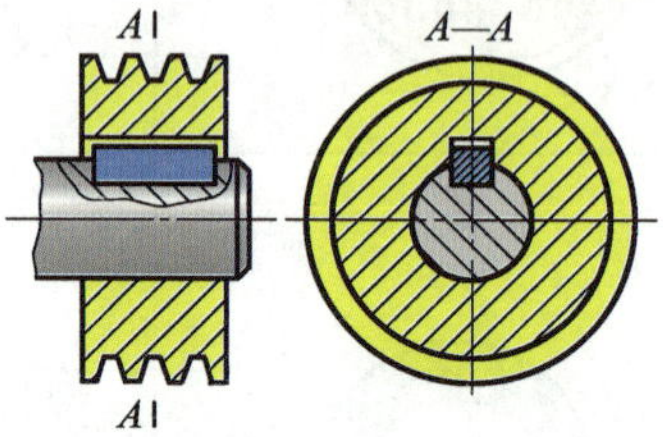 A A—A A	加工容易、拆装方便，但不能进行轴向固定
花键连接	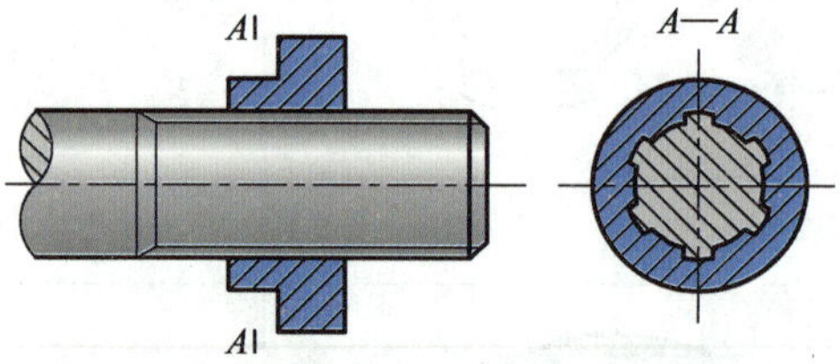 A A—A A	具有接触面积大、承载能力强、对中性和导向性好等特点，适用于载荷较大、定心要求高的静连接、动连接。加工工艺较复杂，成本较高
销连接	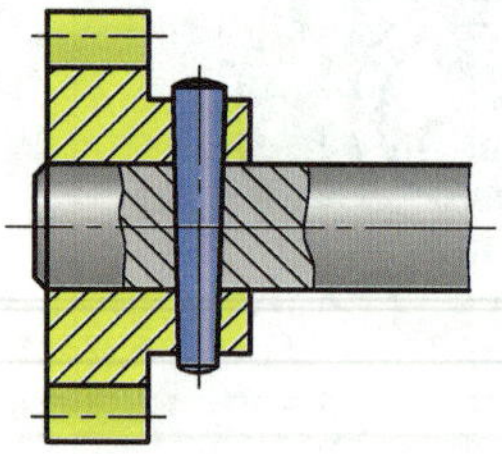	可同时进行轴向和周向固定，常用作安全装置，过载时可被剪断，防止损坏其他零件。不能承受较大载荷，销孔对轴的强度有削弱作用
紧定螺钉连接	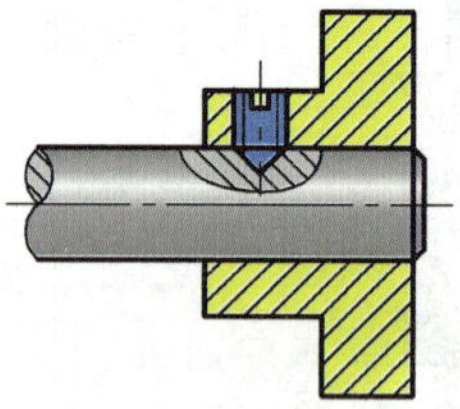	紧定螺钉端部拧入轴上凹坑实现固定。其结构简单，不能承受较大载荷，只适用于辅助连接
过盈配合连接	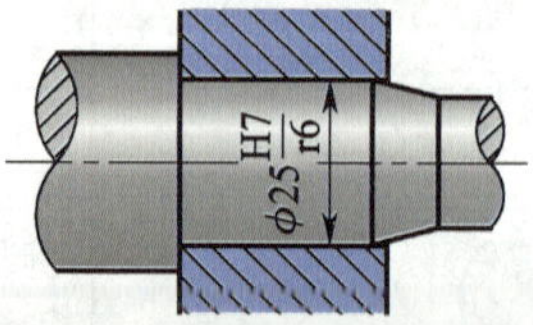 $\phi25\frac{H7}{r6}$	能同时进行轴向固定和周向固定，对中精度高，选择不同的配合有不同的连接强度。但装拆不方便，不适用于重载和经常拆装的场合

五、轴的常用材料

轴的常用材料主要有碳素结构钢和优质碳素结构钢、合金结构钢、铸铁等。

1. 碳素结构钢和优质碳素结构钢

常用的优质碳素结构钢有 30、35、40、45、50 等，其中 45 钢的应用最广。通常为改善轴的力学性能，应对其进行正火或调质处理。对于不重要或受力较小的轴，常采用 Q235、Q275 等碳素结构钢。

2. 合金结构钢

常用的合金结构钢有 20Cr、40Cr、20CrMnTi 等。合金结构钢具有较高的力学性能和较好的热处理性能，但对应力集中比较敏感，且价格较贵，多用于重载、高速或有特殊要求的轴。

3. 铸铁

用于制造轴的铸铁一般为珠光体可锻铸铁和球墨铸铁，其流动性好、吸振性好、耐磨性高、对应力集中敏感性低、价格低廉；但其强度和韧性低，且铸造质量不易控制。一般常用于形状复杂、尺寸较大的轴。

§9-2 滚动轴承

滚动轴承是将运转的轴与轴座之间的滑动摩擦变为滚动摩擦，从而减少摩擦损失的一种精密的机械元件。其具有摩擦阻力小、启动灵敏、效率高、润滑简便、易于互换、装拆和维护方便、价格较便宜等优点，应用非常广泛。其缺点是抗冲击能力较差，高速时易出现噪声，工作寿命不及液体摩擦的滑动轴承。滚动轴承是标准件，由专业工厂生产。一般设计人员主要是根据具体的工作条件，正确选择轴承的类型和型号。

一、滚动轴承的结构和类型

1. 滚动轴承的结构

滚动轴承的结构如图 9-6 所示，它一般由内圈、外圈、滚动体和保持架组成。一般情况下，内圈装在轴颈上，与轴一起转动；外圈装在机座的轴承孔内固定不动（惰轮、张紧轮、压紧轮等装配的轴承是外圈转，内圈不转）。内圈、外圈上设置有滚道，当内圈、外圈相对旋转时，滚动体沿着滚道滚动。常见的滚动体形状如图 9-7 所示。保持架的作用是分隔开两个相邻的滚动体，以减少滚动体之间的碰撞和摩擦。常见的保持架结构形式如图 9-8 所示。

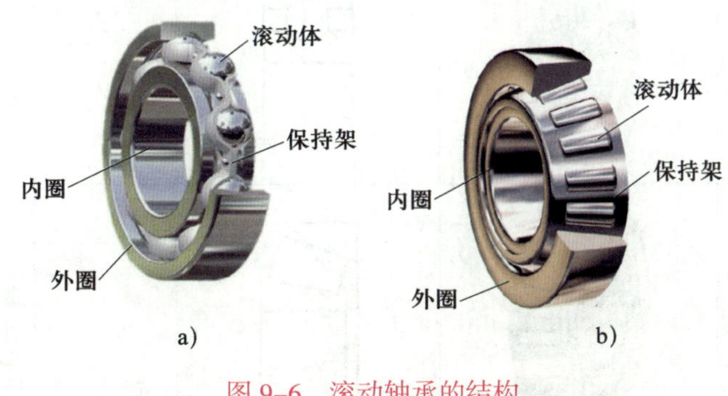

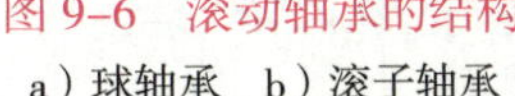
图 9-6 滚动轴承的结构

a）球轴承 b）滚子轴承

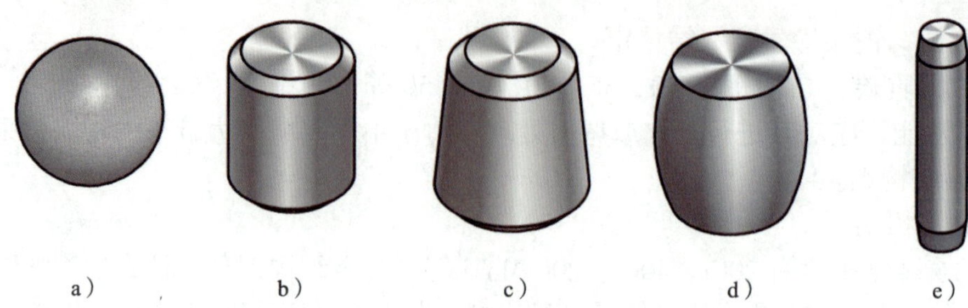

a） b） c） d） e）

图 9–7 常见的滚动体形状

a）球 b）圆柱滚子 c）圆锥滚子 d）球面滚子 e）滚针

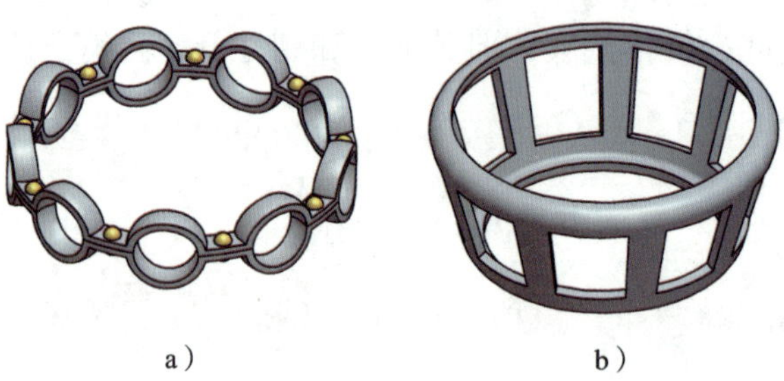

a） b）

图 9–8 常见的保持架结构形式

a）深沟球轴承用保持架 b）圆锥滚子轴承用保持架

2. 滚动轴承的类型

滚动轴承可分为向心轴承和推力轴承。向心轴承又可分为径向接触轴承和向心角接触轴承。径向接触轴承主要承受径向载荷，有些可承受较小的轴向载荷；向心角接触轴承能同时承受径向载荷和轴向载荷。推力轴承又可分为轴向接触轴承和推力角接触轴承。轴向接触轴承只能承受轴向载荷；推力角接触轴承主要承受轴向载荷，也可承受较小的径向载荷。

滚动轴承的种类非常多，以便满足各种不同的工况条件和要求。常用滚动轴承的种类和特性见表 9–5。

表 9–5 常用滚动轴承的种类和特性

序号	轴承名称	实物图	结构简图	承载方向	基本特性
（1）	深沟球轴承（GB/T 276—2013）				主要承受径向载荷，也可同时承受较小的双向轴向载荷。摩擦阻力小，极限转速高，结构简单，价格便宜，应用广泛
（2）	圆锥滚子轴承（GB/T 297—2015）				能同时承受较大的径向载荷和轴向载荷。内圈、外圈可分离，通常成对使用，对称布置安装

续表

序号	轴承名称		实物图	结构简图	承载方向	基本特性
（3）	推力球轴承（GB/T 301—2015）	单向				只能承受单向轴向载荷，适用于轴向载荷大、转速不高的场合
		双向				可承受双向轴向载荷，适用于轴向载荷大、转速不高的场合
（4）	圆柱滚子轴承（GB/T 283—2007）					有内圈无挡边、外圈无挡边等形式。图示为外圈无挡边圆柱滚子轴承，它只能承受纯径向载荷。与球轴承相比，承受载荷的能力较大，尤其是承受冲击载荷的能力大，但极限转速较低
（5）	调心球轴承（GB/T 281—2013）					主要承受径向载荷，同时可承受较小的双向轴向载荷。外圈内滚道为球面，能自动调心，允许有一定的角偏差。适用于弯曲刚度小的轴
（6）	调心滚子轴承（GB/T 288—2013）					主要承受径向载荷，同时能承受较小的双向轴向载荷，其承载能力比调心球轴承大；具有自动调心性能，允许有一定的角偏差。适用于重载和冲击载荷的场合
（7）	推力调心滚子轴承（GB/T 5859—2008）					可以承受很大的轴向载荷和不大的径向载荷，允许有一定的角偏差。适用于重载和要求调心性能好的场合

续表

序号	轴承名称	实物图	结构简图	承载方向	基本特性
（8）	角接触球轴承（GB/T 292—2007）				能同时承受径向载荷和轴向载荷。适用于转速较高，同时承受径向载荷和轴向载荷的场合
（9）	推力圆柱滚子轴承（GB/T 4663—2017）				能承受很大的单向轴向载荷，承载能力比推力球轴承大得多，不允许有角偏差

二、滚动轴承的代号

滚动轴承的类型有很多，同一类型的轴承又有各种不同的结构、尺寸、公差等级和技术性能等。例如较为常用的深沟球轴承，在尺寸方面有大小不同的内径、外径和宽度（见图 9–9a），在结构上有带防尘盖的轴承（见图 9–9b）和外圈上有止动槽的轴承（见图 9–9c）等。虽然滚动轴承的类型繁多，但无论哪一种滚动轴承，都可以用字母和数字按一定规律排列组成的代号，来表示轴承的结构类型、尺寸、材质、技术要求等特征。滚动轴承代号由前置代号、基本代号和后置代号三部分组成，见表 9–6。其中，基本代号是滚动轴承代号的核心，它表示轴承的基本类型、结构和尺寸。

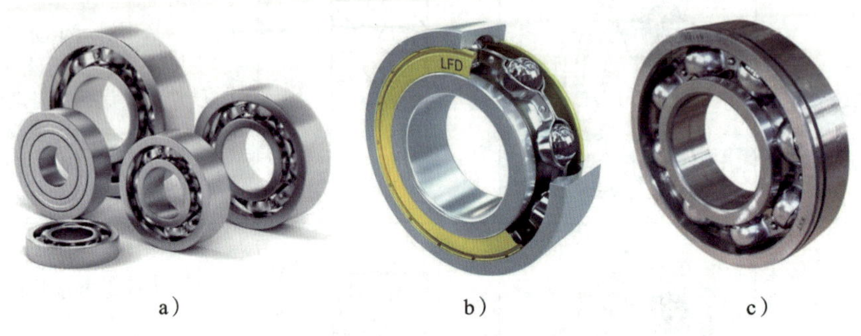

a）　　b）　　c）

图 9–9　深沟球轴承

a）不同尺寸的轴承　b）带防尘盖的轴承　c）外圈上有止动槽的轴承

表 9–6　滚动轴承代号的组成

<table>
<tr><td rowspan="4">前置代号</td><td colspan="4">基本代号</td><td rowspan="4">后置代号</td></tr>
<tr><td colspan="3">轴承系列代号</td><td rowspan="3">内径代号</td></tr>
<tr><td rowspan="2">类型代号</td><td colspan="2">尺寸系列代号</td></tr>
<tr><td>宽度（或高度）系列代号</td><td>直径系列代号</td></tr>
</table>

注：国家标准对滚针轴承的基本代号另有规定。

1. 基本代号

基本代号由轴承系列代号和内径代号组成，轴承系列代号又由类型代号和尺寸系列代号组成，所以可以认为基本代号由类型代号、尺寸系列代号、内径代号三部分组成。

（1）类型代号

轴承的类型代号见表 9–7。

表 9–7　轴承的类型代号（摘自 GB/T 272—2017）

类型代号	轴承类型	类型代号	轴承类型
0	双列角接触球轴承	7	角接触球轴承
1	调心球轴承	8	推力圆柱滚子轴承
2	调心滚子轴承和推力调心滚子轴承	N	圆柱滚子轴承，双列或多列用字母 NN 表示
3	圆锥滚子轴承	U	外球面球轴承
4	双列深沟球轴承	QJ	四点接触球轴承
5	推力球轴承	C	长弧面滚子轴承（圆环轴承）
6	深沟球轴承		

（2）尺寸系列代号

尺寸系列代号由两位数字组成，前一位数字为宽（高）度系列代号，后一位数字为直径系列代号。

1）宽（高）度系列代号。宽（高）度系列代号表示内径、外径相同而宽（高）度不同的轴承系列。对于向心轴承用宽度系列代号，代号有 8、0、1、2、3、4、5、6，其宽度尺寸依次递增；对于推力轴承用高度系列代号，代号有 7、9、1、2，其高度尺寸依次递增。如图 9–10 所示为圆锥滚子轴承不同宽度系列的宽度尺寸变化情况。

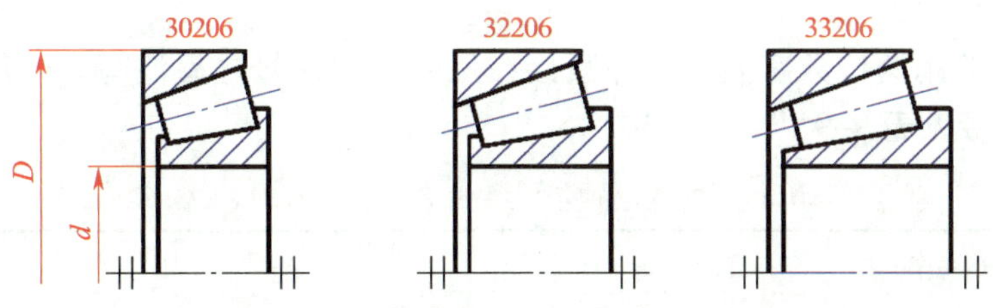

图 9–10　圆锥滚子轴承不同宽度系列的宽度尺寸变化情况

2）直径系列代号。直径系列代号表示内径相同而具有不同外径的轴承系列，代号有 7、8、9、0、1、2、3、4、5，其外径尺寸由小到大排列。如图 9–11 所示为深沟球轴承不同直径系列的直径尺寸变化情况。

3）常用轴承尺寸系列代号。常用轴承尺寸系列代号见表 9–8。

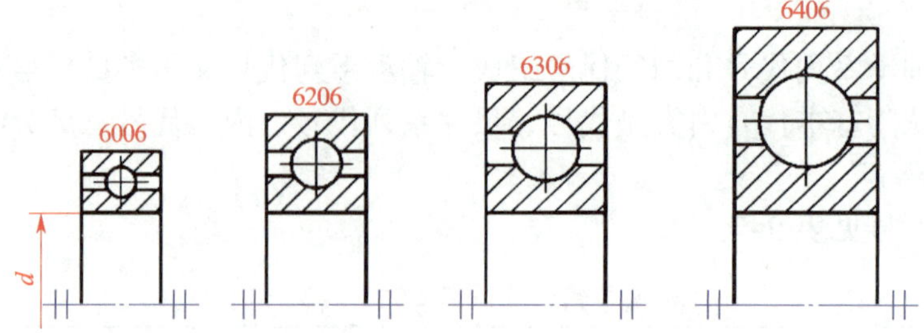

图 9–11　深沟球轴承不同直径系列的直径尺寸变化情况

表 9–8　常用轴承尺寸系列代号（摘自 GB/T 272—2017）

轴承类型	类型代号	尺寸系列代号	轴承系列代号	轴承类型	类型代号	尺寸系列代号	轴承系列代号
调心球轴承	1 （1） 1 （1）	（0）2 22 （0）3 23	12 22 13 23	深沟球轴承	6	19 （1）0 （0）2 （0）3 （0）4	619 60 62 63 64
圆锥滚子轴承	3	02 03 13 22 23	302 303 313 322 323	角接触球轴承	7	（1）0 （0）2 （0）3 （0）4	70 72 73 74
推力球轴承	5	11 12 13 22 23	511 512 513 522 523	外圈无挡边圆柱滚子轴承	N	（0）2 22 （0）3 23 （0）4	N2 N22 N3 N23 N4

注：表中用“（　）”括住的数字在组合代号中省略。

（3）内径代号

内径代号一般用两位数字表示，并紧接在尺寸系列代号之后注写。内径 $d \geqslant 10$ mm 的滚动轴承内径代号见表 9–9。

表 9–9　内径 $d \geqslant 10$mm 的滚动轴承内径代号（摘自 GB/T 272—2017）

内径代号（两位数）	00	01	02	03	04 ~ 96
轴承内径 /mm	10	12	15	17	代号 ×5

注：内径为 22、28、32 以及≥ 500 mm 的轴承，内径代号直接用内径毫米数表示，但标注时与尺寸系列代号之间要用“/”分开。例如深沟球轴承 62/22 的内径 d=22 mm。

（4）基本代号示例

基本代号由类型代号、尺寸系列代号和内径代号组成，代号示例如下。

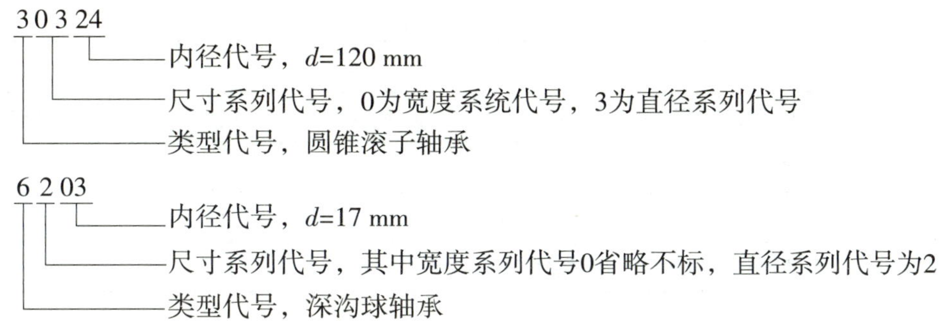

2. 前置代号和后置代号

前置代号和后置代号是轴承代号的补充，只有在轴承的结构形状、尺寸、公差、技术要求等有所改变时才使用，一般情况下可部分或全部省略。

前置代号用字母表示，经常用于表示轴承分部件（轴承组件）。例如，LN207 表示 N207 轴承的外圈。滚动轴承前置代号的标注规则可查阅《滚动轴承 代号方法》（GB/T 272—2017）。

后置代号用字母（或加数字）表示，置于基本代号的右边并与基本代号空半个汉字距（代号中有符号“-”“/”时除外），后置代号的排列顺序见表 9-10。下面仅介绍最常见的滚动轴承公差等级和游隙的标注方法，其他滚动轴承后置代号的标记方法可查阅《滚动轴承 代号方法》（GB/T 272—2017）。

表 9-10　　后置代号的排列顺序（摘自 GB/T 272—2017）

排列顺序	1	2	3	4	5	6	7	8	9
含义	内部结构	密封、防尘与外部形状	保持架及其材料	轴承零件	公差等级	游隙	配置	振动及噪声	其他

（1）公差等级代号

滚动轴承的公差等级由其尺寸公差和旋转精度确定，具体如下。

向心轴承公差等级分为：普通级、6、5、4、2 共五级。

圆锥滚子轴承公差等级分为：普通级、6X、5、4、2 共五级。

推力轴承公差等级分为：普通级、6、5、4 共四级。

滚动轴承的精度等级中，普通级精度最低，2 级精度最高，普通级、6（6X）、5、4、2 级的精度依次升高。滚动轴承的公差等级代号用“/P 公差等级”表示，见表 9-11。

表 9-11　　滚动轴承的公差等级代号（摘自 GB/T 272—2017）

代号	说明	示例
/PN	公差等级符合标准规定的普通级，代号中省略不表示	6203
/P6	公差等级符合标准规定的 6 级	6203/P6
/P6X	公差等级符合标准规定的 6X 级	30210/P6X
/P5	公差等级符合标准规定的 5 级	6203/P5

续表

代号	说明	示例
/P4	公差等级符合标准规定的 4 级	6203/P4
/P2	公差等级符合标准规定的 2 级	6203/P2
/SP	尺寸精度相当于 5 级，旋转精度相当于 4 级	234420/SP
/UP	尺寸精度相当于 4 级，旋转精度高于 4 级	234730/UP

（2）游隙代号

游隙是指轴承在无载荷的情况下，内圈、外圈间所能移动的最大距离，做径向移动者称为径向游隙，做轴向移动者称为轴向游隙。游隙代号用“C 数字（或字母）”表示。数字为游隙组号。游隙组有 2、N、3、4、5 共五组，游隙量按由小到大的顺序排列。其中游隙 N 组为基本游隙，在轴承代号中省略不标注。例如，6210/C2 表示游隙为 2 组，6210 表示游隙为 N 组。

轴承的公差等级代号与游隙代号需同时表示时，可用公差等级代号加上游隙组号（N 组不表示）的组合形式表示。例如，“6203/P63”表示轴承的公差等级为 6 级，游隙为 3 组。

3. 滚动轴承代号示例

滚动轴承代号的示例如下。

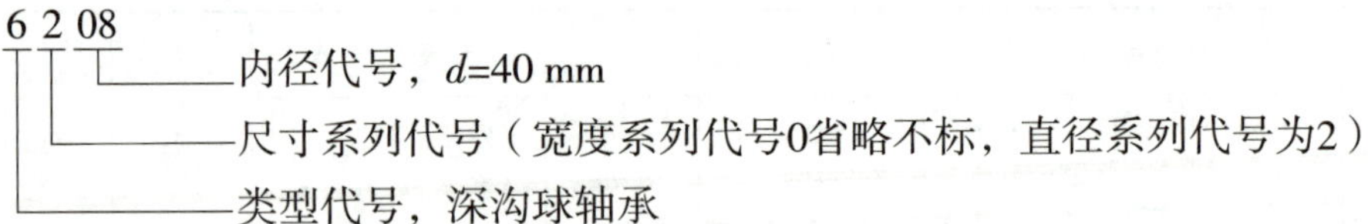

（游隙为N组，省略不标；公差等级为普通级，省略不标）

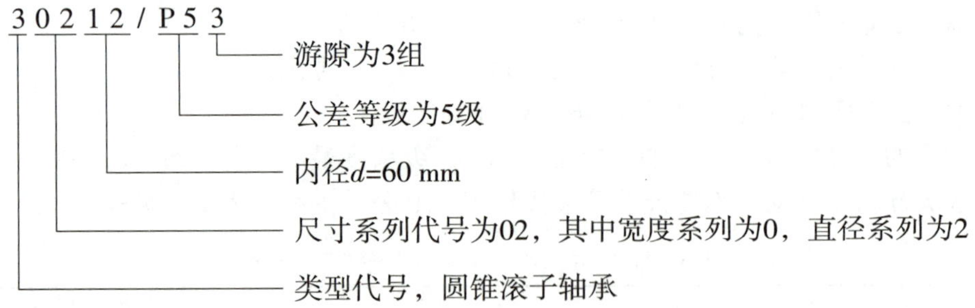

4. 滚动轴承的标记

滚动轴承的标记由三部分组成，即：

轴承名称　轴承代号　标准编号

标记示例：滚动轴承 30205 GB/T 297—2015。

查阅 GB/T 297—2015，即可得知该滚动轴承为圆锥滚子轴承，查表可得该圆锥滚子轴承的外形尺寸。

三、滚动轴承类型的选择

滚动轴承类型有很多，选用时应综合考虑轴承所受载荷的大小、方向和性质，转速的高低，支承刚度以及结构等情况，尽可能做到经济合理且满足使用要求。

1. 载荷的类型

机器中的转动零件，通常要由轴和轴承来支承。作用在轴承上的载荷按方向不同，有沿径向作用的径向载荷，沿轴向作用的轴向载荷，以及同时沿径向、轴向作用的联合载荷。

2. 滚动轴承类型的基本选用原则（见表 9–12）

各类滚动轴承具有不同的特性，因此在选择滚动轴承类型时，必须根据轴承的实际工作情况合理选择，一般应考虑的因素包括轴承所受载荷的大小、方向和性质，轴承的转速以及调心性能要求等。

表 9–12 滚动轴承类型的基本选用原则

序号	应用条件	选用轴承
（1）	以承受径向载荷为主，轴向载荷较小、转速高、运转平稳且无其他特殊要求	深沟球轴承
（2）	只承受纯径向载荷，转速低、载荷较大或有冲击	圆柱滚子轴承
（3）	只承受纯轴向载荷	推力球轴承 推力圆柱滚子轴承
（4）	同时承受较大的径向载荷和轴向载荷	角接触球轴承 圆锥滚子轴承
（5）	同时承受较大的径向载荷和轴向载荷，但承受的轴向载荷比径向载荷大很多	推力球轴承（或推力滚子轴承）与深沟球轴承组合
（6）	两轴承座孔存在较大的同轴度误差或轴的刚度小，工作中弯曲变形较大	调心球轴承 调心滚子轴承

此外，在选用滚动轴承时，还应考虑经济因素的影响。球轴承较滚子轴承便宜，调心滚子轴承最贵；同型号的轴承精度等级越高，其价格越贵。

四、滚动轴承的固定方式

一般情况下，滚动轴承的内圈装在被支承轴的轴颈上，外圈装在轴承座（或机座）孔内。安装滚动轴承时，对其内圈、外圈都要进行必要的轴向固定，以防运转中产生轴向窜动。

1. 轴承内圈的轴向固定

轴承内圈在轴上通常用轴肩或套筒定位，定位端面与轴线要保持良好的垂直度。轴承内圈的轴向固定应根据所受轴向载荷的情况，适当选用轴端挡圈、圆螺母或轴用弹性挡圈等固定形式。常用的轴承内圈的轴向固定形式见表 9–13。

表 9–13　　常用的轴承内圈的轴向固定形式

形式	1. 利用轴肩的单向固定	2. 利用轴肩和弹性挡圈的双向固定
图示		弹性挡圈
形式	3. 利用轴肩和轴端挡圈的双向固定	4. 利用轴肩和圆螺母的双向固定
图示	轴端挡圈 螺栓	止动垫圈 圆螺母

2. 轴承外圈的轴向固定

轴承外圈在机座孔中一般用座孔的台阶定位，定位端面与轴线也需保持良好的垂直度。轴承外圈的轴向固定可采用轴承盖或孔用弹性挡圈等。常用的轴承外圈的轴向固定形式见表 9–14。

表 9–14　　常用的轴承外圈的轴向固定形式

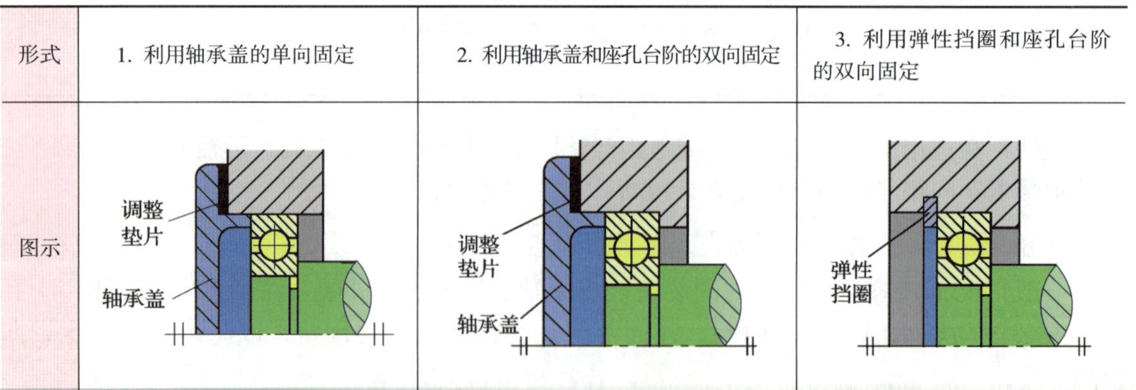

形式	1. 利用轴承盖的单向固定	2. 利用轴承盖和座孔台阶的双向固定	3. 利用弹性挡圈和座孔台阶的双向固定
图示	调整垫片 轴承盖	调整垫片 轴承盖	弹性挡圈

五、滚动轴承的失效、润滑与密封

1. 滚动轴承的失效

滚动轴承常见的失效形式有疲劳点蚀、塑性变形和磨损等。

（1）疲劳点蚀

滚动轴承工作时，在安装、润滑、维护良好的情况下，绝大多数轴承由于滚动体沿着套圈滚动，在相互接触的物体表层内产生变化的接触应力，经过一定次数的循环后，此应力就导致表面的微观裂纹，微观裂纹被渗入其中的润滑油挤裂而引起点蚀。疲劳点蚀是滚动轴承的主要失效形式，会使轴承运转时产生噪声和振动，从而导致轴承失效。

（2）塑性变形

在过大的静载荷和冲击载荷作用下，滚动体、保持架及内圈、外圈套圈的滚道上会出现不均匀的、发生塑性变形的凹坑。这时，轴承的摩擦力矩、振动、噪声将增大，运转精度也会降低。这种情况多发生在转速极低或摆动的轴承上。

（3）磨损

滚动轴承在密封不可靠以及多尘的运转条件下工作时，易发生磨粒磨损。滚动轴承在工作时，在滚动体与内圈、外圈之间，特别是滚动体与保持架之间有滑动摩擦，如果润滑不好，发热严重时可能使滚动体回火，甚至产生胶合磨损。转速越高、磨损越严重。

此外，滚动轴承还存在因装配不当造成轴承卡死、胀破内圈、挤碎内外圈和保持架等失效形式。

2. 滚动轴承的润滑

滚动轴承润滑的目的是减小摩擦阻力、降低磨损、缓冲吸振、冷却和防锈。滚动轴承的润滑剂有液态、固态和半固态三种，液态润滑剂又称为润滑油，其为半固态，在常温下呈油膏状的润滑剂称为润滑脂。

（1）润滑脂润滑

润滑脂是一种黏稠的凝胶状材料，强度高，能承受较大的载荷，而且不易流失，便于密封和维护，一次充脂可以维持较长时间，无须经常补充或更换。由于润滑脂不适宜在高速条件下工作，故适用于轴颈圆周速度不大于 5 m/s 的滚动轴承润滑。润滑脂的填充量一般为轴承空间的 1/3 ~ 2/3，以防摩擦发热过大，影响轴承的正常工作。

（2）润滑油润滑

与润滑脂润滑相比，润滑油润滑适用于轴颈圆周速度和工作温度较高的场合。选用润滑油进行润滑的关键是根据工作温度、载荷大小、运动速度和结构特点选择合适的润滑油黏度。原则上，温度高、载荷大的场合，润滑油的黏度应选大一些；反之，润滑油的黏度应选小一些。用润滑油进行润滑的方式有浸油润滑、滴油润滑和喷雾润滑等。

（3）固体润滑

固体润滑剂有石墨、二硫化钼（MoS_2）等多个品种，一般在重载或高温工作条件下使用。

3. 滚动轴承的密封

密封的目的是防止灰尘、水分、杂质等侵入轴承内部和阻止润滑剂流失。良好的密封可保证机器正常工作，降低噪声并延长轴承的使用寿命。滚动轴承常用密封方式见表 9–15。

表 9–15　滚动轴承常用密封方式

类型			图示	说明	适用场合
接触式密封	毛毡圈密封			矩形断面的毛毡圈安装在梯形槽内，对轴产生一定的压力而起到密封作用	用于润滑脂润滑。要求环境清洁，轴颈圆周速度不高于 5 m/s，工作温度不高于 90 ℃
	皮碗密封		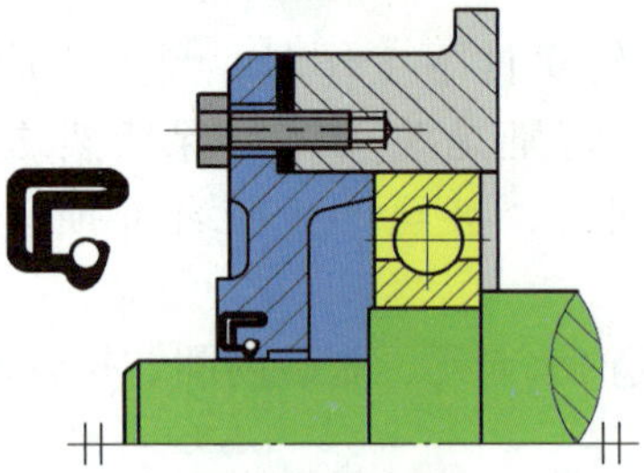	皮碗（又称油封）是标准件，其主要材料为耐油橡胶。安装时，如果皮碗密封唇朝里，则主要防止润滑剂泄漏；如果皮碗密封唇朝外，则主要防止灰尘、杂质侵入	用于润滑脂润滑或润滑油润滑。要求轴颈圆周速度小于 7 m/s，工作温度不高于 100 ℃
非接触式密封	间隙密封		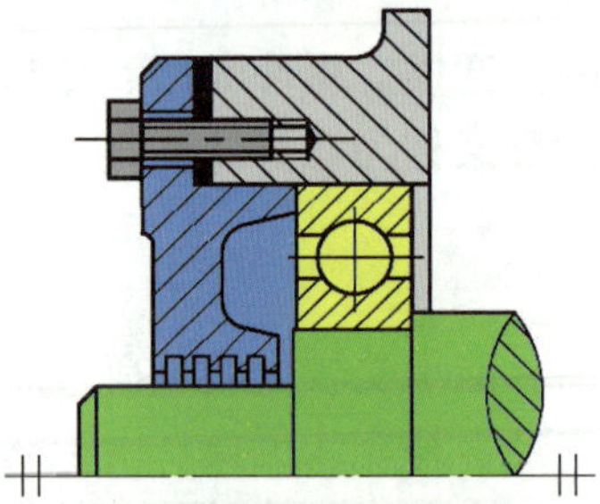	靠轴与轴承盖孔之间的细小间隙密封，间隙越小、越长，效果越好。间隙一般取 0.1 ~ 0.3 mm。油沟能增强密封效果	用于润滑脂润滑。要求环境干燥、清洁
	曲路密封	径向	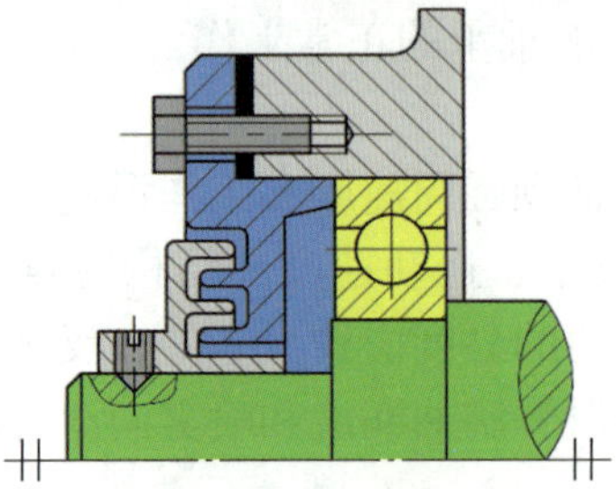	将旋转件与静止件之间的间隙做成曲路形式，在间隙中填充润滑油或润滑脂以增强密封效果	用于润滑脂润滑或润滑油润滑，密封效果可靠
		轴向			

§9-3 滑动轴承

虽然滚动轴承具有一系列优点，在一般机器中获得了广泛应用，但在高速、重载、结构要求剖分等场合下，滑动轴承就显示出了它的优越性。

一、滑动轴承的特点、应用及分类

1. 滑动轴承的特点

（1）滑动轴承寿命长，适用于高速回转运动的场合，当设计正确时，可保证在液体摩擦条件下长期工作。如大型汽轮机、发电机多采用液体摩擦条件下的滑动轴承。对高速运转的轴，如高速内圆磨头，转速可达每分钟几十万转，用滚动轴承寿命过短，多采用滑动轴承。

（2）能承受冲击和振动载荷。滑动轴承工作表面间的油膜能起缓冲和吸振作用，如冲床、轧钢机械及往复式机械中多采用滑动轴承。

（3）运转精度高、工作平稳、无噪声。因滑动轴承所含零件比滚动轴承少，制造、安装可达到较高的精度，故运转精度、工作平稳性都优于滚动轴承。

（4）结构简单、装拆方便。滑动轴承常做成对开式，这给装拆带来方便，如曲轴的轴承多采用对开式滑动轴承。

（5）承载能力大，可用于重载场合。液体摩擦条件下的滑动轴承具有较高的承载能力，适宜作重载轴承。若采用滚动轴承需要专门设计制造，成本高。

（6）可实现液体摩擦状态。此时，两金属表面没有直接接触，只存在润滑油分子间的内摩擦，摩擦因数很小，一般为 0.001 ~ 0.008。

2. 滑动轴承的应用

滑动轴承主要应用于以下几种情况。

（1）工作转速极高的轴承。

（2）要求轴的支承位置特别精确的轴承，以及回转精度要求特别高的轴承。

（3）特重型轴承。

（4）承受巨大冲击和振动载荷的轴承。

（5）必须采用对开式结构的轴承。

（6）要求径向尺寸特别小以及特殊工作条件下的轴承。

3. 滑动轴承的分类

（1）根据所承受载荷的方向，滑动轴承可分为径向滑动轴承（承受径向载荷）、推力滑动轴承（承受轴向载荷）两大类。

（2）根据轴组件及轴承装拆的需要，滑动轴承可分为整体式、对开式和调心式三类。

二、滑动轴承的主要结构形式

1. 径向滑动轴承

径向滑动轴承是指承受径向载荷的滑动轴承，主要有整体式径向滑动轴承、对开式径向滑动轴承和调心式径向滑动轴承等。

（1）整体式径向滑动轴承

整体式径向滑动轴承如图 9–12 所示，由油杯、整体轴瓦、紧固螺钉、轴承座等组成。

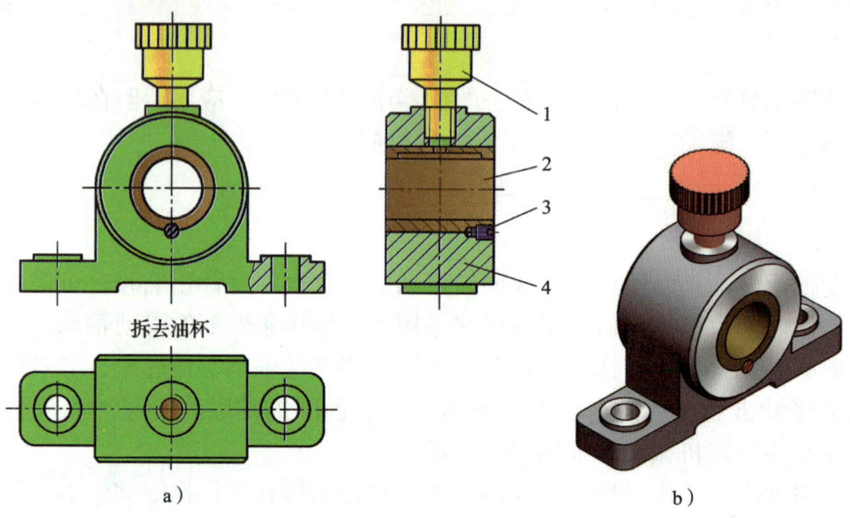

图 9–12 整体式径向滑动轴承

a）结构图 b）实体图

1—油杯 2—整体轴瓦 3—紧定螺钉 4—轴承座

轴承座上面设有安装润滑油杯的螺纹孔，在轴瓦上开有油孔，并在轴瓦的内表面上开有油槽。

整体式径向滑动轴承的优点是结构简单，成本低廉。其缺点是轴瓦磨损后，轴承间隙过大时无法调整；另外，只能从轴颈端部装拆，对于重型机械的轴或具有中间轴颈的轴，装拆很不方便。因此，它多应用于低速、轻载或间歇性工作的场合。

（2）对开式径向滑动轴承

对开式径向滑动轴承如图 9–13 所示，由轴承座、轴承盖、对开式轴瓦和连接螺栓等组成。轴承盖和轴承座的剖分面常做成阶梯形，以便于对中定位。轴承盖上有螺纹孔，用于安装油杯或油管。对开式轴瓦由上下两部分组成，在上轴瓦上开设油孔和油槽，润滑油通过油孔和油槽流入轴承间隙。

对开式径向滑动轴承装拆方便，磨损后轴承的径向间隙可以通过减小接合面处的垫片厚度来调整，因此应用较广。

（3）调心式径向滑动轴承

若轴承的宽度较大（宽度∶直径 >1.5）时，常把轴瓦的支承面做成球面，与轴承盖及轴承座的球形内表面配合，如图 9–14 所示。轴瓦可以自动调位，以适应轴受力弯曲时轴线产生的倾斜，避免轴与轴承两端局部接触而产生的磨损。但球面不易加工。

2. 止推滑动轴承

止推滑动轴承是指用来承受轴向载荷的滑动轴承，又称为推力滑动轴承，如图 9–15 所示，由轴承座、衬套、径向轴瓦、止推轴瓦、销钉等组成。止推轴瓦的底部为球面，以便于

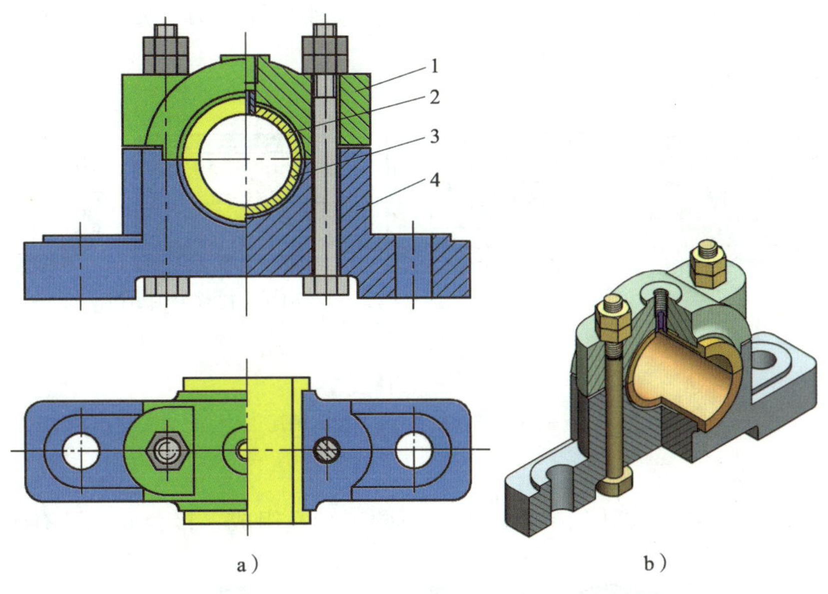

图 9-13 对开式径向滑动轴承

a）结构图 b）实体图

1—轴承盖 2—上轴瓦 3—下轴瓦 4—轴承座

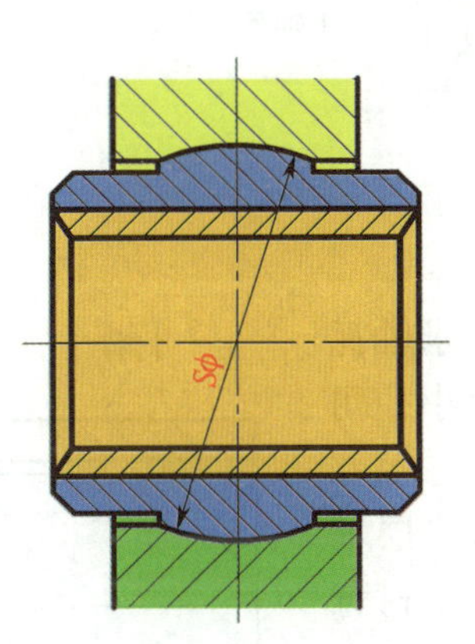

图 9-14 调心式径向滑动轴承

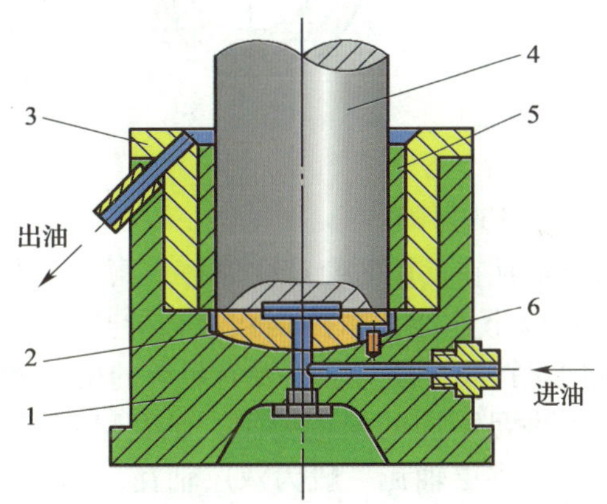

图 9-15 止推滑动轴承

1—轴承座 2—止推轴瓦 3—衬套

4—轴 5—径向轴瓦 6—销钉

对中和保证工作表面受力均匀；销钉用来防止止推轴瓦随轴转动。润滑油由下部油管注入，从上部油管导出。

三、轴瓦的结构及材料

1. 轴瓦的结构

径向滑动轴承的轴瓦有整体式和对开式两种。整体式轴瓦（又称轴套）用于整体式滑动轴承，对开式轴瓦用于对开式滑动轴承。

（1）整体式轴瓦

如图 9–16 所示，整体式轴瓦有整体轴瓦和卷制轴瓦等结构。如图 9–16b 所示轴瓦制有油孔与油沟，以便于给轴承注入润滑油。

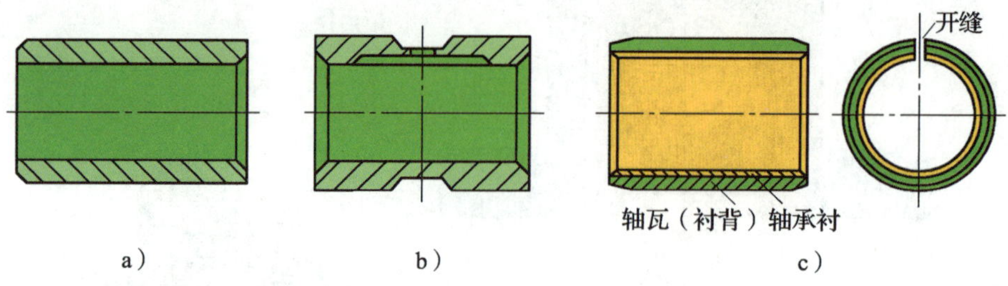

图 9–16　整体式轴瓦

a、b）整体轴瓦　c）卷制轴瓦

（2）对开式轴瓦

如图 9–17 所示，对开式轴瓦主要由上、下两半轴瓦组成，接合面上开有轴向油槽。

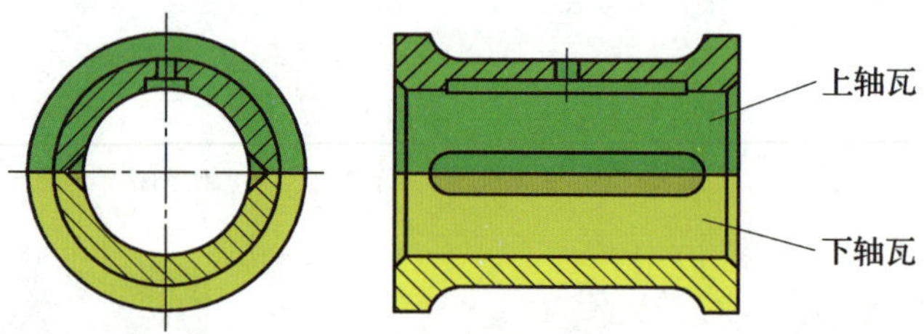

图 9–17　对开式轴瓦

2. 轴瓦的材料

由于轴瓦在使用时会产生摩擦、磨损、发热等问题，要求轴瓦材料具备以下性能：摩擦因数小；导热性好，热膨胀系数小；耐磨、耐蚀、抗胶合能力强；要有足够的机械强度和可塑性。

为了满足不同的使用要求，轴瓦可以采用单层轴瓦和多层轴瓦。常用的多层轴瓦一般为双层轴瓦，如图 9–18 所示，它由衬背和衬层组成，衬背是指双层轴瓦上支持衬层而使轴承具有所需强度（刚度）的金属支承体，衬层是指双层轴瓦中的轴承材料部分，其厚度通常大于 0.2 mm。

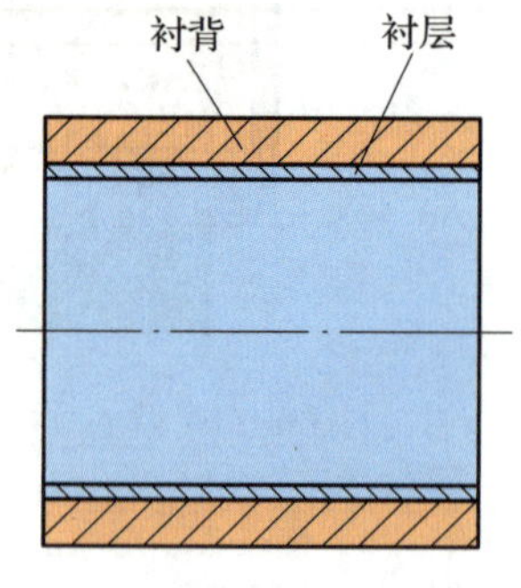

图 9–18　双层轴瓦的结构

常用的轴瓦和衬层材料有下列几种。

（1）轴承合金

轴承合金有锡基轴承合金和铅基轴承合金两大类。锡基轴承合金的摩擦因数小，抗胶合性能好，对油的吸附性强，耐蚀性好，易跑合，是优良的轴承材料，常用于高速、重载的轴承上，但价格贵且机械强度较差，因此只能作为衬层材料浇铸在钢、铸铁或青铜轴瓦上。这种轴承合金在 110 ℃开始软化，为了安全，一般控制其工作温度低于 70 ℃。

铅基轴承合金的各方面性能与锡基轴承合金相近，但这种材料较脆，不宜承受较大的冲

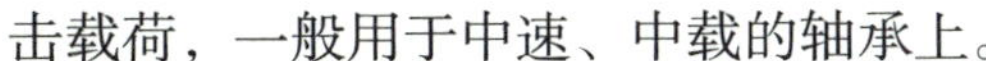

击载荷，一般用于中速、中载的轴承上。

（2）青铜

青铜的强度高，承载能力大，耐磨性与导热性都优于轴承合金，它可以在较高的温度（250 ℃）下工作，但可塑性差，不易跑合，与之相配的轴颈必须淬硬。青铜可以单独做成轴瓦。为了节省有色金属，也可将青铜作为衬层浇铸在钢或铸铁轴瓦内壁上。用作轴瓦材料的青铜，主要有锡磷青铜、锡锌铅青铜和铝铁青铜等。在一般情况下，它们分别用于中速重载、中速中载和低速重载的轴承上。

（3）具有特殊性能的轴承材料

用粉末冶金法（经制粉、成形、烧结等工艺）做成的轴瓦，具有多孔性组织，孔隙内可以储存润滑油，这种轴承称为含油轴承。运转时，轴瓦温度升高，由于油的膨胀系数比金属大，因而自动进入滑动表面以润滑轴承。含油轴承加一次油可以使用较长时间，常用于加油不方便的场合。

橡胶轴瓦具有较大的弹性，能减轻振动使运转平稳，可以用水润滑，常用于潜水泵、砂石清洗机、钻机等有泥沙的场合。

塑料具有摩擦因数小，可塑性、跑合性良好，耐磨、耐蚀，可以用水、油及化学溶液润滑等优点。但其导热性差，膨胀系数较大，容易变形。为改善此缺陷，可将塑料作为衬层材料黏附在金属轴瓦上使用。

四、滑动轴承的润滑

滑动轴承润滑的目的是减小工作表面间的摩擦和磨损，同时起冷却、散热、防锈蚀及减振等作用。滑动轴承常用的润滑方式有油润滑和脂润滑两种，油润滑的供油方式根据工作时间可分为间歇式和连续式。常用润滑方式和装置见表 9–16。

表 9–16　　常用润滑方式和装置

润滑方式	润滑装置	润滑装置示意图	工作原理
间歇润滑	针阀式油杯	手柄 调节螺母 弹簧 阀套 油孔 1 杯体 针阀杆 油孔 2	用于润滑油润滑。杯体中的润滑油经油孔 1 进入阀套与阀杆之间的空腔。手柄置于竖直位置时，针阀上升，油孔 2 打开供油；手柄置于水平位置时，针阀降回原位，停止供油。转动调节螺母可调节注油量的大小

续表

润滑方式	润滑装置	润滑装置示意图	工作原理
间歇润滑	旋套式油杯	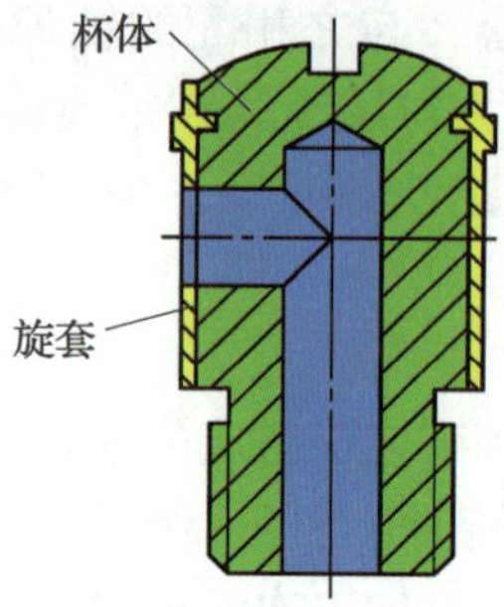	用于润滑油润滑。转动旋套，使旋套孔与杯体注油孔对正，可用油壶或油枪注油。不注油时，使旋套壁遮挡杯体注油孔，起密封作用
	压配式油杯	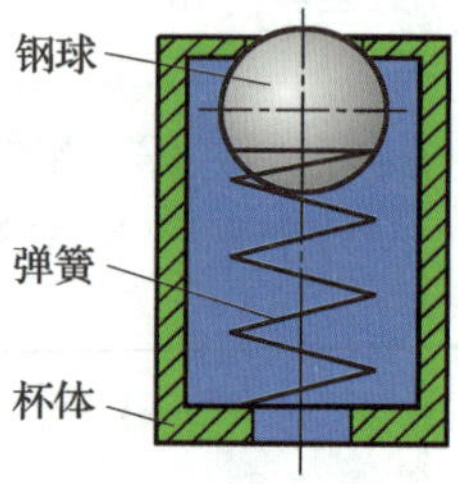	用于润滑油润滑或润滑脂润滑。将钢球压下可注润滑油（或润滑脂）。不注润滑油（或润滑脂）时，钢球在弹簧的作用下，使杯体注油孔封闭
	旋盖式油杯	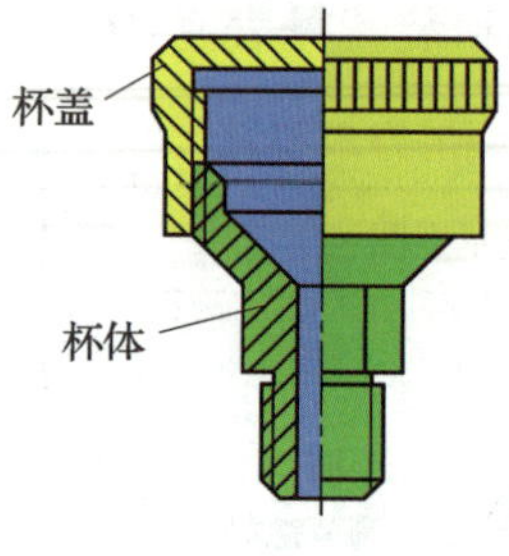	用于润滑脂润滑。杯盖与杯体采用螺纹连接，旋合前在杯体和杯盖中都装满润滑脂，定期旋转杯盖压缩润滑脂的体积，可将润滑脂挤入轴承内
连续润滑	芯捻式油杯	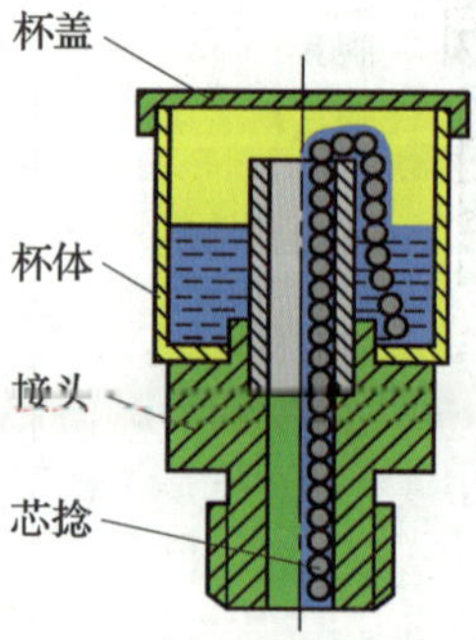	用于润滑油润滑。杯体中储存润滑油，靠芯捻的毛细作用实现连续润滑。这种润滑方式注油量较小，适用于轻载及轴颈转速不高的场合

续表

润滑方式	润滑装置	润滑装置示意图	工作原理
连续润滑	油环润滑	轴颈 油环	油环套在轴颈上并浸入油池，轴旋转时，靠摩擦力带动油环转动，将润滑油带至轴颈处进行润滑。这种润滑方式结构简单，但因为是靠摩擦力带动油环甩油，所以轴的转速需适当才能充足供油
	压力润滑	轴颈 油泵 油箱	利用油泵将润滑油送入轴承进行润滑。这种润滑方式工作可靠，但结构复杂，对轴承的密封性要求高，且费用较高，适用于大型、重载、高速、精密的场合和自动化机械设备

第十章　弹　　簧

弹簧是一种弹性元件，具有刚度小、弹性大、在载荷作用下容易产生弹性变形等特性，被广泛应用于各种机器、仪表中。

§ 10–1　弹簧的功用与类型

一、弹簧的功用

弹簧能利用材料的弹性和自身结构的特点，在载荷作用下产生很大的变形，卸载后又能立即恢复原来的形状。由于这一特点，弹簧的主要功能如下。

1. 控制机械的运动。例如，内燃机中控制气缸阀门启闭的弹簧、离合器中的控制弹簧等。

2. 减振和缓冲。例如，各种车辆中的减振弹簧、各种缓冲器中的弹簧。

3. 存储和输出能量。例如，钟表弹簧（发条）等。

4. 测量力或力矩的大小。例如，弹簧秤和测力器中的弹簧等。

二、弹簧的类型

按照所承受载荷的不同，弹簧可以分为拉伸弹簧、压缩弹簧、扭转弹簧和弯曲弹簧四种类型；而按照弹簧的形状不同，又可分为圆柱螺旋弹簧、圆锥螺旋弹簧、环形弹簧、碟形弹簧、平面涡卷弹簧和板弹簧等类型。弹簧的类型、结构、特点及应用见表 10–1。

表 10–1　　弹簧的类型、结构、特点及应用

类型	结构	特点及应用
圆柱螺旋弹簧	圆截面圆柱螺旋压缩弹簧	承受压力。结构简单，制造方便，应用较广

续表

类型	结构	特点及应用
圆柱螺旋弹簧	矩形截面圆柱螺旋压缩弹簧	承受压力。当空间尺寸相同时，矩形截面弹簧比圆形截面弹簧吸收能量大，刚度更接近于常数
	圆截面拉伸弹簧	承受拉力。刚度稳定，结构简单，制造方便，应用较广
	圆截面扭转弹簧	承受转矩。在各种装置中用于压紧、储能或传递转矩
圆锥螺旋弹簧	圆截面压缩弹簧	承受压力。结构紧凑，稳定性好，抗振能力较强，多用于承受较大载荷和减振的场合
蝶形弹簧	对置式	承受压力，缓冲、吸振能力强。常用于重型机械的缓冲和减振装置

续表

类型	结构	特点及应用
环形弹簧		承受压力。圆锥面间具有较大的摩擦力，因而具有很强的减振能力，常用于重型设备的缓冲装置
平面涡卷弹簧	非接触型	承受转矩。能存储较大的能量，多用于压紧弹簧和仪器、钟表中的储能弹簧
板弹簧	板弹簧	承受弯矩。主要用于汽车、拖拉机和铁路车辆的车厢悬挂装置，起缓冲和减振作用

§10-2 圆柱螺旋弹簧的结构及基本几何参数

圆柱螺旋弹簧是由金属弹簧丝按螺旋线卷绕而成，由于制造简便，所以应用广泛。常用的圆柱螺旋弹簧可分为圆柱螺旋压缩弹簧和圆柱螺旋拉伸弹簧等。

一、圆柱螺旋弹簧的端部结构

1. 圆柱螺旋压缩弹簧的端部结构

在自由状态下，圆柱螺旋压缩弹簧各圈间留有一定的间距，以备承载时变形。通常情况下，圆柱螺旋压缩弹簧除参加变形的有效圈数 n 外，两端各有 0.75 ~ 1.75 圈并紧不参与变形，并紧的几圈称为死圈或支承圈。支承圈端部有磨平（见图 10–1a）、不磨平（见图 10–1b）的形式。在有些情况下，支承圈端部也有不磨平也不并紧的形式（见图 10–1c）。

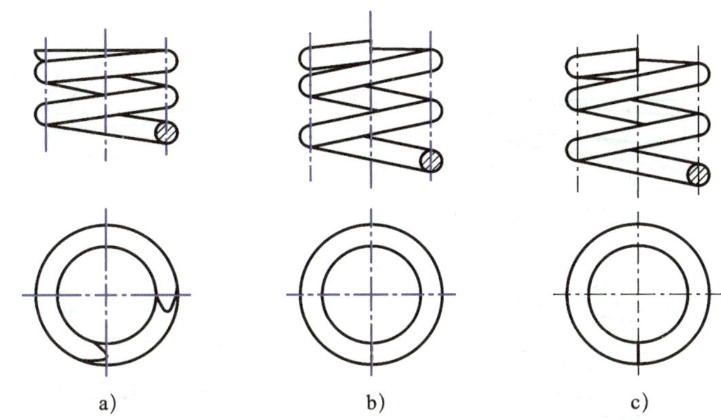

图 10–1　圆柱螺旋压缩弹簧的端部结构

a）支承圈端部并紧磨平　b）支承圈端部并紧不磨平　c）支承圈端部不并紧也不磨平

2. 圆柱螺旋拉伸弹簧的端部结构

拉伸弹簧的各圈间并紧，其端部钩环有多种形式，如图 10–2 所示为四种常用的圆柱螺旋拉伸弹簧端部形式。其中，半圆钩环、长臂半圆钩环、圆钩环制造方便，但在挂钩过渡处有很大的应力集中，只适用于中小载荷及不重要的场合。可转钩环的挂钩可转到任何方向，便于安装，同时承载能力有所提高，用于载荷较大的场合。

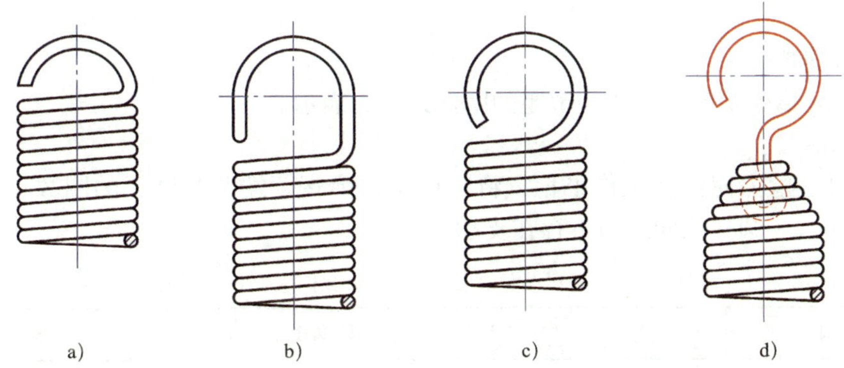

图 10–2　四种常用的圆柱螺旋拉伸弹簧端部形式

a）半圆钩环　b）长臂半圆钩环　c）圆钩环　d）可转钩环

二、圆柱螺旋弹簧的主要几何尺寸

圆柱螺旋弹簧的主要几何尺寸如图 10–3 所示。

1. 弹簧直径

（1）线径

线径是指用来缠绕弹簧的钢丝直径，用 d 表示。

（2）弹簧外径

弹簧外径是指弹簧的外圈直径，用 D_2 表示。

（3）弹簧内径

弹簧内径是指弹簧的内圈直径，用 D_1 表示。

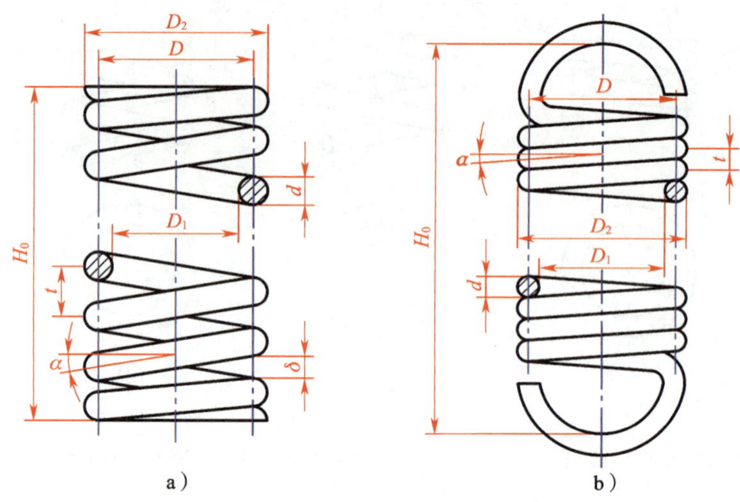

图 10–3 圆柱螺旋弹簧的主要几何尺寸

a）压缩弹簧 b）拉伸弹簧

（4）弹簧中径

弹簧中径是指弹簧内径和外径的平均值，用 D 表示。

$$D=(D_1+D_2)/2=D_1+d=D_2-d$$

2. 弹簧圈数

（1）有效圈数

有效圈数是指弹簧能保持相同节距的圈数，用 n 表示。

（2）支承圈数

支承圈数是指为使弹簧工作平稳，将圆柱压缩弹簧两端并紧磨平的圈数，用 n_2 表示，其数值见表 10–2。圆柱拉伸弹簧不存在支承圈。

表 10–2 圆柱压缩弹簧的支承圈数（摘自 GB/T 23935—2009）

弹簧类别	代号	端部结构形式	支承圈数（n_2）
冷卷压缩弹簧	YⅠ	两端圈并紧磨平	≥ 2
	YⅡ	两端圈并紧不磨平	≥ 2
	YⅢ	两端圈不并紧（也不磨平）	<2
热卷压缩弹簧	RYⅠ	两端圈并紧磨平	≥ 1.5
	RYⅡ	两端圈并紧不磨平	
	RYⅢ	两端圈制扁，并紧磨平	
	RYⅣ	两端圈制扁，并紧不磨平	

（3）总圈数

有效圈数与支承圈数之和称为总圈数，用 n_1 表示。

$$n_1=n+n_2$$

3. 节距与间隙

（1）节距

节距是指除两端支承圈外，圆柱螺旋弹簧两相邻有效圈截面中心线的轴向距离，用 t 表示。

推荐圆柱螺旋拉伸弹簧的节距为 $t=(0.28 \sim 0.5)D$，密卷圆柱拉伸弹簧（各圈之间没有间隙）的节距 $t=d$。

（2）间距

间距是指螺旋弹簧两相邻有效圈的轴向距离，用 δ 表示。

$$\delta=t-d$$

密卷圆柱拉伸弹簧 $\delta=0$。

（3）余隙

余隙是指在最大工作负荷作用下，有效圈相互之间应保留的间隙，用 δ_1 表示。一般取 $\delta_1 \geqslant 0.1d$。

4. 弹簧的螺旋角和旋向

圆柱螺旋弹簧的螺旋角 α 的计算公式为：

$$\alpha=\arctan\frac{t}{\pi D}$$

推荐圆柱螺旋压缩弹簧的螺旋角为：$5° \leqslant \alpha < 9°$。

螺旋弹簧旋向一般为右旋，在组合弹簧中各层弹簧的旋向为左右旋向相间，外层一般为右旋。

5. 自由高度（长度）

弹簧的自由高度是指弹簧无负荷作用时的高度（长度），用 H_0 表示。

圆柱螺旋弹簧的自由高度 H_0 受端部结构影响，难以计算出精确值。圆柱螺旋压缩弹簧自由高度 H_0 按表 10–3 所列近似公式计算。圆柱螺旋拉伸弹簧的自由长度 H_0 为两端钩环内侧长度，其值按表 10–4 所列近似公式计算。

表 10–3　圆柱螺旋压缩弹簧自由高度 H_0 的近似计算公式（摘自 GB/T 23935—2009）

端部结构形式	两端圈磨平			两端圈不磨	
总圈数 n_1	$n+1.5$	$n+2$	$n+2.5$	$n+2$	$n+2.5$
自由高度 H_0	$nt+d$	$nt+1.5d$	$nt+2d$	$nt+3d$	$nt+3.5d$

表 10–4　圆柱螺旋拉伸弹簧自由长度 H_0 的近似计算公式（摘自 GB/T 23935—2009）

端部结构形式	半圆钩环	圆钩环
自由长度 H_0	$(n+1)d+D_1$	$(n+1)d+2D_1$

6. 展开长度

展开长度是指制造弹簧所需簧丝的长度，用 L 表示。

圆柱螺旋压缩弹簧展开长度的计算公式为：

$$L \approx \frac{\pi D n_1}{\cos\alpha} \approx \pi D n_1$$

圆柱螺旋拉伸弹簧展开长度的计算公式为：

$$L \approx \pi Dn+\text{挂钩的展开长度}$$

三、圆柱螺旋弹簧特性曲线

1. 圆柱螺旋压缩弹簧特性曲线

如图 10–4 所示圆柱螺旋压缩弹簧的特性曲线，在未受到任何载荷时，弹簧的高度为其自由高度 H_0。在轴向载荷 F 作用下，弹簧产生相应的弹性变形量 f。表示弹簧变形量 f 与载荷 F 之间的关系曲线称为弹簧的特性曲线。特性曲线是弹簧设计和制造过程中检验或试验的重要依据，需要绘制在弹簧工作图上。

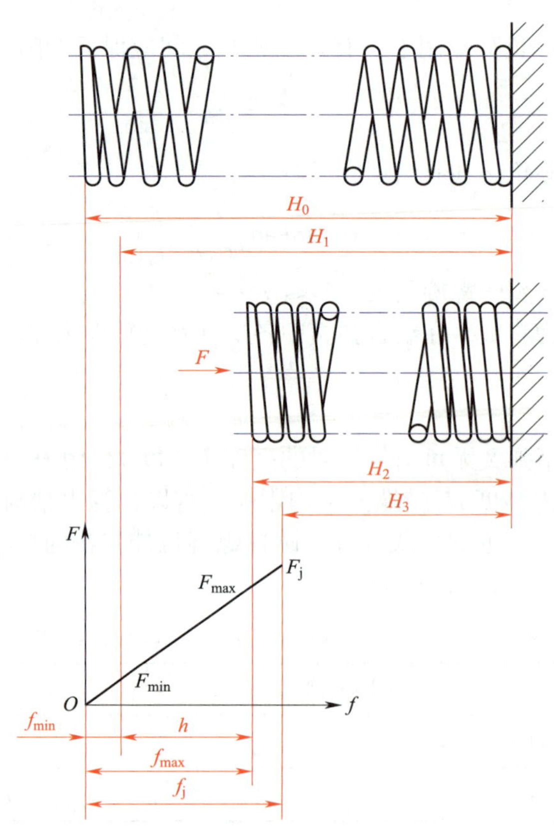

图 10–4　圆柱螺旋压缩弹簧的特性曲线

弹簧在安装时，通常会施加一个较小的载荷 F_{min}，使它可靠地稳定在安装位置上，F_{min} 称为弹簧的最小载荷（安装载荷）。在 F_{min} 作用下，弹簧的高度被压缩到 H_1，最小变形量为 f_{min}。当弹簧受到最大工作载荷 F_{max} 时，弹簧最大变形量为 f_{max}，其高度变为 H_2。最大变形量 f_{max} 与最小变形量 f_{min} 之差称为弹簧的工作行程 h。

$$h=f_{max}-f_{min}=H_1-H_2$$

使弹簧产生单位长度（角度）变形所需的负荷或扭矩称为弹簧刚度，用 F' 表示。对于等节距圆柱螺旋弹簧，载荷与变形量之间为线性关系，因此：

$$F'=F_{min}/f_{min}=F_{max}/f_{max}=\cdots=\text{常数}$$

但是，非等节距圆柱螺旋弹簧的载荷与变形量之间的关系可能是非线性的，也就是说弹簧的刚度不是一个常数。

2. 圆柱螺旋拉伸弹簧的特性曲线（见图 10–5）

圆柱螺旋拉伸弹簧分无初拉力和有初拉力两种。无初拉力圆柱螺旋拉伸弹簧的特性曲线与圆柱螺旋压缩弹簧完全相同。为使各圈相互压紧，在卷制弹簧的同时让弹簧丝绕自身轴线扭转，这样制成的弹簧各圈之间有一定的压紧力，即初拉力。有初拉力圆柱螺旋拉伸弹簧在自由状态下就受到初拉力 F_0 作用，只有当施加的拉力超过 F_0 时弹簧才会产生变形。因此在相同的载荷下，有初拉力圆柱螺旋拉伸弹簧比无初拉力圆柱螺旋拉伸弹簧产生的变形更小。若给初拉力 F_0 一个对应的假想变形 x，则其特性曲线与无初拉力圆柱螺旋拉伸弹簧是相同的。

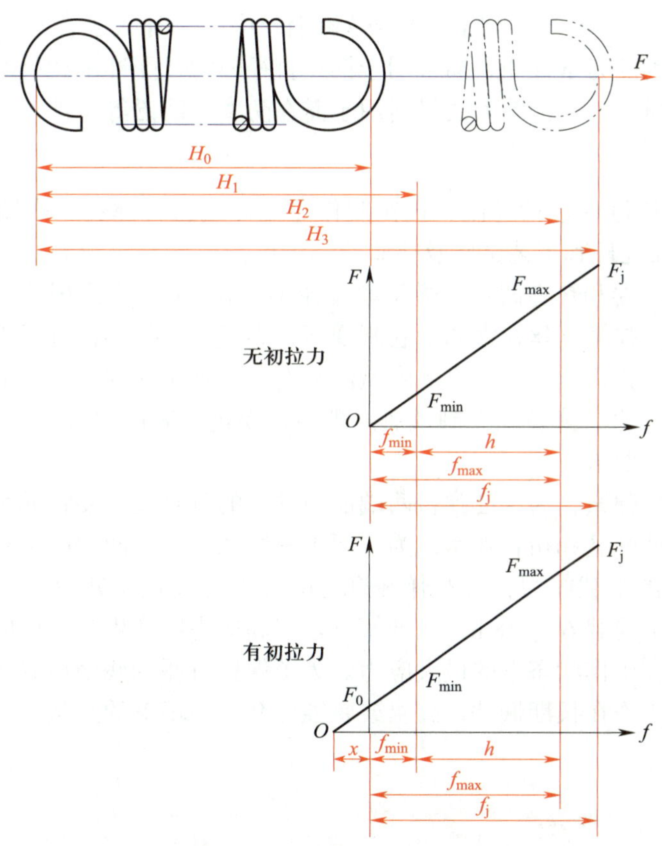

图 10–5 圆柱螺旋拉伸弹簧的特性曲线

对应于弹簧材料屈服极限的负荷称为极限载荷 F_j，其变形量为 f_j，高度为 H_3。弹簧应该在弹性极限范围内工作。对于一般圆柱螺旋弹簧，其最小工作载荷通常取 $F_{min} \geqslant 0.2F_j$；对于有初拉力的圆柱螺旋拉伸弹簧，$F_{min} \geqslant 0.2F_0$。弹簧的最大工作载荷应小于极限载荷，通

常 $F_{max} \leqslant 0.8F_{lim}$。为了保持弹簧的弹性为线性特性，弹簧的工作变形量应在（0.2 ~ 0.8）f_j 范围内。

§10-3 弹簧的材料与制造

一、弹簧的材料

工作中弹簧通常受到较大的变形和交变应力，因此材料应具有较高的屈服强度、疲劳强度、冲击韧性和良好的热处理性能。

弹簧常用的材料有冷拉碳素弹簧钢丝、重要用途碳素弹簧钢丝、退火 - 回火弹簧钢丝、合金弹簧钢丝、不锈弹簧钢丝、铜及铜合金线材、铍青铜圆形线材等。近年来，非金属材料（如塑料、橡胶等）弹簧也有很大发展。冷拉碳素弹簧钢丝的价格便宜，原材料获取方便，规格齐全，一般情况下应优先选用；合金弹簧钢丝中由于加入了合金元素，从而提高了钢的淬透性，改善了钢的力学性能，通常用于钢丝直径较大、受冲击载荷的情况；不锈弹簧钢丝、铜及铜合金线材、铍青铜圆形线材适用于需在防腐、防磁等条件下工作的弹簧。

二、弹簧的制造

螺旋弹簧的制造过程包括卷制、挂钩制作（拉伸或扭转弹簧）或端面圈磨削（压缩弹簧）、热处理、表面处理和工艺试验及检验等。

弹簧的卷制分冷卷和热卷两种。弹簧丝直径小于 8 mm 时常采用冷卷。冷卷是指用冷拉的、经预先热处理的弹簧钢丝在常温下卷制弹簧，卷成后一般不再进行淬火处理，只经低温回火以消除内应力。弹簧丝直径较大的弹簧需热卷，即弹簧在加热状态下卷制，弹簧卷成后需进行淬火及中温回火。弹簧在卷制及热处理后，要进行表面检验、尺寸检验及工艺试验，以确保弹簧符合技术要求。

对于重要的压缩弹簧，为保证弹簧两端面与轴线的垂直度，要将弹簧两端面在专门的磨床上磨平。对于拉伸弹簧和扭转弹簧，为了便于安装和加载，两端应制有挂钩或杆臂。

为了提高弹簧的承载能力，可对弹簧进行喷丸处理或强压处理。强压处理是使弹簧在超过极限应力状态下受载 6 ~ 48 h，在弹簧丝表层高应力区产生与工作应力相反的残余预应力，从而降低弹簧在工作状态下的最大应力。为了保持有益的残余预应力，强压处理后不允许再进行热处理。工作在长期振动、高温或腐蚀性介质环境下的弹簧，不宜进行强压处理。